固体废物处理与资源化丛书

固体废物焚烧技术

第二版

张　弛　柴晓利　赵由才　主编

U0380491

化学工业出版社

·北京·

本书共分八章，内容包括固体废物的特征、固体废物处理处置技术概述、固体废物焚烧技术基本原理、固体废物焚烧的政策及项目规划、生活垃圾焚烧技术概述、生活垃圾焚烧工艺、生活垃圾焚烧厂设备，以及危险废物焚烧处理等。

　　本书具有较强的技术性和应用性，可供环境工程、市政工程及能源工程等领域的工程技术人员、科研人员和管理人员参考，也可供高等学校相关专业师生参阅。

图书在版编目（CIP）数据

固体废物焚烧技术/张弛，柴晓利，赵由才主编. —2版. —北京：化学工业出版社，2016.10（2022.4 重印）
（固体废物处理与资源化丛书）
ISBN 978-7-122-27985-9

Ⅰ. ①固… Ⅱ. ①张… ②柴… ③赵… Ⅲ. ①固体废物-垃圾焚化 Ⅳ. ①X705

中国版本图书馆 CIP 数据核字（2016）第 210038 号

责任编辑：刘兴春　刘　婧　　　　　　　　　文字编辑：汲永臻
责任校对：宋　玮　　　　　　　　　　　　　装帧设计：韩　飞

出版发行：化学工业出版社（北京市东城区青年湖南街 13 号　邮政编码 100011）
印　　装：北京虎彩文化传播有限公司
787mm×1092mm　1/16　印张 15　字数 343 千字　2022 年 4 月北京第 2 版第 5 次印刷

购书咨询：010-64518888　　　　　　　　售后服务：010-64518899
网　　址：http://www.cip.com.cn
凡购买本书，如有缺损质量问题，本社销售中心负责调换。

定　　价：98.00 元

版权所有　违者必究

前　　言

固体废物焚烧技术是一种典型的综合体现无害化、资源化、减量化的技术，广泛适用于城市生活垃圾、工业固体废弃物、农业固体废弃物、危险废物的污染治理，在适宜的条件下具备一定的资源化潜力。现代固体废物焚烧技术经历了近150年的发展后，已接近成熟。中国的固体废物焚烧技术在经历了近40年的尝试、起步、困扰之后，也逐步进入科学发展的阶段，相关的设备制造、软件配套、企业管理水平也得到了稳步提高，但与国际的差距仍然较大，核心设备以及软件的国产化率仍有待提高，与焚烧技术相关的基础理论研究水平也亟待提高。国内垃圾焚烧行业的发展情况与垃圾成分、地区差异、经济、政策等多方面因素有关。

本书在修订过程中，补充了最新的工程技术应用成果以及科研成果；对固体废物焚烧所涉及的过程原理、物质平衡、热量平衡、焚烧效果判定方法进行了解释；对近年来的固体废物焚烧政策、法规体系、技术体系进行了论述解释；对"三化"技术政策之间的关系进行了分析，对减量化、无害化、资源化的具体实现方法进行了详细阐述；对固体废物焚烧厂项目环境影响评价的相关问题、中国生活垃圾焚烧行业影响因素、垃圾焚烧厂规模的确定方法、焚烧厂的建设原则、建设流程进行了分析；对近年来在固体废物焚烧项目的融资模式及其风险规避进行了解释；对近年来生活垃圾焚烧厂总体规划、面积确定、总图设计等领域的经验进行了总结分析；对生活垃圾焚烧厂的设备选型模式、设备选用方法进行了介绍；从原理、设备、运行、管理等多方面，对垃圾焚烧厂的前处理工艺、主体工艺、辅助工艺进行了详细地分析解释；对炉排炉、流化床、回转窑、热解汽化等多种技术在垃圾焚烧厂的设备及运行特点进行了详细论述；对垃圾焚烧相关的烟气净化、残渣处置、飞灰处置、噪声控制、恶臭控制、废水处理原理、设备特点进行了科学总结；对垃圾贮存、上料、检测、中控、报警、应急保护、焚烧炉运行等相关的常见故障疑难进行了总结论述；对危险废物的特性、预处理、收运、处理、处置等各个环节的技术理论与工程经验进行了分析；介绍了国外与国内的典型危险废物焚烧工程实例。

本书主要介绍了固体废物焚烧原理、焚烧工艺、焚烧设备，相关的污染物治理、余热利用、发电配套设备设施，以及焚烧厂的建设运营理论与技术、经验。全书编写贯彻了科学性、实用性、全面性的原则。本书以丰富的技术应用实例作为理论叙述的补充，可作为环境保护相关部门、环境卫生管理部门、固体废物焚烧厂设计建设单位以及相关科研单位、高等学校有关专业人员的参考资料。

本书所列出的设备和生产厂家，仅仅是出于全书的完整性和论述的需要，撰写人员和出版社不为相关设备和厂家提供任何保证和推荐，也不为任何由于使用相关设备所造成的损失和其他任何问题承担经济责任和法律责任。由于时间仓促，难免存在错误和疏漏，敬请广大读者批评指正。

本书编写人员分工如下：第一章由张弛、柴晓利、赵由才编写；第二章由张弛编写；

第三章由杨艳青编写；第四章由李晓姣、赵由才编写；第五章由张弛、杨志宏、柴晓利编写；第六章由杨艳青、柴晓利编写；第七章由张弛、柴晓利、王国红、罗安然编写；第八章由李晓姣、卫丽、李兵、柴晓利编写。书稿最后由赵由才统稿、定稿。

限于编者水平及编写时间，书中不足和疏漏之处在所难免，敬请读者提出修改建议。

编者
2016 年 8 月

目 录

第一章 固体废物的特征

第一节 固体废物的来源与分类

一、固体废物的来源

严格来讲，固体废物属于暂时失去人类对其原设定价值的"弃"物，只是由于时间与空间的原因未能匹配其价值属性而变成"废"物，因而固体废物只是相对意义上的废物，具有很强的时间性和空间性。随着固体废物资源化技术的发展，某一特定时空领域的废物在另一个时空领域也许就是宝贵的资源，因此固体废物又被称为"在时空上错位的资源"。

固体废物既是人类活动直接产生的典型污染物，又是各类环保设施（污水处理、大气污染治理、固废处理）二次污染物的最终形态（泥、渣类物质）。

从包含的物质内容而言，固体废物经常不仅是固体形态，也包含一定量的半固态、液态、气态物质，其中的许多液态和气态成分属于高环境危害性的危险废物。因此固体废物是环境污染物的综合体，这也就决定了固体废物处理处置工作的复杂程度超出其他形态的污染物治理。固体废物治理的工作内容，其实也包含了相关的液体、气体治理内容。固体废物治理是一个技术的综合体。

固体废物主要来源于人类的生产、流通、消费等各类活动。统计表明，人类各项活动从大自然索取的物质或产品中，仅有 10%～15% 以各种有价值形态保存于各种人工物质环境中，其他的 85%～90% 都成为废物，这些废物最终的归宿大部分都成为固体形态。

固体废物的定义因产生过程、具体性质和法律法规的不同而存在明显差异。在《中华人民共和国固体废物污染环境防治法》中，固体废物是指在生产建设、日常生活和其他活动中产生的污染环境的固态、半固态废弃物质。

总体而言，固体废物一般具有如下特性。

（1）无主性 固体废物被丢弃后不再属于谁，不易找到具体的责任主体。

（2）分散性 丢弃、分散在各处，需要收集。

（3）危害性 对人们的生产和生活产生不便，危害人体健康。

（4）错位性 一个时空领域的废物在另一个时空领域可能是宝贵的资源。

城市固体废物散布在城市生活、生产等各个环节中。具体的可界定为八种来源：居民家庭来源、市政环卫来源、餐饮业来源、商业来源、建筑施工来源、企业来源、污泥来源、其他零散来源。

工业固体废物的来源众多。采矿废物主要来源于煤矿、铜矿、石灰石开采等环节产生的各种围岩和尾矿。冶金废物主要来源于炼铁、炼钢、铝氧生产、重金属冶炼。能源工业废物主要来源于煤炭燃烧、电厂。化学工业废物主要来源于磷酸盐生产、硫酸制造、各种催化反应过程、石油炼制、烧碱和纯碱生产。食品和水产品加工废物主要来源于肉联厂、水产加工厂、碾米厂、油脂加工厂、酒厂、酱油厂。

农业固体废物来源于村镇居民家庭、农村环卫、农村建筑施工、田间种植业、散布式种植业、林业、畜禽养殖业。

危险废物的来源非常繁杂，主要有：

①医院、医疗中心和诊所的医疗服务；②医用药品的生产制作过程（包括兽药制造）；③药品的过期、报废环节；④杀虫、灭菌、除草、灭鼠和植物生长调节剂的生产、经销、配制和使用过程；⑤木材防腐化学品的生产、配制和使用过程；⑥有机溶剂生产、配制和使用过程；⑦含有氯化物热处理和退火作业；⑧机械加工、设备清洗等过程；⑨精炼、蒸馏、热解处理过程；⑩油墨、染料、颜料、涂料、真漆、罩光漆的生产配制和使用过程；⑪树脂、胶乳、增塑剂、胶水/胶合剂的生产、配制和使用过程；⑫排放危险废物的科研、技术开发、教学活动；⑬生产、销售、使用爆炸物品过程；⑭摄影化学品、感光材料的生产、配制、使用过程；⑮金属和塑料表面处理过程；⑯工业废物处置作业过程；⑰羰基化合物制造、使用过程；⑱无机氰化物生产、使用过程；⑲涉及危险废酸液、固态酸及酸渣的工业生产、配制、使用过程；⑳产生石棉、含有机磷、含有机氰化物、含酚化合物、含醚废物的生产过程；㉑卤化有机溶剂生产、配制、使用过程；㉒产生含铍、六价铬、铜、锌、砷、硒、镉、锑、碲、汞、铊、镍、铅及其化合物的废物的生产、使用过程；㉓涉及无机氟化物的废物（不包括氟化钙、氟化镁）、多氯苯同系物的并呋喃类、多氯苯并二噁英同系物、钡化合物的废物（不包括硫酸钡）的生产、使用过程。

注：上述过程是危险废物产生的可能来源，其过程若能够严格控制，则可能避免产生排放危险废物。

医疗废物的来源，主要是医院、诊所、门诊部、卫生院、疗养院、卫生所（室）、急救站、各类社会临时采血站、应急医疗站、医学相关的科学研究机构、医学教育机构等场所。

二、固体废物的分类

固体废物的种类繁多而且性质各异，为了便于固体废物的全过程管理，有必要对固体废物进行分类。固体废物有多种分类方法。

按其行业来源可分为工业固体废物、农业固体废物、城市生活垃圾、军工固体废物等。

按其污染特性可分为危险废物和一般废物等。

按其组成可分为有机废物和无机废物。

按其形态可分为固态废物、半固态废物和液态（气态）废物。

从焚烧角度而言，固体废物可以分为可烧固体废物、宜烧固体废物、不宜烧固体废物。

从焚烧产生污染的可能性而言，固体废物可以分为高焚烧风险物质（如含氯高分子类固体废物，含重金属类固体废物）、低焚烧风险物质（灰土类、玻璃类、金属类、纸类）。

我国采用固体废物的来源和特殊性质相结合的方法来对固体废物进行分类。在《中华人民共和国固体废物污染环境防治法》中，固体废物分为工业固体废物、城市生活垃圾和危险废物三类。

（一）工业固体废物

工业固体废物是指在工业交通等生产活动过程中产生的固体废物。按工业固体废物的产生行业划分，具有代表性的工业固体废物有冶金工业、能源工业、石油及化学工业、矿业、轻工业和其他工业六种工业固体废物。

1. 冶金工业固体废物

冶金工业固体废物主要包括各种金属冶炼或加工过程中所产生的废渣，如高炉炼铁产生的高炉渣、平炉转炉电炉炼钢产生的钢渣、铜镍铅锌等有色金属冶炼过程产生的有色金属渣、铁合金渣及提炼氧化铝时产生的赤泥等。

2. 能源工业固体废物

能源工业固体废物主要包括燃煤电厂产生的粉煤灰、炉渣、烟道灰、采煤及洗煤过程中产生的煤矸石等。

3. 石油及化学工业固体废物

石油化学工业固体废物主要包括石油及加工工业产生的油泥、焦油页岩渣、废催化剂、废有机溶剂等，化学工业生产过程中产生的硫铁矿渣、酸渣碱渣、盐泥、釜底泥、精（蒸）馏残渣以及医药和农药生产过程中产生的医药废物、废药品、废农药等。

4. 矿业固体废物

矿业固体废物主要包括采矿废石和尾矿，废石是指各种金属、非金属矿山开采过程中从主矿上剥离下来的各种围岩，尾矿是指在选矿过程中提取精矿以后剩下的尾渣。

5. 轻工业固体废物

轻工业固体废物主要包括食品工业、造纸印刷工业、纺织印染工业、皮革工业等工业加工过程中产生的污泥、动物残物、废酸、废碱以及其他废物。

6. 其他工业固体废物

其他工业固体废物主要包括机加工过程产生的金属碎屑、电镀污泥、建筑废料以及其他工业加工过程产生的废渣等。

（二）城市生活垃圾

城市生活垃圾又称为城市固体废物，是指在城市日常生活中或为城市日常生活服务的活动中产生的固体废物，以及法律、行政法规视作城市生活垃圾的固体废物。城市生活垃圾主要来自于城市居民家庭、城市商业、餐饮业、旅馆业、旅游业、服务业、市政环卫业、交通运输业、街道打扫垃圾、建筑遗留垃圾、文教卫生业和行政事业单位、工业企业单位、水处理污泥和其他零散垃圾等。城市生活垃圾的成分复杂，主要包括厨余物、废纸、废塑料、废织物、废金属、废玻璃、陶瓷碎片、砖瓦渣土、废旧电池、废旧家用电器等。影响城市生活垃圾成分的主要因素有居民的生活水平、质量和习惯，季节，气候等。

目前我国城市垃圾的分类主要是根据城市垃圾产生或收集来源进行分类，通常可分为以下几类。

（1）家庭垃圾　是居民住户排出的包括厨余垃圾和纸类、废旧塑料、罐头盒、玻璃、陶瓷、木片等零散垃圾在内的日常生活废物。

（2）庭院垃圾　包括植物残余、树叶、树杈及庭院其他清扫杂物。

（3）清扫垃圾　指城市道路、桥梁、广场、公园及其他露天公共场所由环卫系统清扫收集的垃圾。

（4）商业垃圾　指城市商业、各类商业性服务网点或专业性营业场所（如菜市场、饮食店等）产生的垃圾。

（5）建筑垃圾　指城市建筑物、构筑物进行维修或兴建的施工现场产生的垃圾（但建筑垃圾一般不允许与常规生活垃圾直接同时处理处置）。

（6）其他垃圾　是除以上各类产生源以外场所排放的垃圾的统称。

另外，根据处理处置方式或资源回收利用可能性，城市生活垃圾可简易分为可回收废品、易堆腐物、可燃物及其他无机废物四大类，或者有机物、无机物、可回收物品三大类。

（三）危险废物

危险废物是指列入国家危险废物名录或是根据国家规定的危险废物鉴别标准和鉴别方法，认定具有危险特性的废物，我国危险废物的相关标准主要包括《国家危险废物名录》和《危险废物鉴别标准》。危险废物的主要来源是工业固体废物，据估计我国工业危险废物的产生量约占工业固体废物产生量的 3％～5％，主要分布在化学原料和化学制造业、采掘业、黑色金属冶炼及压延加工业、有色金属冶炼及压延加工业、石油加工业及炼焦业、造纸及制品制造业等工业部门。城市生活垃圾的废电池、废日光灯、废弃日用化工产品以及医疗废物（见表 1-1）也是危险废物中不容忽视的一部分。

表 1-1　医疗废物的分类

类　　别	特　　征
感染性废物	携带病原微生物具有引发感染性疾病传播危险的医疗废物
病理性废物	诊疗过程中产生的人体废弃物和医学实验动物尸体等
损伤性废物	能够刺伤或者割伤人体的废弃医用锐器
药物性废物	过期、淘汰、变质或者被污染的废弃药品
化学性废物	具有毒性、腐蚀性、易燃易爆性的废弃化学物品

由于危险废物含有高度持久元素、化学品或化合物，具有毒害性、爆炸性、易燃性、

腐蚀性、化学反应性、传染性、放射性等一种或几种危害特性，对人体健康和环境具有极大的直接或潜在危害，因此是废物管理、处置体系的工作重点。

第二节　生活垃圾的性质

一、生活垃圾的理化性质及其与焚烧的关系

城镇生活垃圾是固体废物处理工作的主要对象之一，更是固体废物焚烧工作的最主要对象。因此，对生活垃圾性质的把握，会直接影响其焚烧的可行性、焚烧的效率、焚烧后的污染等问题。中国城市生活垃圾组成的典型组分以及热值分析数据见表1-2。

表 1-2　城市生活垃圾组成的典型组分与热值

垃圾物料类别	组成(质量比)/%				热值/(kJ/kg)	
	挥发分	固定碳	水分	不可燃分	湿基	干基
混合厨余废物(素食倾向类)	15.5～24.8	3.8～4.6	65.0～82.0	0.4～4.3	4010～4360	14220～18860
混合厨余废物(肉食倾向类)	47.6～95.5	1.4～2.2	2.0～42.2	0.2～3.3	14510～36229	25862～38010
混合废纸类	60.5～92.5	4.8～14.9	3.2～13.9	1.8～21.6	12443～25490	13906～27114
混合塑料类	86.2～98.5	0.05～9.6	0.02～0.50	0.7～8.9	22908～41465	23153～43220
木材、园林类	26.6～68.4	7.7～14.6	12.0～63.9	0.4～1.2	5120～18225	11340～20620
皮革橡胶类	52.0～88.2	3.5～18.6	2.9～12.6	9.2～12.4	16022～26340	18343～27881
废布料类	52.5～69.3	19.4～21.0	8.4～12.5	6.9～7.1	15052～16339	18559～20031
玻璃类	—	—	0.1～2.0	95.0～99.9	182～195	188～205
废金属类	—	—	1.0～2.0	98.0～99.0	1275～1530	1280～1519

我国幅员辽阔，社会经济发展、城市发展状况千差万别，这导致生活垃圾的组成、性质差异较大。其中的挥发分、固定碳、水分、可燃分含量差异较大，其湿基、干基热值的规律也存在一定的不确定性。这种不确定性不仅与生活垃圾本身的化学组成比例相关，而且与其所存在的地理环境、气象条件、环卫单位收集运输的方式、暂存的容器、暂存的时间等因素都有相关性。

对焚烧工艺而言，生活垃圾的单位热值必须达到一定的要求。对不同的焚烧厂，其入炉的物料热值要求也不同，例如，炉排炉的要求一般比流化床炉更高。生活垃圾的热值是指单位质量的生活垃圾燃烧释放出来的热量，以 kJ/kg（或 kcal/kg）计。热值分为高位热值（粗热值）和低位热值（净热值）。高位热值是指化合物在一定温度下反应到达最终产物的焓的变化。用氧弹量热计测量的是高位热值。低位热值与高位热值的意义相同，只是产物的状态不同，前者水是液态，后者水是气态。所以，二者之差就是水的汽化潜热。

目前我国内陆城市的生活垃圾平均低位热值不超过 4200kJ/kg，通常在 2600～4100kJ/kg 之间，设计人员在设计中一般取其平均热值或为了安全取其保守值。有时也可以考虑采用煤作为助燃燃料。工程设计中，认为煤的热值为 8500～25000kJ/kg。由于城市生活垃圾的成分和热值在一年四季中是变化的，春秋两季的垃圾水分较低、热值较高；

冬季垃圾水分低，但灰渣类物质相对较多，热值偏低；夏季垃圾因水分明显高于全年平均水平，热值也偏低。部分城市的生活垃圾的低位热值较低，不能达到自燃的要求；部分城市生活垃圾中灰渣含量较高，制约了焚烧减量化效益的发挥；随着我国经济的发展，大多数城市垃圾正向着含水率降低、可燃成分逐渐增加的趋势发展。中等经济水平以上城市的垃圾热值一般在 2512～4605kJ/kg，个别地区已达 3349～6280kJ/kg，已达到或接近垃圾焚烧的要求。

二、生活垃圾性质的影响因素

生活垃圾的理化性质与其他固体废物有显著的差异，不仅因为其理化指标的不同，更表现在其性质的波动性方面。因此，生活垃圾的性质非常复杂，这种复杂性增加了其焚烧工程的决策难度，也增加了其焚烧过程的控制难度。在某些时候，这种生活垃圾性质的波动性与复杂性，直接导致垃圾焚烧项目难以实施甚至得出否定性结论。

我国生活垃圾理化特征变化的影响因素主要包括以下几种。

1. 城镇经济发展水平

衡量经济发展水平的常用指标有国民生产总值、国民收入、人均国民收入、经济发展速度。我国的区域经济差距十分明显，东南部地区经济相对发达，西部地区经济相对落后。城市与乡村的差异较大，但个别农村地区的发展水平又有优于城市的特例。城镇经济发展水平会影响生活垃圾的可燃物所占比例、含水率等指标。高收入居民集聚的高档住宅小区，一般禁止废品回收从业人员进入小区，这也会间接提高此类小区垃圾箱中生活垃圾的热值数据。

2. 居民生活水平、生活习惯

随着居民生活水平的提高，生活垃圾中可燃组分（塑料、纸类、木材、橡胶类物质）比例一般会显著上升，这会给垃圾焚烧处理创造有利条件。生活水平的提高有可能引发生活用品包装材料比例的大幅度上升，其中的物品过度包装也起到了推波助澜的作用。居民生活习惯也会影响其自发售卖废品的次生习惯，统计规律表明，经济收入相对较高的人群，其自发分拣垃圾售于废品回收站的倾向会下降，这使得该地区垃圾箱中物料的可回收物品比例提高。经济不发达地区的居民，更具备家中自行分拣高热值废品出售于废品回收站的倾向，这也会导致市政环卫部门收集到的垃圾热值降低。

居民生活水平也会间接反映在其食材原料上，继而反映于厨余垃圾的成分方面，素食倾向与肉食倾向的餐饮生活习惯会导致差异性的厨余废物组成。

3. 燃料结构

居民燃料结构是制约生活垃圾成分的重要因素。居民燃料用途包括炊用燃料、取暖燃料等方面。我国大多数城镇的居民燃料物质形态包括气体燃料、固体燃料、液体燃料等形态。其中气体燃料主要有管道煤气、管道天然气、液化石油气等；固体燃料主要有煤炭、型煤、蜂窝煤、煤泥、牛粪类、木材类、秸秆类物质等；液体燃料主要有汽油、煤油、柴油、燃料油、人造汽油、油泥等物质。根据居民的燃料结构，典型的分类方法是将居民分为双气户、单气户、纯煤户。一般而言，双气户居民生活垃圾的热值较高，单气户次之，纯煤户居民生活垃圾的热值最低。在煤矿生产集中地区，居民直接采用煤炭制品作为燃料的倾向较强，生活垃圾中的灰土成分比例较大，其生活垃圾热值一般偏低。

4. 地理气候因素

地理气候也会影响垃圾的成分。我国南方与北方的差异、沿海与内陆的差异比较明显。调查显示，对气温偏高、降雨量高的城市而言，其生活垃圾的热值相对于寒冷地区一般会高些。当水分与热量条件好时，植物以及食材中的蔬菜水果种类多、产量大，会导致生活垃圾中的生物质成分提高，物料的热值会提高。北方干旱（半干旱）城市的生活垃圾中不可回收无机物的比重多于南方，而南方高温多雨城市的不可回收有机物的比重多于北方城市。北方冬季取暖压力较大，燃料消耗量大，更易于引发灰渣类物质在生活垃圾中出现的概率。

5. 政策因素

城市管理、市政管理、环卫管理政策的变动，也会影响生活垃圾成分。例如："净菜进城"等城市管理政策，会抑制菜叶类厨余垃圾的比例。市容环境卫生管理加强后，会促使街道垃圾成分的变化。

6. 拾荒因素

对中国而言，拾荒行为对生活垃圾的成分影响较大。例如，拾荒者大量捡取垃圾箱中的铁类、玻璃瓶、纸类、塑料类物品后，会大大降低上述物品的比例。一般而言，拾荒者捡取热值高的物品后，会导致城市混合垃圾总体热值的显著下降。拾荒行为会受政策限制，也会受经济发展水平或者行业景气因素影响，例如：玻璃制造、塑料制造行业不景气时期，会制约拾荒者对垃圾中玻璃、塑料物品的手工回收积极性。因此，许多行业对于垃圾热值也有间接的影响。

对于同一个城市而言，其垃圾成分与性质在不同城区是有差异的。中国内陆北方城市生活垃圾在新城区、旧城区、近郊区、混合垃圾指标之间的差异，可借鉴参考表1-3。

表 1-3　生活垃圾特征参考值（基准：湿基）

项目 类别	有机物 /%	无机物 /%	含水率 /%	容重 /(kg/L)	灰分 /%	可燃物 /%	热值 /(kJ/kg)
近郊	14.1	85.5	10.24	0.45	85.36	13.71	1906
新城区	65.4	34.7	52.13	0.23	14.80	23.42	3695
旧城区	16.6	83.6	26.27	0.46	62.66	13.22	1822
混合垃圾	22.72	77.25	30.96	0.35	44.51	19.83	2740

三、生活垃圾性质的采样分析

对生活垃圾性质的采样与分析，是决策垃圾处理工程建设、运行问题的重要前提。垃圾采样是否科学，分析是否正确，是垃圾焚烧厂决策的关键因素。

在进行生活垃圾采样、分析时需注意以下问题。

1. 布点的全面性

可以按照城区功能区域划分，全面地布设取样点。

在实测城市生活垃圾时，采样点的布置可以参照表 1-4 进行布置。

表 1-4　垃圾采样点分布表

1 级分区	2 级分区	采样点密度参考级别
商业区	商场	1 级
	饭店	2 级
交通枢纽区	火车站	2 级
	汽车站	2 级
	轻轨地铁站	3 级
居民生活区	双气楼房区	2 级
	单气楼房区	1 级
	平房区	1 级
	事业区	3 级
	道路带	3 级
	文化娱乐区	1 级
	医疗卫生区	2 级
	垃圾转运站	2 级
	垃圾收运车辆	3 级
	垃圾处理厂	3 级
	工业区	3 级

注：具体的执行标准可以参考《生活垃圾采样和物理分析方法》（CJ/T 313—2009）执行。

2. 采样的长期性

由于城市生活垃圾具有随时间变化的特点，而且这种变化有时还很剧烈。因此，垃圾采样需兼顾时间因素。例如：兼顾冬季与夏季、采暖季与非采暖季、重大节假日（除夕夜、圣诞节、双十一购物时段等时间因素均会显著影响垃圾产量与成分）、雨季与旱季等。

3. 采样的频率与周期

产生源生活垃圾采样与分析以年为周期，采样频率为每月 1～2 次。对于特殊月份或时段，需适当增减采样频率。采样时间间隔一般大于 10d。同一采样点的采样间隔时间不宜小于 7d。调查周期小于一年时，可增加采样频率。垃圾流节点的生活垃圾采样与分析应根据该类节点的特性、设施工艺要求、测定项目类别，确定采样周期和频率。此处的"垃圾流节点"是指垃圾产生、收集、转运、运输、处理所涉及的物流线路的交汇点。

4. 生活垃圾中的危险废物量判断

生活垃圾中存在的废电池、废日光灯、水银温度计、药品、化学品等，可能属于危险废物，但其存在的场合、居民区差异较大。在有些城区，此类危险品出现的频率较高，但有些城区可能极少，这种不均匀性会显著影响对生活垃圾中危险品的判断。平均而言，当采样量大于 0.4m³ 时，包含危险品的可能性大于 20%。当采样量小于 0.4m³ 时，危险品含量异常高或异常低的风险偏大。

5. 生活垃圾分析方法

按照相关的国家标准、行业标准执行，主要包括《生活垃圾采样和物理分析方法》（CJ/T 313—2009）、《煤的发热量测定方法》（GB/T 213），以及关于城市生活垃圾中的有机质、总铬、汞、pH 值、镉、铅、砷、全氮、全磷、全钾的城镇建设行业推荐标准的测定方法规定。

第三节　固体废物的污染与迁移转化

一、固体废物污染概述

固体废物特别是有害固体废物，如处理或处置不当，就会对环境造成不同程度的影响和危害。固体废物中有害物质对环境的影响或危害存在一个阈值，这取决于固体废物的性质、数量或浓度。如果固体废物中环境有害物质含量或浓度低于这个阈值，就不会对环境产生危害。生活垃圾中废电池、废日光灯等虽然所占比重较小，如在环境中不断积累，就会对环境造成严重污染和危害。因此，在进行固体废物处理时，必须准确掌握处理的量和度。过分强调所涉及的固体废物的毒性和造成一定污染的数量，都可能会增加处理成本。

固体废物的环境危害主要表现在以下几个方面。

1. 侵占土地

固体废物不经减量化处理或处置直接露天堆放，堆积量越大则占地越多。固体废物中工业固体废物侵占土地的问题尤其突出。据估算每堆积 $1×10^4$ t 废渣约需占地 1 亩（1 亩=666.67m²），每年几亿吨的工业废渣则占地几万亩。固体废物堆放侵占建设用地和农业耕地的现象，在我国许多城市尤其是中小城市和采矿区相当普遍。在目前土地资源日趋紧张的情况下，固体废物露天堆放肆意侵占土地的问题已不容忽视。

2. 污染土壤

土壤是许多细菌、真菌等微生物形成的一个生态系统，在自然界物质循环中担负着碳循环和部分氮循环等重要任务。通常固体废物中含有少量持续性有机污染物和重金属元素，但固体废物长期大量露天堆放，环境危害物质会随降雨和渗出液渗入土壤。持续性有机污染物和重金属元素在土壤里难以挥发降解，会不断积累，毒害土壤中微生物，对土壤生态环境也会造成长期的不可低估的影响。例如，20 世纪 70 年代，美国在密苏里州为了控制道路粉尘，曾把混有 2，3，7，8-TCDD 的淤泥废渣当作沥青铺撒路面，造成土壤污染，土壤中 TCDD 浓度高达 300×10^{-9}，污染深度达 60cm，致使牲畜大批死亡，人们备受各种疾病折磨。

3. 污染水体

固体废物引起水体污染的途径有：随天然降水径流进入河流、湖泊，或因较小颗粒随风飘迁，落入河流、湖泊，污染地面水；随渗滤液渗透到土壤中，进入地下水，使地下水污染；废渣直接排入河流、湖泊或海洋，造成污染。

目前在我国许多城市的郊区存在相当数目的生活垃圾露天堆场。生活垃圾中的有害物质随垃圾渗出液渗入周边地表水或地下水，已经造成了严重的水体污染问题。例如，在哈尔滨市某生活垃圾简易填埋场周边，地下水浊度、色度、锰、铁、酚、汞含量和大肠杆菌数严重超标，其中汞含量超标 29 倍，细菌总数超标 4.3 倍。

4. 污染大气

有机固体废物在适宜的温度和湿度下，经某些有机微生物的分解，固体废物释放出有害气体；有毒有害废物还可发生化学反应产生有毒气体；颗粒粒度小的废渣，如粉煤灰堆，遇大风产生扬尘，造成大气的粉尘污染；在固体废物的运输和处理过程中，也会产生有害气体和粉尘。

焚烧是固体废物处置技术之一，固体废物可以达理想的减量化。但是不恰当的焚烧可以导致二次污染，已成为有些国家大气污染的主要来源之一。固体废物露天焚烧炉烟气中的粉尘在接近地面处的浓度达到 $0.56g/m^3$。同时固体废物焚烧的二噁英污染问题已在国际上引起了高度重视。因此对固体废物进行处置时必须充分注意二次污染问题。

5. 影响环境卫生

目前随着城市人口剧增，垃圾粪便排放量很大。据全国 300 个城市的统计，城市垃圾的清运量仅占产生量的 $40\% \sim 60\%$，无害化处理率平均只有 1.6%，50% 以上的垃圾任意倾倒或堆积在城市的一些死角。固体废物露天堆放，既有碍市容市貌，又容易滋生蚊蝇、老鼠、蟑螂，传染疾病。

以上是固体废物环境影响的几个方面，所用实例也是实际污染事件的一小部分。今后随经济和科技的迅速发展，固体废物的组成也就越来越复杂，也将给固体废物的管理、处理和处置提出更高的要求。

二、固体废物的迁移转化

1. 固体废物的迁移转化途径

固体废物中的化学物质、病原体等可以通过大气、土壤、地表或地下水体进入生态系统，影响危害生态环境，最终对人体健康产生影响，即分别形成化学物质型污染和病原体型污染。

这两种固体废物污染具体途径取决于固体废物本身的物理、化学和生物性质，也与固体废物处置所在场地的水质、水文条件有关。图 1-1 和图 1-2 分别给出了化学物质型污染和病原体型污染的途径。

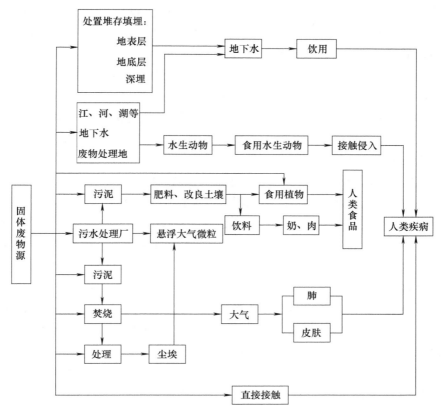

图 1-1 化学物质型污染致病途径

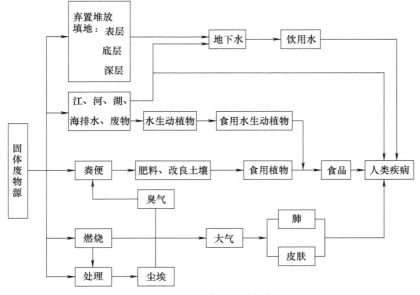

图 1-2 病原体型污染传播疾病的途径

2. 固体废物在焚烧过程的迁移转化

固体废物焚烧（incineration）属于热处理技术（thermal treatment of solid waste）的一种。固体物质（可混有液体、气体物质）的燃烧现象具有强烈的放热效应，有基态和电子激发态的自由基出现，并伴有光辐射的化学反应现象。

对于固体废物在焚烧过程的迁移转化，一般关注于 2 个方面：①固体物料的焚烧减量化过程；②固体废物中有害物质的无害化过程。

经过焚烧，固体物质会经历剧烈的热化学分解，体积会急剧减小，大多数大分子会转化为小分子。其污染物的迁移、转化过程机理非常复杂，主要涉及蒸发过程、凝结过程、机械迁移、飞灰吸附等环节。在固体废物焚烧过程中，其中含有的 C、H、O、N、S、Cl 以及 Na、重金属等元素或物质形态都会发生较大的迁移转化。

固体废物中的重金属类物质经过焚烧将迁移至底渣、飞灰、尾气中，并伴随着化学形态的转化。我国研究者认为，固体废物焚烧污染物中含有的重金属元素应重点关注 Hg、Cr、As、Cd、Ni、Pb、Cu、Mn、Co、Sb、Sn、Zn。垃圾焚烧过程中，重金属粒子向残渣、飞灰、尾气迁移的比例主要受蒸发过程与机械迁移的影响；重金属粒子向飞灰与尾气迁移的比例主要受凝结过程与吸附过程的影响。

采用静电除尘器时，其重金属污染物在飞灰中所占的比例一般比采用布袋除尘器的垃圾焚烧厂略低。$NaCl$、$CaCl_2$、$FeCl_3$ 等氯化物能够促进飞灰中重金属的气化。其原因主要是重金属的氯化态熔沸点比氧化态低。Zn、Cu 的气化率受氯化物影响最大。

垃圾含水率也会对垃圾焚烧过程重金属的迁移转化产生影响。垃圾含水率高时会增加烟气中的水分，降低焚烧温度，延长焚烧时间，继而增加挥发分的释放时间。含水率增加对 Pb、Zn 挥发率的影响较大，对 Cd 的影响较小。

固体废物中的碳水化合物与有机氯类物质经过焚烧，都可能转化为二噁英类物质。与二噁英结构相近的氯化苯酚类化合物更易于转化为二噁英类物质。粒子物质、氯、催化剂（铜、铁、镍、锌等）、碳、温度、时间等因素均会影响固体废物焚烧中二噁英的生成。

很多现代的焚烧炉实际上包含了热解环节。热解（pyrolysis）是将有机物在无氧或缺氧状态下加热，使之成为气态、液态或固态可燃物质的化学分解过程。

$$有机固体废物 + 热量 \xrightarrow{\text{无氧（缺氧）}} 可燃气 + 液态油 + 固体燃料 + 炉渣$$

$$有机物 + O_2 \Longrightarrow CO_2 + H_2O + 其他简单无机物 + 热量$$

热解产物的产率取决于原料的化学结构、物理形态和热解的温度和速度。固体废物中的高分子材料（PE、PVC 等）在热解过程中会发生转化。热解终温的提高会提高热解气体的产率，同时会制约半焦的产率。

第二章　固体废物处理处置技术概述

第一节　固体废物处理技术

一、固体废物的技术政策

技术政策是国家层面通过专家论证，综合考虑技术、经济、社会诸方面要素的协调与优化，对行业或技术发展提出的，要求行业、技术工作和经济建设共同遵循的政策性准则。其目标是通过技术限定、技术进步推动社会与经济的稳定、协调、发展。

固体废物作为污染危害较强的特殊物质，其技术政策对固体废物行业发展具有重要意义，对维护社会稳定也具有典型意义。固体废物污染控制技术政策是国家对固体废物管理方针的集中表达，是建立固体废物处理处置技术体系的原则。

目前固体废物管理的典型技术政策为"三化"原则，即无害化、减量化与资源化。

但是，与固体废物治理相关的技术政策却存在诸多矛盾与困难。例如：无害化、减量化与资源化"三化"原则自身的限定不明确，"三化"原则相互间的关系存在冲突，无害化与资源化主导地位的地区性差异、时段性差异等问题。从国际范围而言，不同国家、不同发展阶段的固体废物管理的"三化"原则侧重面也有所不同。

固体废物"三化"技术政策波动表现出如下几种特点：①"无害化、减量化"比"资源化"表现出更强的污染控制机理；②当固体废物污染控制技术力量薄弱，或城市经济力量不足，社会处于工业、经济不景气时段时，易倾向于以"无害化"为主导；③当社会经济发展较好，城市用地压力上升，或环境生态需求上升至较高层次时，易倾向于以"减量化"为主导；④当社会经济发展较好，或资源和能源短缺问题突出时，固体废物处理处置的"资源化"倾向易于占据主导地位。"三化"原则的排列顺序存在诸多不确定因素，需在长期科学严谨研究的前提下慎重实施。

二、固体废物的减量化技术

固体废物的减量化技术，包括对固体废物的质量、容积、毒性等要素的减量。固体废物的减量化工作，可以从上游控制、收集运输环节、预处理环节、处理环节等多方面实施。

1. 上游控制

在各个行业的产品设计、制造环节，或在其销售流通环节中，通过政策限制、规范操作、技术改良等措施，可以对固体废物产生源实现"减量化"。例如：对生活垃圾而言，居民在家中主动减少垃圾产生量，是垃圾减量化的根本途径。

2. 收集运输环节

生活垃圾的收运系统一般由收集、运输和中转三个部分组成，其中收集和运输是每个收运系统共有的，而中转则可能在一些系统中无需设置。生活垃圾在收集运输环节的减量化，主要与收集方式相关。其典型的表现是垃圾分类收集对垃圾减量化的贡献。当居民在家中积极实施垃圾分类后，城市垃圾总量可能在一定程度上降低。

生活垃圾收运环节实现减量化的另一个典型案例是：在垃圾转运环节对垃圾渗滤液的减量。在垃圾压缩转运过程中，垃圾中含水量高的物质（一般含水量50％～90％）极易产生渗滤液。目前，国内外广泛采用的压入装箱工艺，可分为"水平压缩转运"和"垂直压缩转运"两种。垂直压缩转运站在垃圾压缩过程中产生的渗滤液沉积在容器的底部，不利于渗滤液的减量。水平压缩转运站在压缩过程中产生的渗滤液会从箱体的接缝处滴漏出来，在解除箱与机连接时从箱进料口溢出。一般通过压缩后，大致占垃圾量5％～15％（一般在夏季和雨季最大）的垃圾压缩液在垃圾中转站被压滤而渗出，间接实现了固体废物的减量。

3. 预处理环节

固体废物预处理是为了使固体废物适合于运输、资源化处理或最终处置，采用物理、化学或生物学方法对固体废物进行预先加工的过程。

固体废物预处理主要包括破碎、压缩、分选。

破碎（crush）包括粉碎、磨碎（粉磨）。破碎过程不仅减小了固体的外形尺寸，而且可以增加粒度各异物料的均匀度、兼容性，消除了大的空隙，能增加有限面积上的固体废物存放量，也利于进行下一步的处理。

各种具体的破碎方法的详细分类见表 2-1。

表 2-1　破碎方法一览表

总分类	详 细 分 类	
机械法	剪切、冲击、挤压、劈碎、折断、磨碎、轧碎	
非机械法	以温度变化作为辅助条件的	低温冷冻破碎 热力破碎
	以水作为辅助条件的	湿式破碎 半湿式破碎
	其他	减压破碎 超声波破碎
综合破碎方法	筛分与破碎工序的结合 压缩与破碎工序的结合	

压缩又称为"压实"，是一种普遍采用的固体废物预处理方法，是指用机械方法增加固体废物聚集程度，增大容重，减少表观体积，对废物实行减容化。将压缩工艺用于转运环节时，可以降低运输成本；将压实工艺用于固体废物填埋处置场时，可以延长填埋场使用寿命，并且具有预稳定的作用。

压缩法适用于处理固体废弃物中压缩性能大、复原性能小的物质，对污泥和油污等一般不宜进行压缩或压实处理。适宜采用压缩法处理的固体废物主要是生活垃圾、松散废物、纸带、纸箱、纤维制品、汽车类物品等。

固体废物经过分选，可以实现减量化。分选的方法有筛选、重力分选、磁力分选、电力分选、浮选等（见表2-2），依据物料性质（颗粒粒度、密度、磁性、电性、弹性以及表面润湿情况）进行具体选用。

表 2-2　分选方法

类别		分选依据
机械分选	筛选（筛分）	粒度差异
	重力分选	密度差异、粒度差异
	磁力分选	磁性差异
	电力分选	导电性差异
	光电分选	光电性差异
	摩擦分选	摩擦性差异
	弹跳分选	弹性差异
人工分选		

4. 处理环节

固体废物处理环节的很多工艺都可以实现固体废物的减量化。

垃圾堆肥过程中，垃圾或土壤中存在的细菌、真菌和放线菌等微生物使有机物发生生化反应而降解，在添加其他辅助原料之前，其垃圾物料的体积会减少。

生活垃圾采用焚烧法处理后，体积可减少80%～90%，因此焚烧工艺在土地资源紧张的国家中所占比重呈现上升趋势。

固体废物热解后，能够转变为氢气、一氧化碳、焦油、溶剂油、焦炭、炭黑等物质，体积大幅度减少。

在固体废物的资源化技术中，凡是不增加固体废物体积（或质量）的技术类型，也可以归属为减量化技术的范畴。但如果在实施固体废物资源化过程中，产品的体积或质量大于原始物料体积，就不属于减量化技术。

三、固体废物的无害化技术

固体废物处理技术大多数都属于无害化技术范畴。焚烧、堆肥、发酵、化学处理、固化处理等都是无害化技术。对固体废物进行无害化处理时，一般需要多种处理技术组成的体系来综合完成。

焚烧法是一种典型的无害化工艺技术。固体废物经过焚烧，经历高温热处理，在焚烧炉内进行剧烈的氧化反应，废物中的有害有毒物质在800～1200℃的高温下氧化、热解而被破坏。但焚烧之后的重金属和烟气二次污染问题，尤其是二噁英污染问题如果得不到解决，反而是有害的技术。

稳定化是指通过物理、化学、生物等工程技术方法，使有毒、有害污染物质的毒害性、溶解性、迁移性、浸出率得以降低，或转化为其他能源形式。稳定化一般可分为化学稳定化和物理稳定化。如固化技术、热稳定技术、还原稳定技术、堆肥稳定技术、生物酶稳定技术。

固化属于"稳定化技术"的一种，是指在固体废物中添加固化剂，通过发生物理或化学变化，使其塑性降低或改造成为丧失流动性的密实固体的过程。这种固体可以方便地运输。危险废物的固化具有重要的安全意义。另一方面，在工业生产、建材生产中也常将固化法用作产品生产的一种工艺。固化机理主要包括：①包容、封闭；②利用化学反应生成难溶于水的物质；③脱水胶结作用。固化的基本方法见表2-3。

表2-3　固化的基本方法

类别	举例
包胶固化	水泥固化
	石灰固化
	塑性材料固化（如不饱和聚酯树脂固化）
自胶结固化	烟道气脱硫泥渣自胶结固化
熔融固化技术	玻璃固化

危险废物的无害化意义大于其资源化、减量化意义。通过无害化工艺，使危险废物实现稳定化（有机成分无机化）、安全化（有毒有害物质去除分解，细菌、病毒杀灭消毒）、难以辨认（处理后的人体组织器官、肢体难以辨认）是其主要目标。目前，国内外广泛采用的医疗废物处理方式主要有消毒法和高温焚烧法。危险废物的源头分离也是一种有效的无害化方法。

在无害化技术选择时，需注意以下几点问题。

（1）无害化与减量化的协调　许多无害化技术都面临着增加体积量的尴尬问题。例如，固化工艺中固化剂的添加经常会增加固体废物无害化处理后的体积，填埋工艺所需的覆盖层材料也会增加处置体的总量。因此，无害化技术必须保证在适度的增量或不增量的前提下。

（2）无害化与资源化的协调　同一个技术在优先考虑无害化或资源化倾向时，其侧重点是有差异的，有时甚至会得出矛盾的结论。例如：在垃圾焚烧工艺中，无害化与资源化对入炉物料、炉体技术参数的要求是有区别的。

（3）无害化的时效性　物理工艺的无害化持续时间一般较长。化学工艺的无害化持续时间决定于其所采用的化学药剂失效的时间，以及所依赖的化学反应条件（氧化还原条件、酸碱度条件、温度条件等）的持续性。生物工艺的无害化持续时间决定于生物体活性保持的条件。

四、固体废物的资源化技术

1. 概述

资源化技术是社会关注的热点。若能够从固体废物中回收有价值的物质和能源，就能够将固体废物行业与资源利用行业接轨，这也是国际上对固体废物治理领域的主流发展方向。有很多国家制定了大量相关的政策、市场、税收优惠措施，引导再生材料的生产销售，促进固体废物的资源化。通过制定适合本国国情的循环经济法，实行固体废物分类收集和垃圾收费制度，同时利用税收政策、价格机制和政府补贴等经济手段，最大限度上回收和综合利用固体废物，从固体废物产生的源头实现其资源化和减量化。我国也大力推行了固体废物的回收和综合利用工作，促进实现固体废物循环利用。但我国的城市生活垃圾资源化技术体系比较落后，与国际水平相差很大。

资源化不仅仅局限于固体废物的末端利用环节，还可以贯穿固体废物的产生、收集、运输、处理、处置的各个环节。固体废物的资源化必须同时兼顾经济和技术可行性，避免造成投资和资源的浪费。资源化技术需保证其再生产品可达到原生产品的质量水平。资源综合利用的投入和产出需达到平衡，保证一次资源与二次资源利用的经济合理性。另外，资源化过程不得造成比固体废物直接污染更严重的二次污染问题。

2．生活垃圾资源化

生活垃圾的分类收集是其资源化利用的重要环节。垃圾分类工作虽经历了多年的推广，但普及率仍然较低，这也使得某些国外成熟的垃圾资源化技术在国内无法大面积推广。我国垃圾自动分选的集成技术水平低，垃圾分选仍以手工分选为主，分选效率低。大多数城市只有纸张、玻璃、塑料、金属容器等实现了回收处理。

焚烧法是最具特色的固体废物资源化方法。大、中型的废物焚烧厂能利用焚烧余热实现发电，小型焚烧厂可将余热用于供热取暖。这使得垃圾在得到处理的同时产生经济效益。

生物处理法是最具经济合理性的生活垃圾资源化方法。固体废物的生物转化技术包括：堆肥化、沼气化、其他技术（制蛋白、乙醇或糖类）。

微生物降解技术是指依靠自然界广泛分布的微生物的作用，通过生物转化将有机固体废物中易于生物降解的有机组分转化为腐殖肥料、沼气或其他化学转化品，从而达到固体废物无害化的一种处理方法。

发酵是生物氧化的一种方式。微生物生理学将发酵定义为：在没有外源最终电子受体的条件下，化能异养型微生物细胞对能源有机化合物的氧化与内源的（已经经过该细胞代谢的）有机化合物的还原相耦合，一般并不发生经包含细胞色素等的电子传递链上的电子传递和电子传递磷酸化，而是通过底物（激酶的底物）水平磷酸化来获得代谢能 ATP；能源有机化合物释放的电子的一级电子载体 NAD 以 NADH 的形式直接将电子交给内源的有机电子受体而再生成 NAD，同时将后者还原成发酵产物（不完全氧化的产物）。

发酵的概念包括了好氧堆肥与厌氧发酵。固体废物的生物处理技术见表 2-4。

表 2-4　固体废物生物处理技术

类　　型	细分类别	应用目的
堆肥技术	好氧堆肥	快速制堆肥
	厌氧堆肥	制一般堆肥,保留较多的氮素
厌氧发酵技术	高温厌氧发酵工艺	制沼气,适用于处理温度较高的有机废物
	中温发酵	适用于大、中型沼气工程
	自然温度厌氧发酵工艺	一般农用

3. RDF 技术

RDF 即垃圾衍生燃料（refuse derived fuel），又叫做垃圾固形燃料技术，是由生活垃圾中的高热值组分经分选、干燥、破碎、压缩成型等一系列工序制成的具有较高热值、固定形状（或不定形）的废物再生燃料。

若将垃圾直接进行燃烧，由于其热利用低，燃烧的稳定性差，且燃烧尾气污染严重。而用 RDF 替代原始垃圾进行燃烧，则可以提高燃烧的稳定性，提高热值（热值为 14000～21000kJ/kg），减少尾气中有害气体的排放量，减轻烟道腐蚀，减少二噁英。RDF 减小了垃圾废料的体积，RDF 消除了垃圾焚烧原有的恶臭。RDF 产品的处理方式灵活，可以在分散的处理场予以制造，便于生产与销售，便于运输和储藏。

RDF 的性质随着地区、生活习惯、经济发展水平的不同而不同。若仅用塑料制成 RDF，则称为"RPF"。RDF 的概念最早是由英国于 1980 年提出的。后来美国、德国等西方发达国家迅速研发并将成果应用于实践。美国最早将 RDF 用于发电，已建有 37 座 RDF 发电站，占其垃圾发电站的 21.6%。日本政府极其重视 RDF 技术的推广，从 20 世纪 90 年代至今，投入了大量资金进行 RDF 的研发。我国对 RDF 技术的研究起步较晚，但也取得了一定进展，中国矿业大学、太原理工大学、中国科学院工程热物理研究所等众多单位在这方面都取得了研究成果。

RDF 的热值高，可达 24MJ/kg 以上，相当于煤的热值。其燃料特点与低质煤类似。而且燃烧稳定、效率高。可单独燃烧，也可与煤、木屑等混燃。其燃烧和发电效率均高于垃圾发电。可以在特制的 RDF 燃烧锅炉中进行小型规模的燃烧发电，也可将 RDF 用于与煤的混烧。RDF 具有稳定性、低污染性。由于含氯塑料只占其中一部分，加上石灰，可在炉内进行脱氯，抑制氯化物气体的产生，烟气和二噁英等污染物的排放量少，而且在炉内脱氯后形成氯化钙，有益于排灰固化处理。RDF 燃后残渣占 8%～25%，其残渣比普通垃圾焚烧炉灰少，残渣的含钙量高，易于利用。RDF 具有灵活性、地域性特点。RDF 的组成与原生垃圾中塑料、纸张、木材等可燃成分所占比例有关，根据产地的不同，RDF 的热值差异较大，而且其中所含的 N、S、Cl 量也明显不同。

4. 废旧金属资源化

废旧金属的回收利用，不仅一直是国家政府关注的话题，而且也是工业企业关心的重要问题。受国内国际金属价格的影响，废旧金属的回收也出现时热时冷的周期性。

（1）黑色金属　有回收价值的黑色和有色金属一般存在于工业废渣、冶炼炉副产品、污泥、焚烧炉飞灰中，其化学成分常常差异较大，而且以混合物形式存在。这使得废金属的处理问题有一定难度。黑色金属的资源化工艺主要包括分离技术、富集技术。

（2）铝　从混合废物中回收铝比回收黑色金属要难一些，因为铝从一般意义上说是非磁性材料。铝"磁铁"的成功使用在一定程度上解决了这一难题。从固体废物中分离铝的技术，其基本方法是利用废物的重力分离，以静电装置或铝磁铁进行的电分离或磁分离、化学分离或热分离。

（3）铜　废杂铜的再生利用意义重大。我国再生铜占电铜总量的 35%。废杂铜的资源化环节主要包括回收、拆解、分类、加工利用。废铜在工业固体废物中多数以电线或电气部件的形式出现。除去铜线绝缘层可采取机械方法（滚筒式剥皮、剖割式剥皮）、低温冷冻法、化学剥离法、热分解法。非电线形式的铜，可通过切、锯、熔化分离。废杂铜的再生利用方法包括直接利用法和间接利用法。

（4）铅　废铅回收工业规模很大，是所有金属中再生率最高的，废铅蓄电池占再生铅原料的 85％ 以上。这一方面是因为铅的熔点较低，易于回收；另一方面是铅矿的储量日益枯竭，只能保证现有生产规模的 25～30 年使用量。但废铅的高温回收常引起严重的空气污染问题，包括铅蒸气、铅粉尘、SO_2 污染。废铅的主要来源是汽车蓄电池，废铅蓄电池的处理方法主要有火法、湿法、火湿联合法之分。具体的工艺流程可分为 4 类：①去除外壳、除去废酸后，进行火法混合冶炼，得到铅锑合金；②经破碎、筛分后得到金属、铅膏，分别进行火法冶炼，得到铅锑合金和精铅；③经破碎、分选后分出金属部分和铅膏部分，铅膏脱硫，而后二者再分别进行火法冶炼，得到铅锑合金和软铅；④全湿法处理（电解和电积法、固相电解法等）。

5. 粉煤灰的资源化

粉煤灰的复杂性和独特性使其成为一种蕴含多种物理、化学反应能力的环境友好型工程材料。粉煤灰主要来源于燃煤发电厂将 $100\mu m$ 以下的煤粉在悬浮状态燃烧后产生的烟气，经过捕集，由干排或湿排得到的，似火山灰质的混合物料。其狭义定义是指焚烧后烟气中带出的粉状残留物，广义定义还包括炉底部排出的炉渣。另有一部分来自城市集中供热的粉煤锅炉。粉煤灰的资源化主要有：在土工、水工、道桥工程中的应用，在环保中的应用，在农业中的应用，在地球改造中的应用。

6. 煤矸石的资源化

煤矸石主要来源于洗煤厂的洗矸，煤炭生产的手选矸，采煤掘进中排出的煤和岩石以及和煤矸石一起堆放的煤系之外的混合物，通常占采煤量的 5％～20％。

煤矸石是一种可利用的宝贵资源。煤矸石资源化利用的主要用途有：①利用煤矸石来发电和采暖供热；②用煤矸石来生产建筑材料；③用煤矸石制备无机高分子絮凝剂；④利用煤矸石来制取高岭土。

7. 废塑料的再生利用

塑料是一种用途广泛的合成高分子材料，有三百多种。我国是世界十大塑料制品生产国之一。根据塑料受热后的塑性差异可分为热塑性塑料和热固性塑料。

热塑性塑料分子结构都是线型结构，能够反复进行多次软化和变硬过程。热固性塑料的分子结构是体型结构，加工成型后，受热不再软化，不易回收再用。废塑料的再生利用途径有：焚烧回收能量，熔融再生法，热解法，制 RDF。

8. 污泥资源化技术

污泥由水和污水处理过程所产生的固体沉淀物质组成，通常包括市政污泥、管网污泥、河湖淤泥、工业污泥。

当把污泥当作无机质材料时，可以用于建材制造，但存在化学成分复杂等问题。当把污泥当作有机材料考虑时，尤其是市政污泥具有有机质丰富、含有热值等优点，可以作为资源化的原料。污泥在一定条件下可以考虑采用焚烧法处理，并将其产生的热量用作资源化利用。焚烧污泥的装置有多种型式，如竖式多级焚烧炉、转筒式焚烧炉、流化焚烧炉、喷雾焚烧炉。但是，污泥焚烧存在许多疑难问题。例如，污泥烘干脱水的能源成本偏高，为了降低脱水污泥的含水率，一般采用直接烘干法，也就是采用热气流干燥烘干，然后再进行焚烧。但这种技术普遍都需要借助煤炭或燃气的燃烧，这就导致了污泥烘干成本居高不下。如果采用污泥直接焚烧工艺，同样也存在煤炭或燃气燃烧的高成本问题，而且污泥焚烧会带来二次污染问题。某些污泥的低位热值低，不宜用于焚烧发电。

污泥燃料化也是值得研究的方向。国内污泥燃料化的方向大体分为两类：一是煤、污泥及一些添加剂混合后制成燃料；二是污泥通过热干化后或添加脱水剂后再进行机械压滤等脱水手段，使污泥的含水率降低，在单独焚烧或与煤掺和后制成燃料。

第二节　固体废物处置技术

一、固体废物处置的含义与分类

固体废物处置也称为固体废物的最终处置（disposal of solid wastes），是指对各项人类活动产生的固体排出物进行有控管理，以无害化为主要目的，长期放置于稳定安全的场所，最大限度地使固体废物与生物圈分离，避免或降低其对地球环境与人类的不利影响而采取的严格科学的工程手段。固体废物处置是固体废物污染控制的末端环节，是解决固体废物的归宿问题。在固体废物管理的早期，固体废物的处置经常是无控地将固体废物排放、堆积、注入、倾倒入任意的土地场所或水体中，很少考虑其长期的不利影响。随着社会环保意识的增强和环境法规的完善，向水体倾倒和露天堆弃等无控处置被严格禁止，故今天所说的"处置"是指"安全处置"。

固体废物的最终处置具有无害化、资源化两种设计思路。一般而言，固体废物的最终处置方法是针对在当前技术经济条件下暂无法利用的人类活动产生的固体废物，实现其无害化，确保固体废物中的有害物质不论现在或将来，都不会对人类生存、发展以及整个地球生态造成不可修复的危害。但是，随着技术的发展和人类经济利益的驱使，在某些条件下，最终处置方法也可实现资源化，如填埋造地、腐殖质利用、矿化利用、填埋气利用等。

固体废物处置的工作对象包括：经过城市垃圾收运系统收集的生活垃圾，建筑垃圾，经过预处理、综合利用处理后的生活垃圾，工业废渣以及泥状物质，固化后的构件，焚烧后的残渣，需作为固体废物处置的置于容器中的液、气态物品，市政污泥、危险废物等。

处置方法可以有两种分类法，即按隔离屏障分类和按处置场所分类。

按照固体废物被隔离的屏障不同，分为天然屏障隔离处置和人工屏障隔离处置两类。

天然屏障往往是利用自然界已有的地质构造和特殊地质环境所形成的屏障，也可以是各种圈层之间本身存在的对污染的阻滞作用。人工屏障则是指隔离的界面由人为设置，如使用废物容器、废物预稳定化、人工防渗工程等。在实际工作中，人们常常同时采用天然屏障和人工屏障相结合的方法来处置固体废物，以实现对有毒有害物质的有效隔离。按屏障类型不同进行分类，难于具体根据屏障物质的千变万化来进行细分讨论，因此这种分类方法较少采用。

按照固体废物处置场所的不同，可分为陆地处置（land disposal）和海洋处置（ocean disposal）两大类。陆地处置包括农用法（soil plowing）、工程库或贮留池贮存法（underground storage project）、土地填埋处置（landfill）、深井灌注处置（deep-well injection）（或称为 UIC）。陆地处置具有方法简单、操作方便、投入成本低等优点，但是，陆地处置场所总是和人类活动及生物圈循环有关，因此必须按照严格的技术规范，用科学认真的态度来实施。海洋处置主要分为海洋倾倒（waste dumping to ocean）与远洋焚烧（marine incineration）两种方法。近年来，随着人们对保护环境生态重要性认识的加深和总体环境意识的提高，海洋处置已受到越来越多的限制。在大多数场合，海洋处置已被国际公约禁止。

二、固体废物土地填埋处置概述

土地填埋处置属于固体废物的地质处置方法，是依托各种天然环境地质防护屏障与工程防护屏障，科学控制固体废物处置过程中各项污染物质的释出和迁移，降低处置场内生化反应、物理反应的速率，由传统的废物堆放和土地处置发展起来的，一种按照工程理论和土工标准，对固体废物进行有控管理的综合性科学工程方法。

土地填埋处置不是简单的堆、填、覆盖操作，而是逐步向包容封闭、屏障隔离、主动引导抽排等工程贮存、综合利用方向发展。土地填埋处置种类很多，采用的名称也不尽相同。按填埋场的容纳物质类型可分为城市生活垃圾填埋场、危险废物填埋场、污泥填埋场、建筑垃圾填埋场、工业废渣填埋场。按安全程度可分为简易填埋、卫生填埋、安全填埋等。

卫生填埋（sanitary landfill）是指对填埋场气体和渗沥液进行较严格地控制的土地填埋方式，主要用于处置城市生活垃圾。卫生填埋与简易填埋的根本区别在于：卫生填埋过程中采取了底部防渗、侧层防渗与废气收集处理，垃圾表层覆盖压实作业等措施，从而避免了简易填埋方式下产生的二次污染。当代的卫生土地填埋处置技术，是包含科学选址技术、严格的场地工程防护（场底防护、边坡防护）技术、截污导流系统、拦洪排洪系统、垃圾渗沥液收集处理系统、填埋场气体导排利用系统、环境监测系统、新型封场技术、后期综合复用技术，以及科学的填埋作业方式、后期渗漏补救技术、生物反应器技术应用等的综合性科学体系。

生活垃圾卫生填埋场的规模与库容的计算涉及人均垃圾产量的计算、需要库容量的计算、实际库容量的核算等几个方面。一个完整的垃圾填埋场包括主体工艺构筑物、辅助工艺构筑物、生产管理设施、生活服务设施、环保配套设施，另外还有必要的土木水利相关工程。

安全土地填埋主要是针对处理有害有毒废物而发展起来的方法。

三、有毒有害废物的安全土地填埋

安全土地填埋主要是针对处理有毒有害废物而发展起来的方法。安全土地填埋与卫生土地填埋的主要区别在于：安全土地填埋对入场废料的成分要求更严格，要避免不相容废物的混合引发新的有害反应；对衬垫材料的品质要求更严格，应注意衬垫材料的稳定性、废物与衬垫的相容性；下层土壤或与衬里相结合处的渗透率应小于 10^{-8} cm/s；要配备更严格的浸出液收集、处理及监测系统。

安全土地填埋从理论上讲可以处置一切有害和无害的废物，但是，实际中对有毒废物进行填埋处置时还是要谨慎，至少应首先进行稳定化处理。对于易燃性废物、化学性强的废物、挥发性废物以及大多数液体、半固体和污泥，一般不要采用土地填埋方法。土地填埋也不应处置互不相容的废物，以免混合以后发生爆炸，产生或释放出有毒、有害气体。

四、中低放射性废物的浅地层埋藏

通常所说的核废料包括两大类：中低放射性核废料与高放射性核废料。浅地层埋藏处置主要适于处置用容器盛装的中低放射性固体废物。具有中低放射性的危险废物包括反应堆、后处理厂、核研究中心和放射性同位素使用单位等被放射性污染而不能再用的物体。中低放射性核废料主要指核电站在发电过程中产生的具有放射性的废液、废物，占到了所有核废料的 99%。中低放射性核废料的危害相对较低。此类危险废物不宜采用卫生填埋和安全填埋的方法处置。为了防止其对地球环境以及生物系统的污染，必须采取浅地层埋藏处置，以保证其安全级别。根据《低中水平放射性固体废物的浅地层处置规定》（GB 9132—88），浅地层埋藏处置，是指在浅地表或地下的，具有防护覆盖层的、有工程屏障或没有工程屏障的浅埋处置，埋深一般在地面以下 50m 内。浅地层埋藏处置分为沟槽式和混凝土结构式两种，操作中主要根据废物的特点及场地的条件来进行选用。

国际上通行的做法是在地面开挖深 10～20m 的壕沟，然后建好各种防辐射工程屏障，将密封好的核废料罐放入其中并掩埋。有时可借助上覆较厚的土壤覆盖层，既可屏蔽废物射线向外辐射，又能防止降水的渗入。

对浅地层埋藏处置的安全评价，涉及确定释放率的浸出试验、回填材料试验、水分运动试验以及核素在环境介质中输送的核素迁移试验、分配系数测量。经历足够的衰变时间、稳定时间后，废料中的放射性物质衰变成了对人体相对无害的物质。

目前我国建成的中、低放射性废物处置场有广东中低放射性核废料处置场、西北处置场。根据国务院文件，国家在原则上不批准核电站设置废液长期暂存罐，核电站产生的中、低水平放射性废液应及时妥善固化。放射性同位素应用单位和其他核科研生产单位暂存的少量放射性废液，也应及时进行固化。核工业系统及其他部门 30 多年来暂存的中、低水平放射性废液，应及时进行固化。

需限制中、低水平放射性废液固化体和中、低水平放射性固体废物的暂存年限。核工业系统及其他部门的中、低水平放射性废液固化体，暂存期限以能满足设施运行的要求为限；目前暂存的中、低水平放射性固体废物，在处置场建成后必须迅速送处置场处置。城市放射性废物库暂存的少量含长半衰期核素的固体废物，在国家处置场建成后最终也应送处置场。

五、高放射性废物的深层处置

高放射性废物俗称为"高放废料"，全称为"高水平放射性核废料"（high level radio-active waste，HLW），是指从核电站反应堆芯中置换出来的燃烧后的核燃料，或者是乏燃料后处理产生的高放射性废液及其固化体，以及达到相应放射性水平的其他废物。其共性是放射性核素的含量或浓度高，释热量大，毒性大，半衰期长达数万年到十万年不等，处理和处置难度大、费用高。国际原子能机构按处置要求的分类标准把释热率大于$2kW/m^3$，长寿命核素比活度大于短寿命中低放射性废物上限值的废射性物称为高放射性废物。高放射性废料对人体危害巨大，例如，钚（Pu）只需$10mg$就能致人毙命。受到核废料污染的水体生态环境在几万年内都无法恢复。

高放射性废物在操作和运输过程中需要特殊屏蔽，在核废料处置库建成之前，所有的高放射性核废料只能暂存在核电站的硼水池里。经过多年的实验与研究，目前公认的处置高放射性核废料的最好方法仍是深地质处置法。其处置过程一般是先将高放射性废料进行玻璃固化，而后装入可屏蔽辐射的金属罐体中，放入位于地下$500\sim1000m$深处的特殊处置库内进行永久保存。我国基本选定以花岗岩作为主要的处置介质。国外的处置介质主要有凝灰岩（美国）、黏土岩（比利时）、盐岩（德国）、花岗岩（瑞典、瑞士等）等。由于深地质处置所涉及的科学机理、社会问题极其复杂，世界各国的高放射性废物处置库选址、建设都很艰难。

六、污泥处置

污泥处置（sludge disposal）是指将处理后的污泥弃置于自然环境或人工构筑物中，包括陆地处置、水体处置等。

污泥的陆地处置技术主要是各类污泥填埋技术，包括污泥直接填埋、污泥干化填埋、污泥固化填埋。另外，可以考虑将污泥用于盐碱地改造、重金属或有机物污染土壤改造。

填埋法是污泥陆地处置的主要技术手段。污泥填埋可以分为直接填埋和改性填埋两种。直接填埋是将污泥在污泥专用填埋场或者垃圾填埋场的污泥填埋专门区域实施填埋。改性填埋一般是采用污泥干化或固化填埋技术。

污泥的抗剪强度低，土力学性质差，难以借助晾晒降低其含水率。污泥的干化改性剂通常采用石灰、粉煤灰、炉渣、垃圾焚烧灰渣、黏土、矿化垃圾等材料。石灰可以使污泥颗粒在成分上和结构上发生变化。在污泥中掺入矿化垃圾也可以降低污泥的含水率。改性污泥应用于卫生填埋场终场覆盖系统是一种新兴技术。原生污泥一般不能达到填埋场封场覆盖材料的要求，进行改性预处理后才能作为覆盖材料。研究表明，改性后的自来水厂污泥与疏浚污泥用作垃圾填埋场的覆盖土，其边坡稳定性能较好。经适当预处理后，可以作为填埋场终场覆盖系统的防水层。污水厂污泥中含有的有机质可作为覆盖系统的营养土。

在废弃的工业渣场对污泥实施填埋，也是一种值得研究的污泥与工业废渣联合处置方案。

污泥的水体处置，如果仅仅是用于污泥投海处置，属于环境风险较大的技术路线。污泥海洋倾倒已受到越来越多的反对。污泥投海一般是指将污泥直接投弃在海洋中，利用海洋的自净与稀释处置污泥。美国于 1988 年禁止污泥向大海倾投，1998 年 12 月欧盟也作了类似的规定，并建议成员国逐步减少污泥水体消纳量，并于 1998 年底停止污泥投海行动。

如果与内陆干涸湖泊或小型静态水体的底泥相结合，污泥可以处置于滩涂地、盐碱湖地、湿地等水体环境场所，用于滩涂改造、盐碱湖地改造、湿地改造工程。在不造成水体环境污染的前提下，可以将污泥用作湿地水体底泥或污染底泥的补充替换材料，促进湿地植物的生长。

第三章　固体废物焚烧技术基本原理

第一节　概　　述

固体废物的焚烧是一种高温热处理技术，是指固体废物中的可燃性物质与空气中的氧在焚烧炉内进行氧化燃烧反应，使其有害物质在高温下氧化、热解而被破坏。通过焚烧处理，废物的体积可以减少 80%～90%，质量减少 20%～80%；垃圾中的病原体和有害物质得到有效消除，达到无害化处理，最终产物转化为化学性质比较稳定的无害化灰渣；通过焚烧处理，还可以获得能源。因此，焚烧是可以达到减容、去除毒性并回收能源的高温处理过程，是一种可以同时实现废物无害化、减量化、资源化的处理技术。

垃圾焚烧技术作为固体废物处理的重要手段，始于 19 世纪中后期。但这个阶段由于设备简陋，没有烟气净化处理设施，垃圾中的可燃物比例较低，导致焚烧效率低、残渣量大，焚烧过程中产生的黑烟和臭味对环境的二次污染也相当严重。

20 世纪初到 60 年代末是垃圾焚烧技术的发展阶段。这个阶段世界发达国家的垃圾焚烧技术已初具现代化，焚烧炉从固定炉排到机械炉排，从自然通风到机械供风，向多样化、自动化方向发展。出现了由机械除尘、静电收尘和洗涤等技术构成的烟气净化系统。焚烧效率和污染治理水平进一步提高。

20 世纪 70 年代初到 90 年代中期是垃圾焚烧技术的成熟阶段。在原有除尘处理的基础上，进一步发展了湿式洗涤、半湿式洗涤、袋式过滤、吸附等技术，净化处理颗粒状污染物和气态污染物。90 年代新建的固体废物焚烧厂，大都采用袋式除尘设备来取代静电除尘设备，废气处理工艺流程也采用了复杂的多种废气处理方式相结合的形式。

固体废物的焚烧技术经历了从小到大，从简单到复杂，从间歇式、半连续式到连续式高效焚烧炉的发展过程，目前已经成为有机固体废物处理的基本方法之一，在许多国家都得到了广泛的应用。在瑞士、日本、瑞典、法国、丹麦等工业发达而国土面积较小的国家，其垃圾处理以焚烧为主，如日本是世界上垃圾焚烧厂最多的国家。美国从 20 世纪 80 年代起，政府投资约 70 亿美元兴建了 90 座垃圾焚烧厂，到 2006 年美国已有生活垃圾焚烧厂 140 多座。

我国垃圾焚烧技术的研究和应用，开始于 20 世纪 80 年代，起步较晚但发展迅速。随着垃圾焚烧处理优势的不断凸显、人口的增加和城市规模的迅速扩大，许多大中城市开始采用焚烧法来减少垃圾填埋量，解决填埋用地紧张问题。在焚烧技术方面，我国主要是结合国情开展实践研究，取得了低热值、含水量和灰分较高的垃圾焚烧处理成功，为焚烧技术在中国的发展开辟了道路。固体废物的焚烧技术，无论是从其技术、工艺特性还是其环境保护角度看都有其特点。

1. 燃烧工艺的特点

一般固体燃料的燃烧目标主要是热能利用，而生活垃圾的焚烧目标主要是无害化处理，追求的是生活垃圾能在垃圾焚烧炉中充分燃烧。为此垃圾焚烧工艺通常采用较高过剩空气比的运行模式，其实际供气量一般比理论空气量高 70%～120%；同时为克服在垃圾燃烧过程中出现聚集而造成局部空气（氧）传递阻碍的现象，垃圾焚烧炉排必须设计成能使垃圾层经常处于翻动状态的构造，以利于生活垃圾的充分燃烧。

2. 热能利用的特点

尽管垃圾焚烧的主要目标是使垃圾充分燃烧，但能量回收在垃圾焚烧中的重要性也已被充分认识，从而在现代垃圾焚烧厂设计中得到体现。但是由于生活垃圾焚烧烟气具有含水量大、氯化氢浓度高等特点，对材料有较大的腐蚀性，热能回收系统也因此受到明显的影响。为此，焚烧余热利用系统一般不把过热器设置于炉内的强辐射区而使过热蒸汽温度受到限制；离开热能回收段的烟气温度一般不低于 250℃ 也能影响热能回收的效率；而蒸汽式空气预热器的应用也将造成可用蒸汽能量的损失。因此城市生活垃圾焚烧的热能回收率通常要比燃煤锅炉低 10% 以上。

3. 环境保护的特点

城市生活垃圾在输送、贮存与燃烧过程均存在产生二次污染的可能。其中最主要的是烟气污染，包括颗粒物、SO_2、HCl、NO_x、重金属和毒害性微量有机物（如二噁英等）等空气污染物。现代垃圾焚烧技术所包含的烟气净化系统通常能较有效地控制除 NO_x 和二噁英以外的一般污染物。但目前还缺乏技术可靠、经济可行的 NO_x 和二噁英等的末端净化工艺，只能以燃烧过程的工艺控制为主要手段加以调控。

此外，垃圾贮存与灰渣冷却过程产生的污水和灰渣，也是垃圾焚烧厂常见的污染物。其中对污水虽已有较有效的净化甚至回用技术，但单独处理的工程投资及运行成本均较高，一般可采用经预处理后排入城市污水管道、送城市污水处理厂集中深度处理的方法；而灰渣特别是飞灰通常需用代价比较昂贵的安全处置法处理，如安全填埋、水泥或沥青固化后卫生填埋等。

4. 焚烧技术的特点

城市生活垃圾处理的基本原则是无害化、减量化和资源化。垃圾焚烧技术与这些处理原则最为切合的是它卓越的减量化效果，通常垃圾焚烧技术可使处理的生活垃圾减容 90% 以上，这对城市生活垃圾处理管理目标的实现具有非常重要的意义。垃圾焚烧处理所达到的无害化效应，亦曾受到普遍的认同。目前，因其烟气中可能含有难以控制的二噁英等高毒性有机物而易受到质疑。但总的来看，相比于卫生填埋与堆肥所同样存在的潜在环境危害，垃圾焚烧技术的无害化特性仍有一定的优势。垃圾焚烧处理的资源化效益主要来自其热能回收，以电能输出来体现，这一效益并不能完全代表生活垃圾全部的资源价值。但电能良好的市场前景及其他生活垃圾资源回收技术尚不完善的现状，使垃圾焚烧发电这一生活垃圾资源化的途径仍具有很大的现实价值。另外，从处理技术本身的可靠性来分析，因现代生活垃圾焚烧系统具有技术集成度高、自动化程度高等特点，管理质量保障度很高。而卫生填埋与许多堆肥化工艺，因其技术环节的集约化程度稍逊，常会因处理过程中管理不善等原因而造成不可预见的二次污染。垃圾焚烧技术的复杂性，使之成为一种较为昂贵的垃圾处理技术，其工程投资要明显高于卫生填埋与堆肥，运行成本亦要高于卫生填埋和堆肥。这一特性，是阻碍垃圾焚烧技术在大部分发展中国家推广应用的主要原因。

总之，城市生活垃圾焚烧技术，无论是从处理过程固有的工艺特性还是从技术完善程度看，均不能说是完美的城市生活垃圾处理技术。但它所具有的许多优势，会使其在相当长时间内作为城市生活垃圾的主要处理技术之一而存在，特别是在发展中国家，垃圾焚烧技术仍具有相当大的发展空间。

第二节　焚烧的概念

一、焚烧的定义

通常把具有强烈放热效应、有基态和电子激发态的自由基出现，并伴有光和辐射的化学反应现象称为燃烧。燃烧也常伴有火焰现象，而火焰又能在合适的可燃介质中自行传播。火焰能否自行传播，是区分燃烧与其他化学反应的特征。其他化学反应都只局限在反应开始的那个局部地方进行，而燃烧反应的火焰一旦出现，就会不断向四周传播，直到能够反应的整个系统完全反应完毕。燃烧过程伴随着化学反应、流动、传热相传质等化学过程及物理过程，这些过程是相互影响、相互制约的。因此，燃烧过程是一个极为复杂的综合过程。

固体废物的燃烧，称为焚烧，是包括蒸发、挥发、分解、烧结、熔融和氧化还原等一系列复杂的物理变化和化学反应，以及相应的传质和传热的综合过程。固体废物的焚烧是一个完全燃烧的过程，它必须以良好的燃烧为基础，使可燃性废物与氧发生反应产生燃烧，经济有效地转换成燃烧气或少量稳定的残渣。一般认为，固体物质的燃烧存在以下 3 种不同的燃烧方式。

（1）蒸发燃烧　可燃固体受热熔化成液体，继而化成蒸气，所产生的蒸气再与空气扩散混合而燃烧。

（2）分解燃烧　可燃固体首先受热分解，轻质的烃类化合物挥发，留下固定碳及惰性物，挥发分与空气扩散混合而燃烧，固定碳的表面与空气接触进行表面燃烧。

（3）表面燃烧　如木炭、焦炭等可燃固体受热后不发生熔化、蒸发和分解等过程，而是在固体表面与空气反应进行燃烧。

生活垃圾中可燃组分种类复杂，因此固体废物的燃烧过程是蒸发燃烧、分解燃烧和表面燃烧的综合过程。虽然焚烧固体废物的物理、化学特性十分复杂，但在机理上与一般固体燃料的燃烧是一样的。

二、焚烧的影响因素

固体废物焚烧处理过程是一个包括一系列物理变化和化学反应的过程。固体废物的焚烧效果受许多因素的影响，如焚烧炉类型、固体废物性质、物料停留时间、焚烧温度、供氧量、物料的混合程度等。其中停留时间、温度、湍流度和空气过剩系数就是人们常说的"3T＋1E"，它们既是影响固体废物焚烧效果的主要因素，也是反映焚烧炉工况的重要技术指标。

1. 固体废物的性质

在很大程度上，固体废物性质是判断其是否进行焚烧处理以及焚烧处理效果好坏的决定性因素。固体废物的热值、成分组成和颗粒粒度等是影响其焚烧的主要因素。固体废物的热值越高，焚烧过程越易进行，焚烧效果也就越好。国家规定固体废物入炉垃圾最低热值标准为4184kJ/kg，一般固体废物燃烧需要的热值为3360kJ/kg。据统计，我国城市垃圾可燃成分低，平均热值约2510kJ/kg，达不到燃烧的要求，焚烧过程需要添加辅助燃料，如掺煤或喷油助燃。

固体废物组分的三要素，即固体废物的含水率、可燃组成和灰分，是废物焚烧炉设计的关键因素。固体废物的水分含量是指干燥某固体废物样品时失去的质量，是一个重要的燃料特性，过高的水分会导致固体废物不能自持燃烧，需要辅助燃料。固体废物的可燃分包括挥发分和固定碳，挥发分是指标准状态下加热废物所失去的质量分数，剩下的部分为碳渣或固定碳。挥发分含量与燃烧时的火焰有密切关系，如焦炭和无烟煤含挥发分较少，燃烧时没有火焰；相反，烟气和煤烟挥发分含量高，燃烧产生很大火焰。固体废物灰分指的是样品干物质中，无法由燃烧反应转化为气态物质的残余物，如玻璃和金属等。根据固体废物三组分的定义，三组分之和在任何情况下都应为100％，其关系可以用一个三元关系图来标示（见图3-1）。图3-1中斜线覆盖区近似为可燃区，可燃区界限值为水分≤50％，灰分≤60％，可燃分≥25％。边界上或边界外的区域，表示废物水分太多或灰分含量太高，其燃烧必须添加辅助燃料。

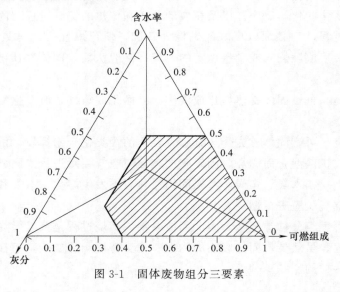

图 3-1　固体废物组分三要素

固体废物的粒度越小，单位质量（或体积）固体废物的比表面积越大，固体废物与周围氧气的接触面积也就越大，焚烧过程中的传热及传质效果越好，燃烧越完全。因此，在生活垃圾焚烧前，应进行破碎预处理。

2. 焚烧温度

焚烧温度（temperature）对焚烧处理的减量化程度和无害化程度有决定性影响。焚烧温度取决于废物的燃烧特性（如热值、燃点、含水率）以及焚烧炉结构、空气量等。由于焚烧炉的体积较大，炉内的温度分布是不均匀的，即不同部位的温度不同，这里所指的温度是生活垃圾焚烧所能达到的最高焚烧温度，一般来说，焚烧温度越高，越有利于生活垃圾的燃烧。同时，温度与停留时间是一对相关因子，在较高的温度下适当缩短停留时间，也可维持较好的焚烧效果。但是，如果温度过高，会对炉体材料产生影响，还可能发生炉排结焦等问题。

目前一般要求生活垃圾焚烧温度在 850～950℃，医疗垃圾、危险固体废物的焚烧温度达到 1150℃。而对于危险废物中的某些较难氧化分解的物质，甚至需要在更高的温度和催化剂作用下进行燃烧。

3. 停留时间

停留时间（residence time）有两方面的含义：其一是固体废物在焚烧炉内的停留时间，它是指生活垃圾从进炉开始到焚烧结束炉渣从炉中排出所需的时间；其二是固体废物焚烧烟气在炉中的停留时间，它是指生活垃圾产生的烟气从生活垃圾层逸出到排出焚烧炉所需的时间。固体废物停留时间取决于固体废物在焚烧过程中蒸发、热分解、氧化还原反应等反应速率的大小。烟气停留时间取决于烟气中颗粒状污染物和气态分子的分解、化学反应速率。

停留时间的长短应根据废物本身的特性、燃烧温度、燃料颗粒大小以及搅动程度而定。在其他条件不变时，固体废物和烟气的停留时间越长，焚烧反应越彻底，焚烧效果也就越好。但停留时间过长也会使焚烧炉的处理量减少，焚烧炉的建设费用加大。对于垃圾焚烧，若燃烧温度维持在 850～1000℃，有良好的搅拌和混合，使垃圾的水分易于蒸发，通常要求垃圾停留时间达到 1.5～2h 以上，烟气停留时间大于 2s。

4. 湍流度

湍流度（turbulence）是指物料与空气及气化产物与空气的混合情况。湍流度越大，生活垃圾和空气的混合程度越好，有机可燃物能及时充分获取燃烧所需的氧气，燃烧反应越完全。湍流度受多种因素影响，当焚烧一定时，加大空气供给量，可提高湍流度，改善传质与传热效果，有利于焚烧。

5. 过量空气系数

实际空气量与理论空气量之比值为过量空气系数（excess air）。在焚烧室中，固体废物颗粒很难与空气形成理想混合，因此为了保证垃圾燃烧完全，实际空气供给量要明显高于理论空气需要量。增大过量空气系数，不但可以提供过量的氧气，而且可以增加炉内的湍流度，有利于焚烧。但过大的过剩空气系数，可能会导致炉温降低、烟气量增大，对焚烧过程产生副作用，给烟气的净化处理带来不利影响，最终会提高固体废物焚烧处理的成本。根据经验，在通常情况下，过量空气系数一般为 1.3～1.9；但在某些特殊情况下，过量空气系数可能在 2 以上才能达到较完全的焚烧效果。

6. 其他因素

影响固体废物焚烧的其他因素包括固体废物在炉中的运动方式、料层的厚度、空气预热温度、进气方式、燃烧器性能、烟气净化系统阻力等，也是在实际生产中必须严格控制的基本工艺参数。

综上所述，在固体废物的焚烧过程中，应在可能的条件下合理控制各种影响因素，使其综合效应向着有利于废物完全燃烧的方向发展。同时也应该认识到，这些影响因素不是孤立的，它们之间存在着相互依赖、相互制约的关系，某种因素产生的正效应可能会导致另一种因素的负效应，应从综合效应来考虑整个燃烧过程的因素控制。

三、固体废物的其他热处理技术

固体废物的热处理是利用固体废物的热不稳定性将固体废物进行深度氧化和高温分解，改变其物理、化学、生物特性或组成的处理技术。常见的热处理技术除焚烧处理外，还有热解、熔融、干化、湿式氧化和烧结等。

1. 热解

固体废物热解是将有机物在缺氧或无氧的状态下加热，使之成为气态、液态或固态可燃物质的化学分解过程。固体废物的热解和焚烧是完全不同的两个过程，焚烧是放热反应，热解是吸热过程；焚烧的产物主要是二氧化碳和水，热解的产物主要是可燃的低分子化合物；焚烧产生的热能一般就近直接利用，而热解生成的产物诸如可燃气、油及炭黑等可以储存及远距离运输。和焚烧相比，热解通常只应用在小规模的特定废物处理上，如污泥、废塑料、废树脂、废橡胶等工业以及农林废物、人畜粪便等在内的具有一定能量的有机固体废物。该法的主要优点是能够将废物中的有机物转化为便于贮存和运输的有用燃料，而且尾气排放量和残渣量较少，是一种低污染的处理与资源化技术。

2. 熔融

是利用热在高温下把固态污染物熔化为玻璃状或玻璃-陶瓷状物质的过程。

3. 干化

该技术主要用于污泥等高含水率废物的处理，利用热能去除废物中的自由水和吸附水，从而减少废物的体积，有利于后续的利用和最终处置。

4. 湿式氧化

湿式氧化法又称湿式燃烧法。它是指有机物料在有水介质存在的条件下，加以适当的温度和压力所进行的快速氧化过程。有机物料应为流动状态，可以用泵加入湿式氧化系统。由于有机物的氧化过程是放热过程，所以，反应一旦开始，就会在有机物氧化放出的热量作用下自动进行，而不需要投加辅助燃料。

5. 烧结

该技术是将固体废物和一定的添加剂混合，在高温炉中形成致密化强固体材料的过程。

6. 其他方法

其他热处理方法包括蒸馏、蒸发、熔盐反应炉、等离子体电弧分解、微波分解等。

第三节　焚烧过程与工艺

一、焚烧过程

物料从送入焚烧炉起，到形成烟气和固态残渣的整个过程称为焚烧过程。固体废物的焚烧过程是一系列十分复杂的物理变化和化学反应过程，通常将焚烧过程划分为干燥阶段、燃烧阶段和燃尽阶段 3 个阶段（见图 3-2）。

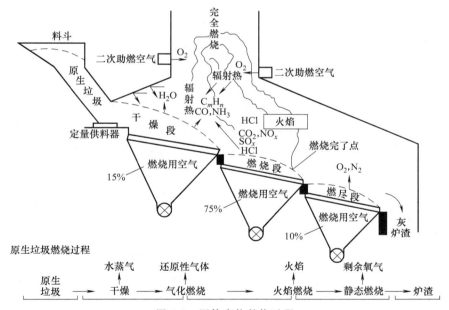

图 3-2　固体废物焚烧过程

1. 干燥阶段

干燥阶段是指物料从送入焚烧炉起，到物料开始析出挥发分和着火的这段时间。
我国城市生活垃圾含水率一般在 40%～60%，含水率较高。在所含水分蒸发后，垃圾才会开始着火燃烧。因此，焚烧的干燥阶段是很重要的。当物料送入焚烧炉后，物料温度逐步升高，其表面水分开始逐步蒸发，当温度增高到 100℃ 左右，物料中的水分开始大量蒸发，此时，物料温度基本稳定。随着不断加热，物料中水分大量析出，物料不断干燥。当水分基本析出完后，物料温度开始迅速上升，直到着火进入真正的燃烧阶段。在干燥阶段，水分以蒸汽形态析出，需吸收大量的热量。

固体废物含水率的高低，决定了干燥阶段所需时间的长短，这在很大程度上也影响着固体废物的焚烧过程。对于高水分固体废物，特别是污泥、废水等，为了蒸发、干燥、脱水和保证焚烧过程的正常运行，常常不得不加入辅助燃料，改善干燥着火条件。

2. 燃烧阶段

废物基本完成干燥阶段后，如果炉内温度足够高，且又有足够的氧化剂，就会顺利地进入真正的燃烧阶段，燃烧阶段是指物料开始着火至强烈地发热发光氧化反应结束的这段时间。本阶段包括同时发生的强氧化、热解和原子基团碰撞三个化学反应模式。

（1）强氧化反应　即废物中的可燃组分发生完全燃烧的反应。以典型废物 $C_x H_y Cl_z$ 为例，其在理论完全燃烧状态下，用空气作氧化剂，燃烧反应式为：

$$C_x H_y Cl_z + [x + (y-z)/4]O_2 \longrightarrow xCO_2 + zHCl + [(y-z)/2]H_2O \tag{3-1}$$

式中，x、y、z 分别是 C、H、Cl 的原子数。

（2）热解反应　即在无氧或近乎无氧的条件下，利用热能破坏含碳高分子化合物元素间的化学键，使含碳化合物破坏或者进行化学重组的过程。

尽管焚烧要求确保有 50%～150% 的过剩空气量，以提供足够的氧与物料有效接触，但仍有部分物料没有机会与氧接触，处于无氧或缺氧的条件下。这部分物料在高温条件下就要进行热解，析出气态可燃成分，如 CO、CH_4、H_2 或分子量较小的 $C_m H_n$ 等。之后，这些析出的小分子气态可燃成分再与氧接触，发生氧化反应，从而完成燃烧过程。

以常见的纤维素分子为例，若燃烧时存在无氧或缺氧条件，它就会先进行热解，产生可燃气体 CO、H_2O、CH_4 和固态碳等，之后，这些热解产物再与氧反应，完成燃烧过程。其热解反应式为：

$$C_6 H_{10} O_5 \longrightarrow 2CO + CH_4 + 3H_2O + 3C \tag{3-2}$$

（3）原子基团碰撞　在物料燃烧过程中，还伴有火焰的出现。燃烧火焰实质上是高温下富含原子基团的气流造成的。由于原子基团电子能量的跃迁、分子的旋转和振动等产生量子辐射，产生红外热辐射、可见光和紫外线等，从而导致火焰的出现。原子基团气流包括原子形态的 H、O、Cl 等元素，双原子的 CH、CN、OH、C_2 等，以及多原子的基团 HCO、NH_2、CH_3 等。这些原子基团的碰撞会进一步促进废物的热分解过程。

3. 燃尽阶段

燃尽阶段是指主燃烧阶段结束至燃烧完全停止的这段时间。

废物在主燃烧阶段进行反应后，参与反应的物质浓度大大减少，而反应生成的惰性物质（气态的 CO_2、H_2O 和固态的灰渣）则增加了。灰层的形成及惰性气体的增加使剩余的氧化剂难以与物料内部未燃尽的可燃成分接触并发生氧化反应，燃烧过程因此而减弱，物料周围的温度也随之逐渐降低，反应处于不利情况。因此，要使物料中未燃的可燃成分燃烧干净，就必须延长焚烧过程，使之能够有足够的时间尽可能地完全燃烧掉，这就是设置燃尽阶段的主要目的。燃尽阶段的主要特点是可燃物浓度减少，惰性物增加，氧化剂含量相对较大，反应区温度较低。要改善其工况，常常采用翻动、拨火等方法来减少物料外表面的灰层，增加过剩空气量，延长物料在炉内的停留时间等。

二、焚烧过程的物质平衡

1. 垃圾焚烧物质转化分析

生活垃圾焚烧过程中，输入系统的物料包括生活垃圾、空气、烟气净化所需的化学物质及大量的水。其中生活垃圾按工业分析又可以进一步分为可燃分组分（挥发分和固定碳）、灰分和水分，不同组分在焚烧过程的转化过程和最终焚烧产物明显不同。生活垃圾的可燃分（挥发分和固定碳）与空气中的氧气发生氧化反应生成碳氧化物、氮氧化物、硫氧化物等干烟气和水蒸气，成为焚烧烟气的主要组成部分；灰分组成在焚烧过程小部分以细小的固体颗粒物（飞灰）进入烟气排至后续的烟气净化系统，大部分以熔融态排出，经水冷处理形成炉渣。生活垃圾表面附着的水分在垃圾储仓中以渗出液的形式排出，而生活垃圾的水组分除很少一部分参与可燃分的氧化过程外，绝大部分高温蒸发以水蒸气的形式进入烟气。生活垃圾焚烧系统的物料平衡示意如图 3-3 所示。

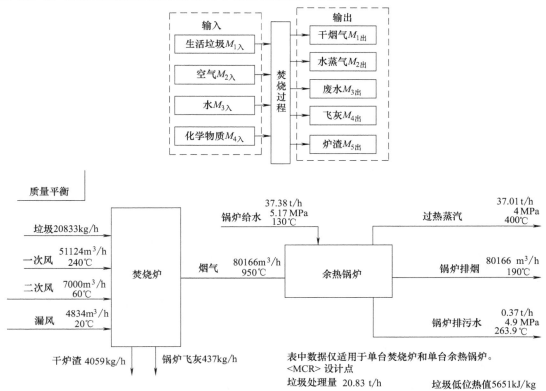

图 3-3　生活垃圾焚烧系统的物料平衡示意

据质量守恒定律，输入的物料质量应等于输出的物料质量，即：

$$M_{1入} + M_{2入} + M_{3入} + M_{4入} = M_{1出} + M_{2出} + M_{3出} + M_{4出} + M_{5出} \tag{3-3}$$

式中，$M_{1入}$为进入焚烧系统的生活垃圾量，kg/d；$M_{2入}$为焚烧系统的实际供给空气量，kg/d；$M_{3入}$为焚烧系统的用水量，kg/d；$M_{4入}$为烟气净化系统所需的化学物质量，kg/d；$M_{1出}$为排出焚烧系统的干蒸汽量，kg/d；$M_{2出}$为排出焚烧系统的水蒸气量，kg/d；$M_{3出}$为排出焚烧系统的废水量，kg/d；$M_{4出}$为排出焚烧系统的飞灰量，kg/d；$M_{5出}$为排出焚烧系统的炉渣量，kg/d。

一般情况下，焚烧过程的物料输入量以生活垃圾、空气和水为主。输出量则以干烟气、水蒸气及炉渣为主，而飞灰所占比重相对较少。瑞士某垃圾焚烧厂焚烧产物的质量比分布见图3-4。因此，为了简化计算，常以这六种物料作为物料平衡计算参数，而不考虑其他因素，计算结果可以基本反映实际情况。

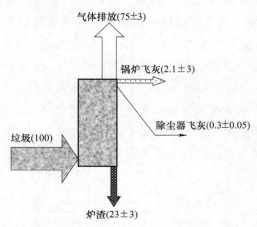

图 3-4 垃圾焚烧厂垃圾焚烧产物质量比分布图

2. 与物质平衡有关参数的计算

根据固体废物的元素分析结果，固体废物中的可燃组分可用 $C_x H_y O_z N_u S_v Cl_w$ 表示，固体废物的完全燃烧的氧化反应可用总反应式来表示：

$$C_x H_y O_z N_u S_v Cl_w + \left(x + v + \frac{y-w}{4} - \frac{z}{2}\right)O_2 \longrightarrow xCO_2 + wHCl + \frac{u}{2}N_2 + vSO_2 + \left(\frac{y-w}{2}\right)H_2O \tag{3-4}$$

燃烧空气和烟气的物料平衡就是根据固体废物的元素分析结果和上述燃烧化学反应方程式，计算燃烧所需空气量和烟气量及其相应组成。

（1）理论和实际燃烧空气量 理论燃烧空气量是指废物（或燃料）完全燃烧时所需要的最低空气量，一般以 V_0 来表示。固体废物中碳、氢、氧、硫、氮、氯的含量分别以 w_C、w_H、w_O、w_S、w_N、w_{Cl} 来表示，根据固体废物的完全燃烧化学反应方程式，可以计算理论空气量。

但应注意一点，由于在固体废物燃烧过程中氯元素可以与氢元素反应生成氯化氢气体进入烟气，从而减少相应与氢气反应的氧气量。因此在含氯量较高的固体废物焚烧的理论燃烧空气量的计算中应注意氯元素的影响。因此1kg垃圾完全燃烧的理论氧气需要量 $V_{O_2}^0$ 为：

$$V_{O_2}^0 (m^3/kg) = 1.866 w_C + 0.7 w_S + 5.66 (w_H - 0.028 w_{Cl}) - 0.7 w_O \tag{3-5}$$

空气中氧气的体积含量为21%，所以1kg垃圾完全燃烧的理论空气需要量 V_0 为：

$$V_0 (m^3/kg) = \frac{1}{0.21} [1.866 w_C + + 0.7 w_S + 5.66 (w_H - 0.028 w_{Cl}) - 0.7 w_O] \tag{3-6}$$

在实际燃烧过程中，垃圾不可能与空气中的氧气达到完全混合。为了保证垃圾中的可燃组分完全燃烧，实际空气供气量要大于理论空气需要量。两者的比值即为过量空气系数 α。实际供给的空气量 V 为：

$$V = \alpha V_0 \tag{3-7}$$

（2）焚烧烟气量 计算焚烧烟气量，常常是首先利用烟气的成分和经验公式计算出理论烟气量，然后再通过过剩空气系数计算烟气量。不考虑辅助燃料的影响，并且假设物料中所有C均转化为 CO_2，所有S转化为 SO_2，所有N转化为 N_2，计算公式如下。

$$V = V_{CO_2} + V_{SO_2} + V_{H_2O} + V_{N_2} + V_{O_2} \tag{3-8}$$

式中，

$$V_{CO_2} = 22.4 \times \frac{w_c}{12} = 1.866 w_c \tag{3-9}$$

$$V_{SO_2} = 22.4 \times \frac{w_s}{32} = 0.7 w_s \tag{3-10}$$

$$V_{H_2O} = 22.4 \times \left(\frac{w_H}{2} + \frac{w_{H_2O}}{18} \right) = 11.2 w_H + 1.244 w_{H_2O} \tag{3-11}$$

$$V_{O_2} = 0.21 \times (\lambda - 1) \times V_{理空} \tag{3-12}$$

$$V_{N_2} = 0.79 \times \lambda \times V_{理空} + 22.4 \times \frac{w_N}{28} \tag{3-13}$$

代入式（3-8）中得到：

$$V = (\lambda - 0.21) \times V_0 + 1.866 w_C + 11.2 w_H + 0.7 w_S + 0.8 w_N + 1.244 w_{H_2O} \tag{3-14}$$

式中，w_C 为烟气中C元素的质量分数；w_H 为烟气中H元素的质量分数；w_S 为烟气中S元素的质量分数；w_N 为烟气中N元素的质量分数；w_{H_2O} 为烟气中 H_2O 的质量分数。

三、焚烧过程的热量平衡

（一）固体废物的热值

固体废物的热值是固体废物化学能含量的一种量度，是指单位质量的固体废物在燃烧过程中所能释放的热量，单位为 kJ/kg。热值的大小可用来判断固体废物的可燃性和能量回收潜力。要使固体废物能维持正常焚烧过程，就要求其具有足够的热值。即在进行焚烧时，垃圾焚烧释放出来的热量足以加热垃圾，并使之到达燃烧所需要的温度或者具备发生燃烧所必须的活化能，否则，需添加辅助燃料才能维持正常燃烧。

热值有两种表示方式，即高位热值（粗热值）和低位热值（净热值）。两者的区别在于生成水的状态不同，前者生成水是液态，而后者生成水以水蒸气形态存在，两者之差就是水的汽化潜热。

固体废物高热值和低热值的转化关系式如下：

$$LHV = HHV - 2420\left[w_{H_2O} + 9\left(w_H - \frac{w_{Cl}}{35.5} - \frac{w_F}{19}\right)\right] \tag{3-15}$$

式中，LHV 为低热值，kJ/kg；HHV 为高热值，kJ/kg；w_{H_2O} 为水的质量分数，%；w_H、w_F、w_{Cl} 为氢、氟、氯元素的质量分数，%。

城市固体废物的高热值，一般采用氧弹量热计进行测定。另外可以根据固体物理组分的发热量或者根据 Dulong 方程式近似计算固体废物的低热值。

$$LHV = 2.32\left[1400w_C + 4500\left(w_H - \frac{1}{8}w_O\right) - 760w_{Cl} + 4500w_S\right] \tag{3-16}$$

式中，LHV 为低热值，kJ/kg；w_C、w_O、w_H、w_{Cl}、w_S 分别为碳、氧、氢、氯和硫元素的质量分数，%。

（二）燃烧火焰温度

许多有毒、有害可燃污染物质，只有在高温和一定条件下才能被有效分解和破坏，因此维持足够高的焚烧温度和时间是确保固体废物焚烧减量化和无害化的基本前提。燃烧反应是由多个单反应组成的复杂化学过程。燃烧产生的热量绝大部分贮存在烟气中，因此无论对了解燃烧效率还是余热利用方面，掌握烟气的温度都十分重要。假如焚烧系统处于恒压、绝热状态，则焚烧系统所有能量都用于提高系统的温度和燃料的含热。该系统的最终温度称为理论燃烧温度或绝热燃烧温度。实际燃烧温度可以通过能量平衡精确计算，也可以利用经验公式进行近似计算。常用经验公式如下式。

$$LHV = VC_{pg}(T - T_0) \tag{3-17}$$

式中，LHV 为低热值，kJ/kg；V 为燃烧产生的废气体积，m^3；C_{pg} 为废气在 $T \sim T_0$ 的平均比热容，kJ/(kg·℃)；T 为最终废气温度，℃；T_0 为大气或助燃空气温度，℃。

若把 T 当成近似的理论燃烧温度，式（3-17）可以变换为：

$$T = \frac{LHV}{VC_{pg}} + T_0 \tag{3-18}$$

若系统总损失为 ΔH，则实际燃烧温度可由下式估算：

$$T = \frac{LHV - \Delta H}{VC_{pg}} + T_0 \tag{3-19}$$

【例 3-1】 对某垃圾焚烧发电厂，若采用以下的假设：

① 空气比 $\lambda = 2$；

② 废气平均比热容 $C_{pg} = 0.333$ kcal/(m^3·℃)（1kcal=4.18kJ，下同）；

③ 大气温度为 20℃；

④ 垃圾低位热值 LHV 为 1488kcal/kg；

化学元素分析资料为 $w_C = 0.194$ kg/kg；$w_H = 0.027$ kg/kg；$w_S = 0.0004$ kg/kg；$w_O = 0.131$ kg/kg；$w_N = 0.04$ kg/kg；垃圾水分含量 $w_{H_2O} = 0.5$ kg/kg。试求烟气量及理论燃烧温度。

解： 理论需空气量为：

$$V_0 = \frac{1}{0.21}\left[1.866w_C + 0.7w_S + 5.66(w_H - 0.028w_{Cl}) - 0.7w_O\right]$$

$$= \frac{1}{0.21} [1.866 \times 0.194 + 0.7 \times 0.0004 + 5.66 \times 0.027 - 0.7 \times 0.131]$$

$$= 2.01 \text{（m}^3/\text{kg)}$$

烟气量计算如下：

$$V = (\lambda - 0.21) \times V_0 + 1.866 w_C + 11.2 w_H + 0.7 w_S + 0.8 w_N + 1.244 w_{H_2O}$$

$$= (2 - 0.21) \times 2.01 + 1.866 \times 0.194 + 11.2 \times 0.027 + 0.7 \times 0.0004 + 0.8 \times 0.004 + 1.244 \times 0.5$$

$$= 4.89 \text{(m}^3/\text{kg)}$$

已知 $LHV = 1488 \text{kcal/kg}$，$C_{pg} = 0.333 \text{kcal/(m}^3 \cdot \text{℃)}$，$T_0 = 20℃$

理论燃烧温度为 $T = \dfrac{LHV}{VC_{pg}} + T_0 = 934℃$。

（三）热平衡分析

焚烧过程进行着一系列能转换和能量传递。从能量转换的观点来看，焚烧系统是一个能量转换设备，它将垃圾燃料的化学能通过燃烧过程转化成烟气的热能，烟气再通过辐射、对流、导热基本传热方式将热能分配交换给工质或排放到大气环境。焚烧系统热量的输入与输出可用图 3-5 简单地表示。

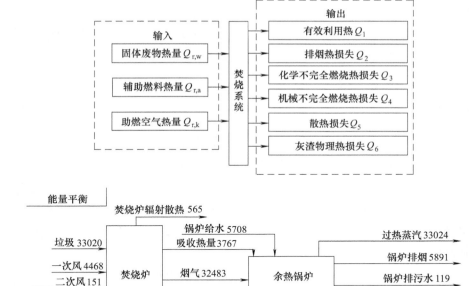

图 3-5　焚烧系统热量平衡图

在稳定工况条件下，焚烧系统输入输出的热量是平衡的，即：

$$Q_{r,w} + Q_{r,a} + Q_{r,k} = Q_1 + Q_2 + Q_3 + Q_4 + Q_5 + Q_6 \tag{3-20}$$

式中，$Q_{r,w}$ 为生活垃圾的热量，kJ/h；$Q_{r,a}$ 为辅助燃料的热量，kJ/h；$Q_{r,k}$ 为助燃空气的热量，kJ/h；Q_1 为有效利用热，kJ/h；Q_2 为排烟热损失，kJ/h；Q_3 为化学不完全燃烧热损失，kJ/h；Q_4 为机械不完全燃烧热损失，kJ/h；Q_5 为散热损失，kJ/h；Q_6 为灰渣物理热损失，kJ/h。

1. 输入热量

（1）生活垃圾的热量 $Q_{r,w}$　在不计垃圾的物理显热情况下，$Q_{r,w}$ 等于送入炉内的垃圾量 W_r（kg/h）与其热值 Q_{dw}^y（kJ/kg）的乘积。

$$Q_{r,w} = W_r \cdot Q_{dw}^y \tag{3-21}$$

（2）辅助燃料的热量 $Q_{r,a}$　若辅助燃料只是在启动点火或焚烧炉工况不正常时才投入，则辅助燃料的输入热量不必计入。只有在运行过程中需维持高温，一直需要添加辅助燃料帮助焚烧炉的燃烧时才计入。此时：

$$Q_{r,a} = W_{r,a} \cdot Q_a^y \tag{3-22}$$

式中，$W_{r,a}$ 为辅助燃料量，kg/h。

（3）助燃空气热量 $Q_{r,k}$　按入炉垃圾量乘以送入空气量的热熔计。

$$Q_{r,k} = W_r \beta (I_{rk}^0 - I_{vk}^0) \tag{3-23}$$

式中，β 为送入炉内空气的过剩空气系数；I_{rk}^0、I_{vk}^0 为分别为随 1kg 垃圾入炉的理论空气量在热风和自然状态下的焓值。

以上助燃空气热量只有用外部热源加热空气时才能计入。若助燃空气的加热是焚烧炉本身的烟气热量，则该热量实际上是焚烧炉内部的热量循环，不能作为输入炉内的热量。对采用自然状态的空气助燃，此项为零。

2. 输出热量

（1）有效利用热 Q_1　有效利用热是其他工质在焚烧炉产生的热烟气加热时所获得的热量。一般被加热的工质是水，它可产生蒸汽或热水。

$$Q_1 = D(h_2 - h_1) \tag{3-24}$$

式中，D 为工质输出流量，kg/h；h_1、h_2 分别为进出焚烧炉的工质热焓，kJ/kg。

（2）排烟热损失 Q_2　由焚烧炉排出烟气所带走的热量，其值为排烟容积 $W_{r,w} \cdot V_{py}$（m^3/h，标准状态下）与烟气单位容积的热容之积，即

$$Q_2 = W_{r,w} V_{py} \left[(\partial C)_{py} - (\partial C)_0 \right] \frac{100 - q_4}{100} \tag{3-25}$$

式中，$(\partial C)_{py}$、$(\partial C)_0$ 分别为排烟温度和环境温度下烟气单位容积的热容量；$\dfrac{100 - q_4}{100}$ 为因机械不完全燃烧引起实际烟气量减少的修正值。

（3）化学不完全燃烧热损失 Q_3　由于炉温低、送风量不足或混合不良等导致烟气成分中一些可燃气体（如 CO、H_2、CH_4 等）未燃烧所引起的热损失即为化学不完全燃烧热损失。

$$Q_3 = W_r \left[V_{CO} \cdot Q_{CO} + V_{H_2} \cdot Q_{H_2} + V_{CH_4} \cdot Q_{CH_4} + \cdots \right] \frac{100 - q_4}{100} \tag{3-26}$$

式中，V_{CO}、V_{H_2}、V_{CH_4} … 分别为 1kg 垃圾产生的烟气所含未燃烧可燃气体容积。

（4）机械不完全燃烧热损失 Q_4　这是由垃圾中未燃或未完全燃烧的固定碳所引起的热损失。

$$Q_4 = 32700W_r \times \frac{A^y}{100} \times \frac{c_{lx}}{100 - c_{lx}} \tag{3-27}$$

式中，A^y 为炉渣中含碳百分比。

（5）散热损失 Q_5　散热损失为因焚烧炉表面向四周空间辐射和对流所引起的热量损失。其值与焚烧炉的保温性能和焚烧炉焚烧量及比表面积有关。焚烧量小，比表面积越大，散热损失越大；焚烧量大，比表面积越小，其值越小。

（6）灰渣物理热损失 Q_6　垃圾焚烧所产生炉渣的物理显热即为灰渣物理热损失。若垃圾为高灰分、排渣方式为液态排渣、焚烧炉为纯氧热解炉，则灰渣物理热损失不可忽略。

$$Q_6 = W_r \alpha l_z \frac{A^y}{100} c_{lx} t_{lx} \tag{3-28}$$

式中，c_{lx} 为炉渣的比热容，$kJ/(kg \cdot \text{℃})$；t_{lx} 为炉渣温度，℃。

【例3-2】　某固体废物含可燃物 60%、水分含量 20%、惰性物（即灰分）20%，固体废物的可燃物元素的组成为碳 28%、氢 4%、氧 23%、氮 4%、硫 1%。假设：固体废物的热值为 11630kJ/kg；炉栅残渣含碳量 5%；空气进入炉膛的温度为 65℃，离开炉栅残渣的温度为 650℃；残渣的比热容为 0.323kJ/(kg·℃)；水的汽化潜热为 2420kJ/kg；辐射损失为总炉膛输入热量的 0.5%；碳的热值为 32564kJ/kg。试计算这种废物燃烧后可利用的热值。

解： 以固体废物 1kg 为计算基准。

（1）残渣中未燃烧的碳含量

① 未燃烧碳的质量

惰性物的质量为：$1kg \times 0.20 = 0.2\ kg$

总残渣量为：$\dfrac{0.2kg}{1 - 0.05} = 0.2105kg$

未燃烧碳的质量：$(0.2105 - 0.2000)kg = 0.0105kg$

② 未燃烧碳的热损失

$$32564kJ/kg \times 0.0105kg = 341.9kJ$$

（2）计算水的汽化热

① 计算生成水的总质量

总水量＝固体废物原含水量＋组分中氢和氧结合生成水的量

固体废物原含水量＝$1kg \times 0.20 = 0.2kg$

组分中的氢和氧结合生成的水的量＝$1kg \times 0.04 \times 9 = 0.36kg$

总水量＝$(0.2 + 0.36)kg = 0.56kg$

②水的汽化热为：$2420kJ/kg \times 0.56kg = 1355.2kJ$

（3）辐射热损失（机械热损失）为进入焚烧炉总能量的 0.5%

即 $11630kJ \times 0.005 = 58.2kJ$

（4）残渣带出的显热

$$0.2105kg×0.323kJ/(kg·℃)×(650-65)℃=39.8kJ$$

（5）可利用的热值

可利用的热值＝固体废物总热值－各种热损失之和

$$=[11630-(341.9+1355.2+58.2+39.8)]kJ=9834.9kJ$$

四、焚烧工艺

就不同时期、不同炉型以及不同固体废物种类和处理要求而言，固体废物焚烧技术和工艺流程也各不相同，不同焚烧技术和工艺流程有着各自不同的特点。现代大型固体废物，特别是生活垃圾焚烧技术的基本过程大体相同，如图 3-6 所示，主要由前处理系统、进料系统、焚烧系统、助燃空气系统、烟气处理系统、灰渣处理系统、余热利用系统、自动化控制系统及废水处理系统等组成。

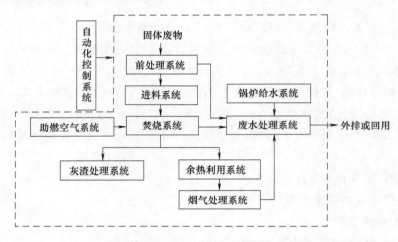

图 3-6　大型现代化生活垃圾焚烧技术工艺流程

1. 前处理系统

固体废物进入焚烧系统之前应满足物料中的不可燃成分降低到 5％ 左右，粒度小而均匀，含水率降低到 45％ 以下，不含有毒有害物质。因此需要分选、破碎、脱水与干燥等预处理环节。前处理系统，特别是对于我国非常普遍的混装生活垃圾的破碎和筛分处理过程，在某种意义上往往是整个工艺系统的关键步骤。前处理系统主要包括称重系统、卸料平台、吊车、抓斗、破碎设备和分选设备等。另外，一般进入焚烧系统焚烧前，垃圾会在垃圾储坑内堆酵处理 5～7d，使垃圾含水率降低 10％～20％，保证入炉垃圾热值达到不添加辅助燃料自持燃烧的条件。

2. 进料系统

进料系统的主要作用是向焚烧炉定量给料，同时要将垃圾池中的垃圾与焚烧炉的高温火焰气隔开、密闭，以防止焚烧炉火焰通过进料口向垃圾池垃圾反烧和高温烟气反窜。

目前应用较广的进料方式有炉排进料、螺旋给料、推料器给料等几种形式。

3. 焚烧系统

焚烧系统是整个工艺系统的核心系统，是固体废物进行蒸发、干燥、热分解和燃烧的场所，主要包括炉床及燃烧室。炉床多为机械可移动式炉排构造，其功能有两点：一是传送废物燃料通过燃烧带，将燃尽的灰渣转移到排渣系统；二是在其移动过程中使燃料被适当的搅动，促使空气由下向上通过炉排料层进入燃烧室，以助燃烧。燃烧室一般在炉床正上方，按构造可分为室式炉（箱式炉）、多段炉、回转炉、流化床炉等。焚烧炉燃烧室容积过小，可燃物质不能充分燃烧，造成空气污染和灰渣处理的问题；燃烧室容积过大，会降低使用效率。

4. 助燃空气系统

助燃空气系统是焚烧炉非常重要的组成部分，其主要作用是为固体废物正常焚烧提供必需的助燃氧气，此外，还有冷却炉排、混合炉和控制烟气气流等作用。此系统主要设备包括鼓风机、送风管道、进气系统、辅助燃烧器和空气预热器等。

助燃空气可分为一次助燃空气和二次助燃空气。一次助燃空气是指由炉排下送入焚烧炉的助燃空气，其主要作用是助燃、冷却炉排、搅动炉料，占助燃空气总量的 60%～80%。一次助燃空气分别从炉排的干燥段、燃烧段和燃尽段送入炉内，气量分配约为干燥段 15%、燃烧段 75%、燃尽段 10%。二次助燃空气指火焰上空气和二次燃烧室的空气，通常进过预热后从位于焚烧炉前方或后方炉膛上的喷嘴送入焚烧炉内，其主要作用是助燃、控制气流的湍流度、增加烟气停留时间、调节焚烧炉炉膛温度等，占助燃空气总量的 20%～40%。

5. 烟气处理系统

焚烧炉烟气是固体废物焚烧炉系统的主要污染源，焚烧炉烟气含有大量颗粒状污染物质和气态污染物质。烟气处理系统的主要作用是去除烟气中的颗粒状污染物和气态污染物，实现达标排放。烟气中的颗粒状污染物主要可通过重力沉降、离心分离、静电除尘、袋式过滤等手段去除；烟气中的气态污染物如 SO_x、NO_x、HCl 及有机气体物质等，则主要是用吸收、吸附、氧化还原等技术净化。

焚烧炉烟气处理系统的主要设备和设施有沉降室、旋风除尘器、静电除尘器、洗涤塔、布袋过滤器等。

6. 灰渣处理系统

固体废物焚烧处理过程中的灰渣主要包括焚烧炉渣（从炉床直接排出的残渣）和飞灰（由除尘设备收集），都含有重金属，特别是飞灰中重金属含量特别高，因此应分别收集和处理。一般焚烧炉渣按一般固体废物处理，飞灰按照危险废物处理。

7. 余热利用系统

回收垃圾焚烧系统的热资源是建立垃圾焚烧系统的主要目的之一。余热利用的主要形式有直接利用热能（将其转换为蒸汽、热水和热空气等）、利用余热发电和热电联供。

8. 其他工艺系统

除以上工艺系统外，固体废物焚烧系统还包括废水处理系统、发电系统、自动化控制系统等。

五、焚烧效果

在实际固体废物焚烧处理过程中，焚烧效果是否达到设计要求和有关规定要求，是人们最关心的问题。因此，焚烧效果是焚烧处理的最基本、最重要的技术指标之一。

评价焚烧效果的方法有很多，如目测法、热灼减率法、二氧化碳法及焚毁去除率等。

1. 目测法

目测法就是肉眼观测法。通过肉眼直接观测固体废物焚烧烟气的颜色，如黑度等，来判断固体废物的焚烧效果。通常如果固体废物焚烧炉烟气越黑，气量越大，往往表明固体废物焚烧的效果就越差。

2. 热灼减率

在固体废物焚烧过程中，可燃物质氧化、焚毁越彻底，焚烧灰渣中残留的可燃成分也就会越少。因此，可用焚烧灰渣的热灼减量来评价固体废物焚烧效果。热灼减率是指焚烧残渣经灼热减少的质量占原始焚烧残渣质量的百分数，其计算方法如下：

$$P = \frac{A-B}{A} \times 100\%$$ (3-29)

式中，P 为热灼减率，%；A 为焚烧残渣经 110℃ 干燥 2h 后在室温下的质量，g；B 为焚烧残渣经 600℃±25℃ 3h 灼热后冷却至室温的质量，g。

通常，生活垃圾焚烧炉设计时的炉渣热灼减率为 5% 以下，大型连续化作业机械焚烧炉的炉渣热灼减率设计为 3% 以下。

3. 二氧化碳法

燃烧效率（combustion efficiency，CE）也是常用的评估指标，是指烟道排出气体中 CO_2 浓度与 CO_2 浓度和 CO 浓度之和的百分比。在固体废物焚烧烟气中，物料中的碳会转化为一氧化碳和二氧化碳。固体废物焚烧得越完全，二氧化碳的相对浓度就越高，即燃烧效率就越高。因此，可以用一氧化碳和二氧化碳浓度或分压的相对比例反映固体废物中可燃物质在焚烧过程中的氧化、焚毁程度。

$$CE = \frac{[CO_2]}{[CO_2] + [CO]} \times 100\%$$ (3-30)

式中，$[CO_2]$、$[CO]$ 分别为燃烧后烟道排出气体中 CO_2 和 CO 的浓度。在焚烧炉技术性能指标中，危险废物、医疗废物的燃烧效率不小于99.9%。

4. 焚毁去除率

危险废物的焚烧常用焚毁去除率（destruction and removal efficiency，DRE）来表示，是指有机物经焚烧后减少的质量分数，用下式表示：

$$DRE = \frac{W_i - W_o}{W_i} \times 100\% \tag{3-31}$$

式中，W_i为被焚烧物种某有机物质的质量；W_o为烟道排放气和焚烧残渣中残留的有害有机物的质量之和。

在焚烧炉技术性能指标中，危险废物、医疗废物的焚毁去除率不小于99.99%。

5. 烟气排放浓度值

废物在焚烧过程中会产生一系列新污染物，有可能造成二次污染。对焚烧设施排放的大气污染物控制项目大致包括4个方面。①烟尘：常将颗粒物、黑度、总碳量作为控制指标。②有害气体：包括SO_2、HCl、HF、CO和NO_x。③重金属元素单质或其化合物：如Hg、Cd、Pb、Ni、Cr、As等。④有机污染物：如二噁英，包括多氯代二苯并对二噁英（PCDDs）和多氯代二苯并呋喃（PCDFs）。

我国于2000年发布《生活垃圾焚烧污染控制标准》，2014年第二次修订后的标准规定新建生活垃圾焚烧炉自2014年7月1日、现有生活垃圾焚烧炉自2016年1月1日起执行新标准，《生活垃圾焚烧污染控制标准》（GB 18485—2001）自2016年1月1日废止。新颁发的焚烧炉大气污染物排放限值见表3-1。

表3-1　生活垃圾焚烧炉排放烟气中污染物限值

序号	污染物项目	限值	取值时间
1	颗粒物/(mg/m³)	30	1h 均值
		20	24h 均值
2	氮氧化物(NO$_x$)/(mg/m³)	300	1h 均值
		250	24h 均值
3	二氧化硫(SO$_2$)/(mg/m³)	100	1h 均值
		80	24h 均值
4	氯化氢/(mg/m³)	60	1h 均值
		50	24h 均值
5	汞及其化合物(以 Hg 计)/(mg/m³)	0.05	测定均值
6	镉、铊及其化合物(以 Cd＋Tl 计)/(mg/m³)	0.1	测定均值
7	锑、砷、铅、铬、钴、铜、锰、镍及其化合物 (以 Sb＋As＋Pb＋Cr＋Co＋Cu＋Mn＋Ni 计)/(mg/m³)	1.0	测定均值
8	二噁英类(ng TEQ)/m³	0.1	测定均值
9	一氧化碳(CO)/(mg/m³)	100	1h 均值
		80	24h 均值

第四章 固体废物焚烧的政策及项目规划

第一节 固体废物污染防治法规标准体系及技术政策

一、固体废物污染防治法规体系

固体废物污染防治是固体废物管理的直接体现，是建立固体废物处理处置技术体系的基本原则。我国于 1995 年 10 月 30 日首次颁布了《中华人民共和国固体废物污染环境防治法》（以下简称《固体法》），并于 1996 年 4 月 1 日正式施行，后经 2004 年和 2013 年两次修订。《固体法》的施行为固体废物管理体系的建立和完善奠定了法律基础。

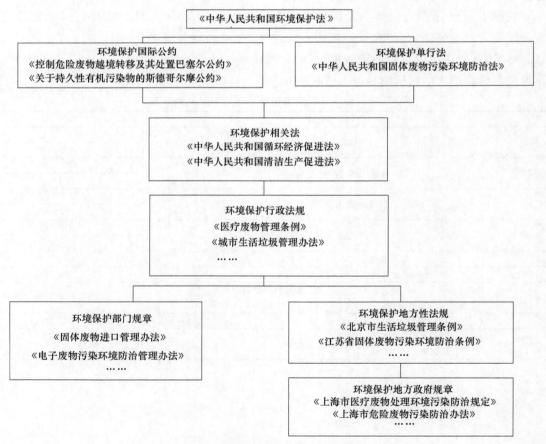

图 4-1 我国固体废物污染防治法规体系

固体废物污染防治法规体系是环境保护法规体系中不可缺少的组成部分，是由固体废物污染防治及管理和其他方面的专门性法律法规组成的有机统一体。我国固体废物污染防治法规体系见图 4-1。

二、固体废物污染防治标准体系

固体废物标准体系是固体废物环境立法的组成部分。我国现有的固体废物标准主要分为固体废物分类标准、固体废物监测标准、固体废物污染控制标准和固体废物综合利用标准四大类。如图 4-2 所示。

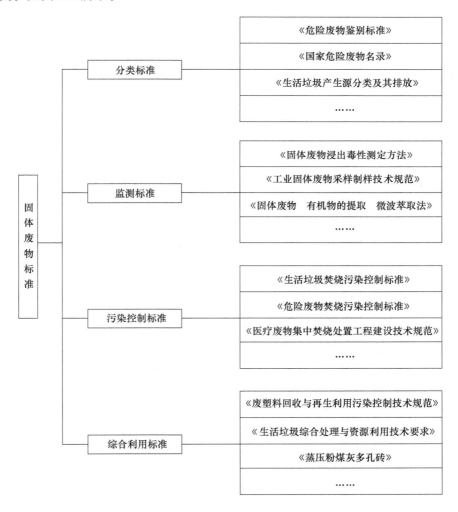

图 4-2　我国固体废物污染防治标准体系

三、固体废物污染防治技术政策

《固体法》中，首先明确了固体废物污染防治的"三化"原则，即"减量化、资源化、无害化"原则。

（1）减量化　固体废物的减量化是通过适宜的手段减小固体废物的数量和容积。可以通过固体废物的收集运输环节进行减量（例如分类、压缩等）；也可以通过产品设计和销售过程的规范，将减量化延伸到固体废物产生源的控制与管理；可以通过处理和利用固体废物，对已经生成的废物进行减量，例如生活垃圾焚烧处理后，垃圾体积可减少 80%～90%，便于运输和处置。

（2）资源化　固体废物资源化的基本任务是采取工艺措施从固体废物中回收有用的物质和能源。资源化并不是单纯地通过固体废物的末端综合利用来实现的，而是应该贯穿固体废物的产生、收集、运输和处理处置的每一个环节。如可回用产品的设计、分类收集也是实现固体废物资源化的重要途径。

（3）无害化　固体废物无害化处理的基本任务就是将固体废物通过工程处理，达到不污染周围自然环境和不危害人体健康的目的。目前，废物的无害化处理工程已发展成为一个由多种处理处置技术组成的有机体系。

第二节　固体废物焚烧的政策法规标准

一、国内外固体废物焚烧政策法规概述

固体废物焚烧处理是固体废物处理处置体系中的一个组成部分，脱离废物处置体系，单独谈废物焚烧，并不能完全反映焚烧的本质。焚烧处理方式的选择与废物的类型、性质、当地的经济状况密不可分。现代的固体废物处置理念越来越重视固体废物的综合利用，注重从源头减少废物的产生。

1. 国外固体废物焚烧政策

国外发达国家的固体废物焚烧基本上是建立在固体废物"分类回收、循环利用"体系上的，未经任何分类和预处理的废物直接焚烧的现象，许多国家制定了相关法规政策予以禁止。部分发达国家或地区的固体废物管理制度政策及焚烧处置情况如下所述。

（1）美国　美国确定的固体废物治理战略方针是：保持环境的可持续发展，实施源头控制政策，从生产阶段抑制废物的产生，减少使用成为污染源的物质，节约资源，减少浪费，最大限度地实施废物资源回收，通过堆肥、焚烧热能回收利用实现废物资源、能源的再生利用，最后进行卫生填埋，填埋过程中也充分考虑资源、能源的再生利用，将环境污染减少到最低限度。美国于 1976 年颁布，后经多次修订的《资源保护回收法》是美国固体废物管理的基础性法律，该法建立了恢复、回收、再利用、减量的 "4R" 原则（recovery、recycle、reuse、reduction），将废弃物管理由单纯的清理扩展为兼具分类回收、减量及再利用的综合性规划。同时该法完善了诸多与固体废物循环利用相关的法律制度。1990 年美国制修订的《污染防治法》，以源头控制、节能及再循环为重点，对大气、水、土壤、垃圾等实行全方位的管理。从美国固体废物管理的整体理念来看，废物循环利用的比例在不断上升，而且由于美国的地理条件，垃圾填埋相比其他处理方式长期占

优，焚烧处置所占比例仅为 10% 左右。

（2）欧盟　在垃圾焚烧以及转化能源方面，欧洲历来是最大的市场。到 2013 年中期，欧洲有 520 个垃圾焚烧厂在发电和供热，年处理垃圾 9500 万吨。欧洲垃圾焚烧转化能源的高峰始自 2000 年年初，因为 1999 年欧盟通过了垃圾填埋场的新法规，原来的填埋场必须符合严苛的污染控制新标准，各国纷纷按照时间表进行整改。尤其是在丹麦、奥地利、荷兰、德国等国家，传统的填埋方式近乎绝迹。德国制定了严格的法律，禁止 2005 年以后任何未经处理的固体废物直接填埋。2012 年修订的《循环经济法》明确了废物处理的 5 个层次，避免产生—再次使用—回收利用—其他综合利用—处理处置，其固体废物综合利用率高达 80% 以上。英国的主要手段是经济杠杆，提高垃圾填埋税，以此推动垃圾焚烧厂建设。欧盟及部分成员国也制定了各自严格的垃圾焚烧标准，在推动焚烧厂建设的同时严控污染物的排放。

（3）日本　20 世纪 90 年代以后，日本逐渐引入了循环经济概念，颁布了《容器包装再生利用法》《家用电器再生利用法》等专项法，2000 年通过了《循环型社会形成推进基本法》，该法确定了促进物质的循环以减轻环境负荷，从而谋求实现经济的健全发展，构筑可持续发展的社会。之后，又陆续推行了《建筑材料循环利用法》《绿色购买法》等，组成了比较完善的循环经济法律体系。关于废物处理方法，制定了《废弃物处理法》《二噁英类物质对策特别处理法》等各类法律法规，制定了焚烧设施的构造、维持管理、污染物排放等相关标准要求。

基于循环经济的理念，在进行非常细致严格的废物分类的基础上，鉴于日本土地资源紧张，焚烧技术在日本发展迅速。近年来，日本制定了更为严格的垃圾焚烧标准，不断关停不达标的垃圾焚烧厂，从 1990 年的全国近 1900 座垃圾焚烧设施，已降至 2006 年的 1300 座左右。尽管如此，焚烧在日本垃圾处理中仍居主导地位。

2. 我国固体废物焚烧政策

《中华人民共和国环境保护法》是我国环境保护工作的基本法，该法于 2014 年再次修订后，于 2015 年 1 月 1 日正式实施。该法规定环境保护坚持保护优先、预防为主、综合治理、公众参与、损害担责的原则，减少废弃物的产生，采取措施组织对生活废弃物分类处置、回收利用。在新《环保法》出台前，我国于 2008 年制定出台了《中华人民共和国循环经济促进法》，将循环经济的概念正式引入，鼓励支持固体废物资源化再利用。而废物焚烧发电进行能量转换利用是国家支持的一种废物处理方式。2005 年的《可再生能源法》中指出，"国家鼓励和支持可再生能源并网发电"，生活垃圾是生物质能源，属于可再生能源。2006 年，《中国国民经济和社会发展第十一个五年规划纲要》中指出，"加快开发生物质能，支持发展秸秆、垃圾焚烧和填埋气体发电。"2007 年，《国务院关于印发节能减排综合性工作方案的通知》中指出，"县级以上城市（含县城）要建立健全垃圾收集系统，全面推进城市生活垃圾分类收集体系，充分回收垃圾中的废旧资源，鼓励垃圾焚烧发电和供热、填埋气体发电，积极推进城乡垃圾无害化处理，实现垃圾减量化、资源化和无害化。"国家发改委《中国应对气候变化国家方案》中指出，"鼓励在经济发达、土地资源稀缺地区建设垃圾焚烧发电厂。"2011 年，国务院印发的《"十二五"节能减排综合性工作方案》指出，"促进垃圾资源化利用，鼓励开展垃圾焚烧发电和供热、餐厨废弃物资源化利用。"《国家环境保护"十二五"规划》中指出，"要提高生活垃圾处理水平，加快城镇生活垃圾处理设施建设，到 2015 年，全国城市生活垃圾无害化处理率达到 80%，鼓励焚烧发电和供热等资源化利用方式。"2012 年，国务院印发的《"十二五"全国城镇生活垃圾无害化处理设施建设规划》指出，"东部地区、经济发达地区和土地资源短缺、人口基数大的城市，要减少原生生活垃圾填埋量，优先采用焚烧处理技术。到'十二五'末，生活垃圾无害化处理能力中选用焚烧技术的达到 35%，东部地区选用焚烧技术达到48%。"2013 年，《国务院关于加快发展节能环保产业的意见》中指出，"生活垃圾焚烧处理设施能力达到无害化处理总能力的 35%以上。"

二、我国关于固体废物焚烧的相关标准

1. 生活垃圾焚烧标准

我国现行的《生活垃圾焚烧污染控制标准》（GB 18485—2014）于 2014 年 5 月 16 日发布，于同年 7 月 1 日起实施。该标准中规定的主要技术要求及排放控制要求如下。

（1）焚烧炉主要技术性能指标　炉膛内焚烧温度≥850℃；炉膛内烟气停留时间≥2s；焚烧炉渣热灼减率≤5%。

（2）烟气净化系统及排放要求　每台生活垃圾焚烧炉必须单独设置烟气净化系统并安装烟气在线监测装置，处理后的烟气应采用独立的排气筒排放；多台生活垃圾焚烧炉的排气筒可采用多筒集束式排放。当焚烧处理能力＜300t/d 时，烟囱最低允许高度为 45m；当焚烧处理能力≥300t/d 时，烟囱最低允许高度为 60m。如果烟囱周围 200m 半径距离内存在建筑物，烟囱高度还应至少高出这一区域内最高建筑物 3m 以上。

生活垃圾焚烧炉排放烟气中污染物限值见表 4-1。

表 4-1　生活垃圾焚烧炉排放烟气中污染物限值

序号	污染物项目	限值	取值时间
1	颗粒物/(mg/m³)	30	1h 均值
		20	24h 均值
2	氮氧化物(NO$_x$)/(mg/m³)	300	1h 均值
		250	24h 均值
3	二氧化硫(SO$_2$)/(mg/m³)	100	1h 均值
		80	24h 均值
4	氯化氢(HCl)/(mg/m³)	60	1h 均值
		50	24h 均值
5	汞及其化合物(以 Hg 计)/(mg/m³)	0.05	测定均值
6	镉、铊及其化合物(以 Cd+Tl 计)/(mg/m³)	0.1	测定均值
7	锑、砷、铅、铬、钴、铜、锰、镍及其化合物(以 Sb+As+Pb+Cr+Co+Cu+Mn+Ni 计)/(mg/m³)	1.0	测定均值
8	二噁英类(ng TEQ/m³)	0.1	测定均值
9	一氧化碳(CO)/(mg/m³)	100	1h 均值
		80	24h 均值

除此之外，我国还制定有《生活垃圾焚烧处理工程技术规范》（CJJ 90—2009），该规范对生活垃圾焚烧处理工程的规划、设计、施工、验收和运行管理都做了相应规定。《生活垃圾焚烧厂运行监管标准》（CJJ/T 212—2015）、《生活垃圾焚烧技术导则》（RISN—TG009—2010）、《生活垃圾流化床焚烧工程技术导则》（RISN—TG016—2014）等一系列标准规范对生活垃圾焚烧处理工程的建设运行做了更详细的规定。

2. 危险废物焚烧标准

我国现行的《危险废物焚烧污染控制标准》（GB 18484—2001）于 2001 年 11 月 12 日发布，2002 年 1 月 1 日实施。该标准中规定的主要技术要求及排放控制要求如下。

（1）焚烧炉主要技术性能指标　焚烧炉主要技术性能指标见表 4-2。

表 4-2　危险废物焚烧炉的技术性能指标

指标 废物类型	焚烧炉温度 /℃	烟气停留时间 /s	燃烧效率 /%	焚毁去除率 /%	焚烧残渣的热灼减率 /%
危险废物	≥1100	≥2.0	≥99.9	≥99.99	<5
多氯联苯	≥1200	≥2.0	≥99.9	≥99.9999	<5
医院临床废物	≥850	≥1.0	≥99.9	≥99.99	<5

（2）烟气净化系统及排放要求　焚烧炉必须有尾气净化系统、报警系统和应急处理装置。焚烧炉出口烟气中氧气含量应为 6%～11%（干烟气）。焚烧炉排气筒高度应符合表 4-3 的要求。对有几个排气源的焚烧厂应集中到一个排气筒或采用多筒集合式排放。当焚烧炉排气筒周围半径 200m 内有建筑物时，排气筒的高度必须高出最高建筑物 5m 以上。

表 4-3　焚烧炉排气筒高度

焚烧量/(kg/h)	废物类型	排气筒最低允许高度/m
≤300	医院临床废物	20
	除医院临床废物以外的第 4.2 条规定的危险废物	25
300～2000	第 4.2 条规定的危险废物	35
2000～2500	第 4.2 条规定的危险废物	45
≥2500	第 4.2 条规定的危险废物	50

危险废物焚烧炉大气污染物排放限值见表 4-4。

表 4-4　危险废物焚烧炉大气污染物排放限值

序号	污染物	不同焚烧容量时的最高允许排放浓度限值/(mg/m³)		
		≤300kg/h	300～2500kg/h	≥2500kg/h
1	烟气黑度	林格曼Ⅰ级		
2	烟尘	100	80	65
3	一氧化碳（CO）	100	80	80
4	二氧化硫（SO₂）	400	300	200
5	氟化氢（HF）	9.0	7.0	5.0

续表

序号	污染物	不同焚烧容量时的最高允许排放浓度限值/(mg/m³)		
		≤300kg/h	300～2500kg/h	≥2500kg/h
6	氯化氢（HCl）	100	70	60
7	氮氧化物（以 NO₂ 计）	500		
8	汞及其化合物（以 Hg 计）	0.1		
9	镉及其化合物（以 Cd 计）	0.1		
10	砷、镍及其化合物（以 As＋Ni 计）	1.0		
11	铅及其化合物（以 Pb 计）	1.0		
12	铬、锡、锑、铜、锰及其化合物（以 Cr＋Sn＋Sb＋Cu＋Mn 计）	4.0		
13	二噁英类	0.5ng TEQ/m³		

由标准值可以看出，我国目前执行的危险废物焚烧排放标准相比修订后的生活垃圾焚烧排放标准要宽松的多，随着环境质量改善的迫切要求，《危险废物焚烧污染控制标准》的修订迫在眉睫。近年来，我国还陆续出台了《危险废物集中焚烧处置工程建设技术规范》（HJ/T 176—2005）、《医疗废物集中焚烧处置工程建设技术规范》（HJ/T 177—2005）、《危险废物处置工程技术导则》（HJ 2042—2014）、《含多氯联苯废物焚烧处置工程技术规范》（HJ 2037—2013）等一系列危险废物焚烧相关技术标准，为规范危险废物的焚烧提供了技术依据。

三、固体废物焚烧的技术指标体系

在实际的燃烧过程中，由于操作条件不能达到理想效果，致使垃圾燃烧不完全。不完全燃烧的程度反映焚烧效果的好坏，评价焚烧效果的方法有多种，比较直接的是用肉眼观察垃圾焚烧产生的烟气的"黑度"来判断焚烧效果，烟气越黑，焚烧效果越差。另外，也可用如下几项技术指标来衡量焚烧处理效果。

1. 减量比

用于衡量焚烧处理废物减量化效果的指标是减量比，定义为可燃废物经焚烧处理后减少的质量占所投加废物总质量的百分比，即：

$$MRC = \frac{m_b - m_a}{m_b - m_c} \times 100\% \tag{4-1}$$

式中，MRC 为减量比，%；m_a 为焚烧残渣的质量，kg；m_b 为投加的废物的质量，kg；m_c 为残渣中不可燃物的质量，kg。

2. 热灼减率

热灼减率指焚烧残渣在（600±25）℃经 3h 灼热后减少的质量占原焚烧残渣质量的百分数，其计算方法如下：

$$Q_R = \frac{m_a - m_d}{m_a} \times 100\% \tag{4-2}$$

式中，Q_R 为热灼减率，%；m_a 为焚烧残渣在室温时的质量，kg；m_d 为焚烧残渣在 (600 ± 25)℃经 3h 灼热后冷却至室温的质量，kg。

3. 燃烧效率及破坏去除效率

在焚烧处理城市垃圾及一般工业废物时，多以燃烧效率（CE）作为评估是否可以达到预期处理要求的指标：

$$CE=\frac{[CO_2]}{[CO_2]+[CO]}\times100\%\tag{4-3}$$

式中，$[CO_2]$ 和 $[CO]$ 分别为烟道气中该种气体的浓度值。

对危险废物，验证焚烧是否可以达到预期的处理要求的指标还有特殊化学物质 [有机性有害主成分（POHCS）] 的破坏去除效率（DRE），定义为：

$$DRE=\frac{W_{in}-W_{out}}{W_{in}}\times100\%\tag{4-4}$$

式中，W_{in} 为进入焚烧炉的 POHCS 的质量流率；W_{out} 为从焚烧炉流出的该种物质的质量流率。

4. 烟气排放浓度限制指标

废物在焚烧过程中会产生一系列新污染物，有可能造成二次污染。对焚烧设施排放的大气污染物控制项目大致包括 4 个方面。①烟尘：常将颗粒物、黑度、总碳量作为控制指标。②有害气体：包括 SO_2、HCl、HF、CO 和 NO_x 等。③重金属元素单质或其化合物：如 Hg、Cd、Pb、Ni、Cr、As 等。④有机污染物：如二噁英，包括多氯代二苯并对二噁英（PCDDs）和多氯代二苯并呋喃（PCDFs）。

第三节　固体废物焚烧项目环境影响评价

焚烧是实现固体废物减量化、无害化的重要途径之一，但是同时，焚烧本身也会带来诸如二噁英、焚烧飞灰等污染问题。因此，在对待固体废物焚烧，尤其是城市生活垃圾焚烧方面，公众及舆论尚存在较大争议。固体废物焚烧项目近年来受到公众的广泛关注和热议，"邻避效应""二噁英污染""重金属污染"等成为热议话题。但各种废物处理方式都有利弊，应因地制宜，选择适合的废物处理处置方式，正确看待固体废物焚烧。而环境影响评价作为固体废物焚烧项目建设上马的前端管控程序，显得尤为重要。

在严格执行国家相关标准规范，严格环境管理要求和技术把控的基础上，废物焚烧带来的诸如二噁英、焚烧飞灰等问题是可以解决的。借鉴国际经验，加强公众参与、信息公开、严控技术标准，焚烧是废物处理的有效途径之一。

基于我国现阶段公众认识和技术管理水平，我国出台了一系列标准规范予以规范焚烧厂的建设运营行为。2008 年环保部在《关于进一步加强生物质发电项目环境影响评价管理工作的通知》（环发 [2008] 82 号）中，就垃圾焚烧发电项目环境影响评价要点进行了规定。其他类型废物焚烧关注要点与生活垃圾焚烧类似，现将生活垃圾焚烧项目环境影响评价需关注的内容阐述如下。

一、厂址选择

按照《关于印发〈城市生活垃圾处理及污染防治技术政策〉的通知》（建城〔2000〕120号）的要求，垃圾焚烧发电适用于进炉垃圾平均低位热值高于5000kJ/kg、卫生填埋场地缺乏和经济发达的地区。

根据《生活垃圾焚烧污染控制标准》（GB 18485—2014）的要求，选址应符合当地的城乡总体规划、环境保护规划和环境卫生专项规划，并符合当地的大气污染防治、水资源保护、自然生态保护等要求；应依据环境影响评价结论确定生活垃圾焚烧厂厂址的位置及其与周围人群的距离。除此之外，厂址选择还应遵守该标准及《生活垃圾焚烧处理工程技术规范》（CJJ 90—2009）等相关标准要求。

除国家及地方法规、标准、政策禁止污染类项目选址的区域外，以下区域一般不得新建生活垃圾焚烧发电类项目：①城市建成区；②环境质量不能达到要求且无有效削减措施的区域；③可能造成敏感区环境保护目标不能达到相应标准要求的区域。

二、技术和装备

焚烧设备应符合《当前国家鼓励发展的环保产业设备（产品）目录》（2010年版）关于固体废物焚烧设备的主要指标及技术要求。

① 除采用流化床焚烧炉处理生活垃圾的发电项目，其掺烧常规燃料质量应控制在入炉总量的20%以下外，采用其他焚烧炉的生活垃圾焚烧发电项目不得掺烧煤炭。必须配备垃圾与原煤给料记录装置。

② 采用国外先进成熟技术和装备的，要同步引进配套的环保技术，在满足我国排放标准前提下，其污染物排放限值应达到引进设备配套污染控制设施的设计、运行值要求。

③ 有工业热负荷及采暖热负荷的城市或地区，生活垃圾焚烧发电项目应优先选用供热机组，以提高环保效益和社会效益。

三、污染物控制

① 燃烧设备须达到《生活垃圾焚烧污染控制标准》（GB 18485—2014）规定的"焚烧炉技术要求"；采取有效污染控制措施，确保烟气中的 SO_2、NO_x、HCl 等酸性气体及其他常规烟气污染物达到《生活垃圾焚烧污染控制标准》（GB 18485—2014）表4"生活垃圾焚烧炉排放烟气中污染物限值"要求；在大城市或对氮氧化物有特殊控制要求的地区建设生活垃圾焚烧发电项目，应加装必要的脱硝装置，其他地区必须预留脱除氮氧化物空间；安装烟气自动连续监测装置；必须对二噁英的辅助判别措施提出要求，对炉内燃烧温度、CO、含氧量等实施监测，并与地方环保部门联网，对活性炭施用量实施计量。

② 废水是固体废物焚烧项目不可忽视的重要污染物，其环境影响不亚于烟气污染物。固废焚烧厂主要的废水污染物包括垃圾渗滤液、酸碱废水、冷却水、排污水及其他工业废

水，各类废水的处理处置措施应合理可行；垃圾渗滤液处理应优先考虑回喷，不能回喷的应保证排水达到国家和地方的相关排放标准要求。在正常处理措施之外，事故应急措施也是重要的污染物控制环节，例如设置足够容积的垃圾渗滤液事故收集池，以及配备充足的相关机械设备、药剂。废水处理产生的污泥或浓缩液应在厂内自行焚烧处理、不得外运处置。

③ 焚烧炉渣与除尘设备收集的焚烧飞灰应分别收集、贮存、运输和处置。焚烧炉渣为一般工业固体废物，工程应设置相应的磁选设备，对金属进行分离回收，然后进行综合利用，或按《一般工业固体废物贮存、处置场污染控制标准》（GB 18599—2001）要求进行贮存、处置；焚烧飞灰应按危险废物管理，如进入生活垃圾填埋场处置，应满足《生活垃圾填埋场污染控制标准》（GB 16889—2008）的要求，如进入水泥窑处置，应满足《水泥窑协同处置固体废物污染控制标准》（GB 30485—2013）的要求。

④ 恶臭防治措施：垃圾卸料、垃圾输送系统及垃圾贮存池等采用密闭设计，垃圾贮存池和垃圾输送系统采用负压运行方式，垃圾渗滤液处理构筑物须加盖密封处理。在非正常工况下，须采取有效的除臭措施。

工程新增的污染物排放量，必须提出区域平衡方案，明确总量指标来源，实现"增产减污"。

四、垃圾的收集、运输和贮存

应积极采取科学的、创新的收集、运输、贮存技术，降低垃圾焚烧项目的负面环境影响。倡导垃圾源头分类、分区收集，限制垃圾中转站产生的渗滤液进入垃圾焚烧厂，以提高进厂垃圾的热值；垃圾运输车辆须密闭且装有防止垃圾渗滤液滴漏的措施；对垃圾贮存坑和事故收集池底部及四壁应采取严格的、可行的防止渗滤液渗漏的措施；对垃圾贮存环节所涉及的各处构筑物及其配套设施均应采取有效的防止恶臭污染物外逸的措施。危险废物不得进入生活垃圾焚烧发电厂进行处理。

五、环境风险

固体废物焚烧厂不同于一般的物料焚烧厂，其工艺环节所隐含的环境风险可能更大，环境影响持久性也会大于一般工业物料焚烧厂。固体废物焚烧项目环境影响报告书须设置环境风险影响评价专章。应重点考虑二噁英、恶臭污染物的影响，事故及风险评价标准参照人体每日可耐受摄入量 4pgTEQ/kg 执行，经呼吸进入人体的允许摄入量按每日可耐受摄入量 10% 执行。根据计算结果给出可能影响的范围，并制定环境风险防范措施及应急预案，杜绝环境污染事故的发生。垃圾焚烧厂涉及的各类其他环境风险物质也应给予足够的重视。

六、环境防护距离

根据正常工况下产生恶臭污染物（氨、硫化氢、甲硫醇、臭气等）无组织排放源强计算的结果并适当考虑环境风险评价结论，提出合理的环境防护距离，作为项目与周围居民区以及学校、医院等公共设施的控制间距，作为规划控制的依据。新改扩建项目环境防护距离不得小于300m。具体环境防护距离确定由环境影响评价结论确定。

七、公众参与

固体废物焚烧项目由于其工艺特殊、污染物较复杂、环境影响较大、社会公众影响面较大，使得其公众参与工作的意义重大。《环境影响评价公众参与暂行办法》（环发[2006] 28号）对相关的项目公众参与工作进行了要求，应予以严格执行。固体废物焚烧项目的公众参与对象应包括受影响的公众代表、专家、技术人员、基层政府组织及相关受益公众的代表。应增加公众参与的透明度，适当组织座谈会、交流会使公众与相关人员进行沟通交流。应对公众意见进行归纳分析，对持不同意见的公众进行及时的沟通，反馈建设单位提出改进意见，最终对公众意见的采纳与否提出意见。对于环境敏感、争议较大的项目，地方各级政府要负责做好公众的解释工作，必要时召开听证会。

八、环境质量现状监测及影响预测

除环境影响评价导则的相关要求外，还应重点做好以下工作：在环境质量现状监测方面，应根据排放标准合理确定监测因子。在垃圾焚烧电厂试运行前，需在厂址全年主导风向下风向最近敏感点及污染物最大落地浓度点附近各设1个监测点进行大气中二噁英监测；在厂址区域主导风向的上、下风向各设1个土壤中二噁英监测点，下风向推荐选择在污染物浓度最大落地带附近的种植土壤。在垃圾焚烧厂投运后，应加强焚烧厂的日常环境监测，每年至少要对烟气排放及上述现状监测布点处进行一次大气及土壤中二噁英监测，及时掌握垃圾焚烧项目及其周围环境二噁英的污染情况。对焚烧厂的环境质量影响进行科学预测。在国家尚未制定二噁英环境质量标准前，对二噁英环境质量影响的评价参照日本年均浓度标准（0.6pgTEQ/m³）评价。加强恶臭污染物环境影响预测，根据导则要求采用长期气象条件，逐次、逐日进行计算，按有关环境评价标准给出最大达标距离，具备条件的也可按照同类工艺与规模的垃圾电厂的臭气浓度调查、监测类比确定。

第五章　生活垃圾焚烧技术概述

第一节　生活垃圾焚烧的发展历史

一、国际生活垃圾焚烧技术发展历史

生活垃圾焚烧技术作为一种以燃烧为主要手段的垃圾处理方法，在国际上很早就已经应用，甚至可追溯至人类文明的早期，或者说在历史上民间对各类废弃物以及荒地的散乱焚烧行为，均可属于垃圾焚烧的范畴。现代垃圾焚烧的历史有近 150 年，垃圾焚烧产生蒸气和发电的历史可以追溯至 100 年以前。

焚烧作为一种处理生活垃圾的专用技术，经历了萌芽阶段、发展阶段和成熟阶段三个阶段。

萌芽阶段是从 19 世纪下半叶到 20 世纪初期。第二次技术革命时期，英国的帕丁顿已经发展成为一座人口密集的工业化城市。1870 年，世界上第一台垃圾焚烧炉在帕丁顿市投入运行。1874 年和 1885 年，英国诺丁汉和美国纽约先后成功建造了处理生活垃圾的焚烧炉，代表了生活垃圾焚烧技术的兴起。最早利用垃圾发电的国家是德国。1895 年，第一个利用垃圾焚烧发电的设备在德国的汉堡建成。1898 年，法国巴黎也建立了生活垃圾焚烧厂。这一阶段的焚烧炉技术以在英国曼彻斯特的箱式垃圾焚烧炉为代表，到 19 世纪末在英国共制造和成功投运了 210 座同类型的垃圾焚烧装置，仅伦敦就有 14 座。

发展阶段主要是从 20 世纪初到 60 年代末。第一次世界大战后，随着发达国家经济发展和城市居民生活水平的提高，生活垃圾中可燃组分比例上升，给垃圾焚烧处理创造了条件，因此垃圾焚烧技术又逐渐发展起来。德国威斯巴登市于 1902 年建造了第一座立式焚烧炉的垃圾焚烧厂，此后在欧洲各国又出现了各种改进型的立式焚烧炉。与此同时，随着燃煤技术的发展，焚烧炉从固定炉排到机械炉排，从自然通风到机械供风而逐步得到发展，先后开发和应用了阶梯式炉排、倾斜炉排和链条炉排以及转筒式垃圾焚烧炉。1905年美国人在纽约建成了自己的第一个垃圾焚烧发电厂。但是由于当时生产力的限制，焚烧技术不够先进，直到 1950 年，垃圾焚烧设备都是用包括耐火材料的焚烧炉和专门回收热量的锅炉组装而成。第二次世界大战以后，发达国家的经济得到更大发展，城市居民的生活水平进一步提高，垃圾中的可燃物和易燃物含量也随之迅速上升，促进了垃圾焚烧技术的应用。但总体来说，由于当时城市生活垃圾中的可燃物比例仍然偏低，同时垃圾产生量与填埋空间的矛盾尚不突出，因此在此期间生活垃圾焚烧技术的发展并不十分理想。1954年，瑞士的柏尼尔建成第一座现代水墙式垃圾焚烧炉。从此，垃圾焚烧炉在世界各国的应

用越来越广泛，各种焚烧技术纷纷涌现。如德国的 Martin 炉技术，美国 Foster Wheeler 公司的流化床技术，日本 IHI 公司及 KAWASAKI 公司的回转窑技术是比较有代表性的技术。

成熟阶段主要是从 20 世纪 70 年代初至今，也是生活垃圾焚烧技术发展最快的时期。在西方发达国家，随着城市建设的发展和城市规模的扩大，城市生活垃圾产量也快速递增，原有的垃圾填埋场日益饱和或已经饱和，垃圾焚烧减容化水平高的优势重新得到了高度重视。随着人们生活水平的提高，生活垃圾中可燃物、易燃物的含量大幅度增长，提高了生活垃圾的热值，为这些国家应用和发展生活垃圾焚烧技术提供了先决条件。因此几乎所有的发达国家、中等发达国家都建设了不同规模和数量的垃圾焚烧厂。这一时期垃圾焚烧技术已经相当成熟，主要以炉排炉、流化床和旋转筒式焚烧炉为代表。随着烟气处理技术和焚烧设备制造技术的发展，垃圾焚烧技术正逐步为越来越多的欧美发达国家所采用。在国土资源相对紧张的瑞士、法国、新加坡等国焚烧的比例也都已接近或超过填埋。目前垃圾焚烧技术应用现状以日本和欧美等发达国家最具代表性。

日本国土面积狭小，填埋成本很高，因此日本的生活垃圾多采用焚烧的处理方式。日本最早的垃圾发电站 1965 年建于大阪市，目前共有垃圾焚烧炉约 3000 座，其中垃圾发电站 131 座，总装机容量 650MW。1995 年日本建成一座大型垃圾发电站，发电容量 24MW。2000 年垃圾发电总容量达到 2000MW。垃圾日处理能力 1000t/d 以上的垃圾发电站 8 座。目前日本是世界上垃圾焚烧处理规模最大的国家。总体上来说，在需求的推动下，日本的垃圾焚烧厂建设处于世界领先地位，日本也养成了垃圾分类收集的习惯。

美国的生活垃圾主要以卫生填埋的方式处理，这与美国的国土面积广大是分不开的，但垃圾焚烧仍有 10% 的比例。那里，生活垃圾分类收集水平较高。生活垃圾被分为 5 类：①塑料制品及铝制品罐类；②纸类；③废金属类；④有害垃圾如电池、废家电等；⑤其他类（厨余等）。生活垃圾分类强制执行，不分类者将被罚款。生活垃圾的源头分流实施得比较彻底。这就为垃圾的焚烧打了一个很好的基础。分流后的垃圾比未分流的垃圾热值高，燃烧稳定，不易产生二噁英等有毒有害物，垃圾中所含重金属也比较少，炉渣和飞灰易于处理，这大大减少了生活垃圾焚烧场的运行费用。生活垃圾焚烧处理厂的建设与其他设施配套，如焚烧设备制造厂、垃圾分选厂、灰渣处理厂等，这些配套设施用以保证生活垃圾焚烧厂的稳定运行，并为形成垃圾处理市场打下基础。美国垃圾焚烧厂发展很快，截至 1990 年已建成 400 座，生活垃圾焚烧率达 18%，2000 年提高到了 40%。美国垃圾发电已达 2000MW。已有日处理垃圾 2000t/d、蒸汽温度达 430～450℃、发电量为 85MW 的垃圾发电站。

法国现有垃圾焚烧锅炉 300 多台，可处理 40% 的城市垃圾，巴黎有 4 台日处理垃圾 450t/d 的马丁式锅炉。德国拥有世界上最高效率的垃圾发电技术，至 1998 年有 75 台垃圾焚烧锅炉。英国最大的垃圾发电站位于伦敦，共有 5 台滚动炉排式锅炉，年处理垃圾 40 万吨。

欧洲特别是西欧是经济比较发达而环保意识比较强的地区，对垃圾焚烧持不同的意见。曾发生过二噁英污染事件的意大利，对焚烧持十分谨慎的态度，但大部分的国家都支持生活垃圾焚烧的建设，在瑞士，焚烧生活垃圾占整个生活垃圾的 80%，丹麦也占 70%。

丹麦在 70 多年前就发明了当时效率最高的垃圾焚烧装置，全国有 40 多座垃圾焚烧厂，焚烧产热可供 13 万户居民在北欧漫长寒冷的冬季采暖之用。丹麦还在国外建设垃圾焚烧厂。世界上 22 个国家和地区有丹麦人建的焚烧厂，总量超过 300 座，50 座在日本，28 座在法国，5 座在中国香港，菲律宾 1 座。丹麦的垃圾处理公司有国营公司和私营公司。

欧洲国家大部分都对垃圾焚烧厂给予政策和财政支持。2001 年，各国的补贴分别为：比利时 100 美元/吨垃圾，德国 180 马克/吨垃圾，法国 870 法郎/吨垃圾。政府的财政补贴来自于居民的垃圾处理费。收取垃圾处理费不仅可以保证垃圾处理的资金来源，而且可以实现垃圾的源头减量。

国外城市垃圾处理的发展历程表明，垃圾焚烧处理具有占地面积小、处理快速、减量化显著、无害化较彻底以及可回收焚烧余热等优点，在世界各国得到越来越广泛的应用。全世界每年垃圾焚烧量约为 1.1×10^8 t，绝大部分的垃圾焚烧处理厂分布于发达国家。每一个国家焚烧技术的发展都是与其国情分不开的。影响焚烧技术发展的因素有很多，一个国家的技术水平、经济实力及实际需要焚烧的程度是影响一国、一地区焚烧技术先进程度的主要因素，除了这些因素，垃圾分类收集程度，处理区域内人群的生活习惯及环保意识也都会影响焚烧的普及程度。国外的经验合作告诉我们，垃圾焚烧厂的建设不是一件独立的事情，需要考虑很多的因素，经济支持、技术支持、政策和财政支持都是不可或缺的。垃圾焚烧技术已经经历了将近 150 年的发展过程，垃圾焚烧技术和设备已经日臻完善并得到了广泛的应用。发达国家应用的垃圾焚烧技术代表着当前生活垃圾焚烧技术的最前沿，并会对今后垃圾焚烧技术的发展趋势有指导作用。

二、中国生活垃圾焚烧技术发展历史

2015 年中国城镇生活垃圾的产量约 2.6×10^8 t，且每年将以 8%～10% 的速度增长。历年堆放的垃圾中的重金属以及各类污染物使城乡环境承受着巨大的环境压力。中国垃圾处理行业经历了数十年的发展，整体发展迅速，实现了跨跃式发展。但仍有许多城市的生活垃圾处理率处于低水平状态，缺乏有效的处理处置手段，先进技术与落后技术共存，垃圾处理的区域发展很不平衡。

整体而言，国内目前垃圾处理行业仍处于以无害化为主的阶段。垃圾分类在摸索中推行，垃圾清运能力增速不足，而且存在着城乡不均衡的问题。垃圾处理产业前后端链条环节间存在脱节现象。垃圾综合处理事业在艰难中试验，生活垃圾的资源化利用尚处于起步阶段。目前生活垃圾填埋处理在我国的生活垃圾处理处置中仍处于重要地位，但随着国民经济及城市建设的发展，在我国许多经济比较发达的沿海城市，新建垃圾填埋场受到越来越多的限制，已经很难找到合适的场址。填埋场的数量在争议中仍处于增加态势。填埋场的污染物治理水平显著提高，填埋场的垃圾资源化利用技术也在积极发展。

生活垃圾焚烧技术，由于其减量化明显、余热可利用、所需的处理时间短、占地相对较少等优点，近年来备受关注。我国垃圾焚烧处理厂的分布以东南部省市为主，并且主要集中在经济发达的省市地区。至 2014 年夏季，国内建成并投运的生活垃圾焚烧发电厂约 180 座，总处理规模约 1.7×10^5 t/d。其中采用炉排炉的约 110 家，设计处理规模约 1.0×10^5 t/d，采用流化床焚烧炉的约 67 家，设计处理规模约 6.0×10^4 t/d。

中国垃圾焚烧大体经历了以下 4 个阶段。

1. 第一阶段：尝试期

其时间段主要是 1988～1995 年。与发达国家相比，中国居民趋向于购买未经加工的食品和蔬菜，东南部地区的降雨量较多，垃圾中的水分含量较高；20 世纪 90 年代以前，城镇居民燃料结构多以煤为主，城市生活垃圾中灰土类物质占了很大的比重。城市生活垃圾中的灰土、砖瓦多，容易造成焚烧炉故障，因而在 1990 年以前，国内基本上没有垃圾焚烧装置。在改革开放的带动下，中国经济迅速发展，人民生活水平提高，消费观念和生活习惯发生变化，城市生活垃圾成分随之改变。1991～1995 年我国近百个城市的生活垃圾调查表明，垃圾中的可燃物成分在 5 年内增长了 40％，基本上可以达到焚烧垃圾低位热值大于 800kcal/kg 的要求，垃圾焚烧成为可能。国内的生活垃圾焚烧厂最早建设于 1987 年，深圳市政府投资，从日本三菱公司引进马丁炉排焚烧炉。1988 年，深圳市市政环卫综合处理厂投产，开启国内焚烧垃圾先河。深圳市已建成的 3×150t/d 垃圾焚烧发电厂，其 1、2 号机系日本进口三菱-马丁式炉排焚烧炉，3 号机采用"杭锅"与三菱合作的 150t/d 马丁式炉排焚烧炉，三台机组共 4000kW。其中深圳和三菱合作生产了一台 150t/d 垃圾焚烧锅炉，垃圾焚烧锅炉本体由 MHI 作基本设计，炉排及重要燃烧自控装置由 MHI 供货。3 号炉建设的重点就是消化引进技术，并进行设备的国产化装备攻关。实施结果显示，3 号炉的设备国产化率达到了 85％，与成套引进相比核算节支达到 50％左右。

2. 第二阶段：起步发展期

其时间段主要是 1996～2002 年。1996 年，深圳市市政环卫综合处理厂垃圾焚烧项目建成了二期工程。我国第一台具有自主知识产权的焚烧炉始于 1998 年投运的杭州余杭锦江热电厂的 150t/d 异重型内循环流化床垃圾焚烧锅炉。随着国内垃圾处理水平不断提高，焚烧厂在全国各地纷纷建立。上海浦东垃圾焚烧厂于 1998 年动工建设，2001 年运行，引进法国先进的焚烧工艺建造，处理生活垃圾规模 1000t/d，工程总投资 6.7 亿元，是我国目前水平较高的现代化垃圾焚烧厂。焚烧厂的主要焚烧设备采用倾斜往复阶梯式机械炉，配置有 3 条生产线，2 套 8500kW 的汽轮发电机组。在生活垃圾焚烧的起始阶段，一般都是对常规的火力发电机组进行改造，但其热效率和环境保护的要求往往达不到国家的标准，给环境造成巨大的危害。在充分认识这一点之后，开始从国外引进先进的焚烧炉，从最开始时的炉排炉，逐步扩展到各种炉型。在借鉴了国外的先进技术之后，中国开始研制适合中国垃圾理化特性的专用焚烧炉。针对中国城市生活垃圾热值低、杂质较多、密度差异较大、水分含量高的特点进行二次研发。在中国还有一个特殊的情况，即煤的价格比石油的价格要低很多，这些因素共同决定了流化床技术在我国的迅猛发展，而且特别适合中小城市。

3. 第三阶段：快速发展与困扰期

其时间段主要是 2003～2010 年。2002 年后，BOT、BOO 成为垃圾焚烧项目可选模式；2006 年《可再生能源发电价格和费用分摊管理试行办法》颁布上网电价补贴，为生活垃圾焚烧发电提供了收入保障，促进了垃圾焚烧发电项目投资。2005 年和 2006 年达到高潮，全国每年投产 13 座焚烧厂。但是，垃圾焚烧厂建设中也存在争议。2007～2010 年各地争议较多。2007 年全国投产项目总数只有 8 个。2008 年在全球金融危机影响下，资金刺激计划推出，批复权下放，多个地区纷纷规划新的项目，受此促进因素影响，2009 年全国投产 20 个项目，创下历史新高。但同年，某些地区投资兴建的垃圾焚烧发电厂遭到争议，2010 年共建成 10 个项目。在垃圾焚烧厂快速发展阶段，流化床生活垃圾焚烧炉发展迅猛，曾占据半数市场。由于可将煤加入到循环流化床焚烧炉中，适于处理高含水率、低热值的生活垃圾，并且处理费用相对机械炉排炉低，循环流化床焚烧技术在2000～2006 年得到迅速发展，尤其是东南部中小城市以及中西部和东北部的大城市。但在国家能源政策的调整和煤价上升阶段，这种技术的发展步伐将放慢。与炉排炉不同，大多数流化床焚烧炉主要采用国内技术。

4. 第四阶段：科学发展期

其时间段主要是 2011 年至今。国务院 2011 年审批通过了住房和城乡建设部、环境保护部等部门《关于进一步加强城市生活垃圾处理工作意见的通知》，提出在土地资源紧缺、人口密度高的城市要优先采用焚烧处理技术。垃圾焚烧作为垃圾处理的主要发展方向首次得到国家肯定，从而平息了关于垃圾焚烧处理路线的民众争议，纠正了市场的混乱局面。2011 年全国有 32 个垃圾焚烧项目投产。2012 年国家发改委发布《关于完善垃圾焚烧发电价格政策的通知》，规定根据垃圾平均热值测算出单位发电量，再按照发电量发放电价补贴，这进一步促进了行业稳健发展，但同时也强调了加强垃圾焚烧发电价格监管。2012年，新建垃圾焚烧项目达到 35 个。至 2012 年年底，投入运行的生活垃圾焚烧发电厂共约140 座。目前我国垃圾经焚烧发电进行处置的比重已接近国际平均水平。

总体而言，我国生活垃圾中可燃物的增多，垃圾热值的提高，使焚烧技术成为近年来许多城市解决垃圾出路问题的新趋势和新热点。众多内地城市也开始引进国内外先进的焚烧工艺和设备处理城市生活垃圾。

近年来，国内对城市生活垃圾焚烧技术的积累已有了较好的基础。垃圾焚烧技术在谨慎中得以推广。城市垃圾焚烧技术正向着自我完善、多功能、资源化、智能化、环保高标准化方向发展。另外，我国生活垃圾焚烧处理社会化、市场化和民营化是未来发展的大趋势，垃圾焚烧管理与经营的集约化程度较高，属比较适宜的民营化技术。未来以垃圾处理补贴费与售电收入为经营基础的民营化垃圾焚烧产业，将对推进城市生活垃圾焚烧技术的总体进展发挥积极的巨大作用。但是，国内尚未系统掌握垃圾焚烧技术，在建设与运行中均缺乏可靠的技术支撑；现代化垃圾焚烧仍属高成本技术，建设、筹资难度仍然较大。

三、中国生活垃圾焚烧行业影响因素

影响中国生活垃圾焚烧行业的因素比较复杂，不仅涉及技术因素，更涉及社会经济、政策、文化的多个方面，其中既有正向促进因素，又有负向抑制因素。但正如很多行业技术问题的共性一样，单纯的快速发展并不一定是绝对的好事，促进因素与抑制因素共同的协调作用才能最终造就垃圾焚烧行业的良性、可持续发展。中国生活垃圾焚烧行业发展的

影响因素包括如下内容。

1. 垃圾成分因素

生活垃圾的成分特征，是生活垃圾焚烧行业发展的首要影响因素。其中的核心指标是低位热值与含水率。垃圾成分受城镇经济发展水平、居民生活水平、生活习惯、燃料结构、地理气候、政策等因素影响，极难估算，遇到具体焚烧项目时，一般都需要对当地生活垃圾进行实时的采样、检测，并且需要大量的统计数据，才能作为项目决策的科学依据。

2. 垃圾产量因素

虽然从技术上讲焚烧炉可以适应任何垃圾产量或处理规模的城市，但由于受投资、管理等多方面因素制约，一般而言垃圾焚烧工艺更适用于垃圾产量大的城市。对考虑以并网发电作为垃圾焚烧目标的项目策划而言，充足的垃圾量更是垃圾焚烧项目立项的前提。另一方面，即使是在垃圾产量较大的城市，也仍然存在着填埋工艺与焚烧工艺共同分担垃圾处理量，甚至填埋与焚烧争夺垃圾处理量的现象。因此，垃圾产量也是制约焚烧行业发展的因素。

3. 燃烧技术因素

燃烧技术虽然经历了近150年的发展，但严格来讲，其自身技术发展水平仍然存在诸多不完善之处，例如：目前焚烧炉渣的热灼减率一般为3%～5%，尚有潜力可挖；气相中亦残留有少量以CO为代表的可燃组分；气相不完全燃烧为高毒性有机物（以二噁英为代表）的再合成提供了潜在的条件；未燃尽的有机质和不均匀的品相条件，使灰渣中有害物质的再溶出污染不能完全避免。另外，节能化也被国际垃圾焚烧行业普遍重视。如提高焚烧炉燃烧效率及余热锅炉的热回收率，减小排烟等散热损失，均是提高节能化的有效措施。总体而言，燃烧技术对垃圾焚烧行业的制约，主要体现于废气处理等环保类新技术的突破以及应用程度。对我国而言，垃圾焚烧技术现状是先进焚烧技术与简单焚烧技术并存。存在一些自制垃圾焚烧炉，某些垃圾焚烧炉的处理规模在100t/d以下。这些规模小、技术水平较低的焚烧炉多为链条炉、间歇式单室（固定床）焚烧炉，燃烧性能较差，基本采用半自动化的自动控制系统，由操作人员手动机械控制与仪器自动控制相结合，难以使焚烧过程达到"3T＋E"的要求，燃烧不完全。尽快开发出适合我国国情的垃圾焚烧技术也是重要一环。我国垃圾焚烧厂的成套设备国产化水平较低，主要依赖进口。从生态可持续发展的角度来讲，垃圾焚烧造成了物质资源的浪费，难以实现物质资源的生态循环。

4. 机械制造技术因素

焚烧工艺所涉及的机械设备非常繁杂，大多数设备的核心技术都需要从国外引进，国产化水平普遍偏低。必须重视机械设备制造技术的国产化。只有焚烧设备制作行业实力的提高，再加上材料科学等高新技术在垃圾焚烧设备的应用，促使垃圾焚烧技术向高新技术方向发展，才能为垃圾焚烧搭建起坚实的基础。在技术上，应完善现代主流焚烧设备——

机械炉排焚烧炉的国产化技术体系，同时发展以流化床焚烧炉为代表的其他焚烧技术和设备。

5. 电气自控技术因素

垃圾焚烧厂的设备复杂程度远远超过了垃圾填埋、垃圾堆肥厂。复杂的系统必然涉及众多电气自控领域的问题。必须依赖先进的自控技术，才会使垃圾焚烧厂整体建设、运行状态趋于完善。20世纪60年代的电子工业变革后，各种先进技术在垃圾焚烧炉上得到了应用，使垃圾焚烧炉得到了进一步完善。垃圾焚烧厂运行实现自动化后，为了保证较佳的运行状态，目前仍然必须依赖人的判断。先进的软件可以进行图像解析、模糊控制等，使其与熟练操作员的判断非常接近，从而实现真正意义上的自动化控制。另外，人工智能的发展，高效传感器的开发，机器人的研制，使垃圾焚烧厂设备及系统故障的自我诊断功能成为可能，从而得以实现低故障率和高运转率。

6. 资源化因素

垃圾焚烧是一种比较典型的具备资源化潜力的工艺。垃圾焚烧的余热发电、焚烧残渣制砖等方案，可以使垃圾焚烧与能源回收结合起来。利用焚烧垃圾产生的余热进行发电不仅可以解决垃圾焚烧厂内的用电需要，还可以外售盈利，促使了垃圾焚烧技术的迅速发展。但是，焚烧厂的资源化与无害化有时也存在矛盾之处。一般燃料的焚烧目标主要是热能利用，而生活垃圾的焚烧目标原本是无害化处理，其次才考虑资源化。单纯从技术角度而言，垃圾焚烧本身也存在一些制约发电的因素，例如：

① 为了保证生活垃圾能在焚烧炉中充分燃烧，通常采用较高的过剩空气率，其实际供气量一般比理论空气量高50%～90%；同时为克服在垃圾燃烧过程中出现聚集而造成局部空气传递阻碍的现象，炉排必须设计成能使垃圾层经常处于翻动状态的构造；②生活垃圾焚烧烟气具有含水量大、氯化氢浓度高等特点，对材料有较大的腐蚀性，热能回收系统也因此受到明显的影响，为此，焚烧余热利用系统一般不把过热器设置于炉内的强辐射区而使过热蒸汽湿度受到限制；③垃圾焚烧系统的烟气温度影响热能回收的效率，生活垃圾焚烧的热能回收通常要比燃煤锅炉低10%以上；④垃圾成分、进料量的波动，会影响焚烧系统的运行，也会影响尾气处理系统的参数条件；⑤火力发电厂的污染物成分比较稳定，而且相对简单，治理方法以及治理成本相对较低，而垃圾焚烧厂的污染物治理比较复杂，其中含有一些特殊的难处理污染物，例如 PCDD 类、飞灰类物质。其飞灰通常需用代价比较昂贵的安全处置法处理，如安全填埋、水泥或沥青固化后卫生填埋等。PCDD 类物质的处置经常成为居民纠纷的焦点。

7. 经济因素

现代垃圾焚烧工艺，因其系统庞大、工艺设备复杂、尾气治理要求高，导致其土建、设备、安装、配套设施建设所需的资金额度较大，其运行过程所需的成本也相对较高。目前我国已经投运的垃圾焚烧发电项目投资和使用的焚烧炉技术统计显示，使用进口技术的焚烧炉投资成本为45万元/t左右，使用国产焚烧炉投资成本为27万元/t左右。若兼顾发电，则其设备及工艺的复杂程度更会提高，投资会增大。对县级垃圾处理而言，若基于其垃圾产量以及政府立项规模等因素考虑，其焚烧厂的投资额一般偏小。在经济欠发达县市，更是受投资额限制，难以实现在垃圾焚烧厂采用技术先进的垃圾焚烧工艺。另一方面，县级垃圾焚烧厂受运行费制约，通常难以配置动力消耗较大和试剂消耗较多的、先进的烟气处理系统，如碱性药剂除酸和活性炭喷射，而一般采用简单的烟气处理系统，如旋风除尘等设施。即使配置有较先进处理系统的设施，若难以保证高质量使用，依然存在隐患。

总体而言，垃圾焚烧属于高成本技术，建设的筹资难度较大。我国城市生活垃圾焚烧厂建设运行顺利的城市，一般是经济能力较强的城市，或者是填埋空间较困难的城市。从市场前景而言，我国的垃圾焚烧市场的潜力非常巨大，若能够借鉴国外的经验，在资金筹措、投资回报等方面优化协调，制定有关优惠政策，吸引国内外资金投入垃圾焚烧设施的建设与经营，建立以垃圾处理补贴费市场化分配与垃圾发电上网规范化为基础的垃圾焚烧产业的规范运行机制，可有效地推进我国城市生活垃圾焚烧事业的发展。

8. 政策、管理因素

政策与管理因素有时也是促进或制约我国垃圾焚烧行业发展的要素，应注意到，此类政策并非孤立地针对垃圾焚烧的政策，而是全社会综合政策体系下的协调性、可持续性政策。我国垃圾焚烧的地区发展不均衡现象，与各地政策因素有较大的关系。在经营与管理方面，亦应为垃圾焚烧产业化发展的民营化经营与法规化管理准备必要的政策与机构基础，使垃圾焚烧产业的运营既能发挥社会资源的作用，并保障其应有的收益，同时又不偏离城市生活垃圾处理以社会与环境效益最大化为主要目的的基本准则。在焚烧技术人才的培养上，亦应同步提高，以满足应用的需求。一般经济实力较强的城市，其技术人才的储备也相对较充足，在管理方面也具有进行垃圾焚烧的能力与要求。居民环保意识水平也是影响垃圾焚烧行业的要素。但居民环保意识存在正向与负向的双向效应。环保意识需要有正确的引导。在执行部门严格按照规范实施焚烧项目的前提下，若居民对垃圾焚烧技术本身产生误解，便可能会减缓焚烧厂的建设；若居民能正确理解垃圾焚烧技术，又可以促进焚烧行业的发展。总之，高水平的管理是垃圾焚烧厂顺利建设运行的前提。欧洲国家以及大多数发达国家对垃圾发电一般都有政策补贴，可以促进其形成产业。政策支持有很多种方法和途径，比较常见的如：公民以垃圾处理费或垃圾税的形式上缴一定的货币，缴纳的金额一般有按垃圾量收费、按人头收费、按居住面积收费等方式；建立垃圾分类收集体系，使焚烧在技术和经济性上更加可行；刺激环境保护产业的形成，加快建设配套设施；地方环卫处补贴资金，各地银行优先安排贷款，给予金融支持，地方政府给予市政基础设施费；支持垃圾发电上网，发电与供热应承担当地的基本负荷。

第二节　生活垃圾的产量与焚烧厂规模

一、生活垃圾产量预测

我国城镇的生活垃圾产量特征变化的影响因素主要包括：①城镇规模、经济发展水平；②居民生活水平、生活习惯；③燃料结构；④地理气候因素；⑤政策因素等。

生活垃圾产量的预测原则应以实测的现状人均垃圾产量为基础，依照城镇总体规划、燃气规划、环卫规划，分别确定规划近期、中期与远期的生活垃圾组成成分以及人均垃圾产量。

按照区域估算的人均垃圾产量参考见表 5-1，按照户型估算的人均垃圾产量参考见表 5-2。

表 5-1　按照区域估算的人均垃圾产量参考表

城镇区域	人均垃圾产量/[kg/(cap·d)]
省会城市、地级市的市中心区	0.8～1.0
县级市的市中心区	0.85
城乡结合部	1.2～1.3
城镇郊区	1.2
村庄地区	0.7
一般工业区	0.7
产煤区的生活区	1.4～1.8

注：此表数据以中国北方城镇特征为基准。

表 5-2　按照户型估算的人均垃圾产量参考表

经济发展水平／户型	人均垃圾产量/[kg/(cap·d)]			
	省会城市	经济发达的地级市	一般发展水平的地级市、发展水平较高的县级市	一般县级市
双气户	0.75	0.77	0.8	0.9
单气户	0.95	1.05	1.2	1.3
纯煤户	1.2	1.3	1.5	1.7

注：此表数据以中国北方城镇特征为基准。

垃圾日产量估算与预测：按照现状人均垃圾日产量与现状服务人口计算出的即为现状垃圾平均日产量；按照预测的人均垃圾日产量与预测的服务人口计算出的即为预测（规划近期、中期与远期的以及逐年的）垃圾平均日产量。

一个城市的计划垃圾处理量可以细分为"计划收运垃圾量"与"垃圾直接运入量"两部分。即：

$$垃圾平均日产量(t/d)＝计划收运垃圾量(t/d)＋垃圾直接运入量(t/d)$$
$$＝计划收运人口数×10^{-3}×人均垃圾日产量[kg/(cap·d)]＋$$
$$垃圾直接运入量(t/d)$$

垃圾直接运入量主要是指垃圾处置场附近的单位或居民直接运入垃圾处置场的垃圾量。

二、生活垃圾焚烧厂规模的确定

要实现垃圾处理的产业化，其前提是垃圾产量必须达到一定的规模。在焚烧厂建设的基本原则中，垃圾产量达到足够大的规模也是其重要前提之一。我国一般对垃圾焚烧规模的最低限要求是大于 150t/d，国内已经建设的垃圾焚烧厂规模通常均大于 300 t/d。

　　根据我国生活垃圾焚烧处理工程技术规范，垃圾焚烧厂的处理规模应根据城市环境卫生专业规划或垃圾处理设施规划、该厂服务区范围的垃圾产生量预测、经济性、技术可行性和可靠性等因素确定。焚烧线数量和单条焚烧线规模应根据焚烧厂处理规模、所选炉型的技术成熟度等因素确定，宜设置 2～4 条焚烧线。

　　垃圾焚烧厂的规模宜按下列规定分类：特大类垃圾焚烧厂，全厂总焚烧能力 2000t/d以上；Ⅰ类垃圾焚烧厂，全厂总焚烧能力介于 1200～2000t/d（含 1200t/d）；Ⅱ类垃圾焚烧厂，全厂总焚烧能力介于 600～1200t/d（含 600t/d）；Ⅲ类垃圾焚烧厂，全厂总焚烧能力介于 150～600t/d（含 150t/d）。

　　作为一个工程项目，垃圾焚烧厂的规模包括规划规模、设计规模、建成规模、实际运行规模等多层含义。例如：规划规模 1000t/d 的垃圾焚烧厂，在设计阶段可能由于公众舆论或进场垃圾量的制约，仅仅设计为 800t/d，而建成后实际投产运行规模可能仅有 500t/d。另外，考虑到垃圾在储坑内堆酵处理后，垃圾中部分水分形成渗滤液，实际进炉垃圾会减量 10%～20%，因此会存在实际运行规模大于进场垃圾（设计）规模的情况。从科学角度而言，应使上述各种决策实施阶段的规模相统一，避免相互差异过大。

　　垃圾焚烧厂的规划规模以及实际运行规模的影响因素包括以下几种。

　　（1）城市生活垃圾产量。

　　（2）城市生活垃圾焚烧比例　城市总体垃圾产量可能会分配给垃圾填埋场、堆肥厂，也可能会分配给多个垃圾焚烧厂。因此，垃圾焚烧厂的实际规模决定于城市生活垃圾分配给焚烧厂的比例。

　　（3）炉型以及焚烧厂配套设施的承受能力　一般认为机械炉排炉的处理规模相对较大，流化床焚烧炉、旋转窑、控气式焚烧炉的处理规模中等。但随着技术进步改良，各种炉型的处理能力均有增长趋势。另外分选、贮料、上料系统的处理能力，甚至配套的飞灰、残渣处置能力也会反过来制约焚烧厂接收生活垃圾的量。

　　（4）日工作时间因素　根据每天的工作时间，焚烧厂可分为 24h 连续运行式焚烧厂、16h 准连续运行式焚烧厂、8h 间歇式焚烧厂。其每天的运行时间也会影响垃圾处理规模。

　　（5）发电以及后续资源化利用目标　若出于焚烧发电、余热利用或其他后续资源化利用目标的考虑，垃圾焚烧厂的规模一般需要尽量大，例如，考虑中、大型发电以及电力上网目标时，垃圾焚烧厂的规模通常建议至少应大于 500t/d。

第三节　生活垃圾焚烧厂工程项目

一、焚烧厂建设基本原则

1."三同时"

生活垃圾作为一种非常规燃料用于发电，一不小心就可能引起严重的二次污染。在建设生活垃圾焚烧厂时，一定要严格遵守"三同时"的基本政策。在规划垃圾焚烧厂时，要充分估计到可能引起的环境效应。采取强有力的措施。首先，控制焚烧过程，抑制污染物的生成并在燃烧中分解污染物；其次，如果污染物无法取出或已经生成，则采取一定的措施进行无害化处理。在施工时，不能对环保设施偷工减料以换取整个工程投资的节省。在运行时，如果环境保护设施出现故障，整个生产线必须停工。等环境保护设施可正常运行后，方可重新运行。"三同时"的政策，不管是国营企业还是私营企业，都必须有专门的部门和人员保证其实施。"三同时"是焚烧厂建设的最基本的要求。

2. 清洁生产

生活垃圾焚烧厂作为一个厂家，"清洁生产"是生活垃圾焚烧建设的另一重要原则。众所周知，环境保护曾进入过一个误区，那就是将污染物不停地转换，结果却没有消除污染物，却花费了大量的人力、财力、物力，这是非常令人痛心的。城市生活垃圾成分复杂，在焚烧的过程中，任何一个环节都有可能造成二次污染。运至焚烧厂的垃圾在贮坑中一般要放置一段时间用以减少垃圾中的水分（超过一天），在此过程中，垃圾所含表面水在重力的作用下进入贮坑底部的集液槽，而与此同时微生物将垃圾中的有机成分分解，放出 NH_3、H_2S 及低级脂肪酸等引起恶臭的物质，如果不处理任其进入环境中，在风的流动作用下，会给附近的环境带来十分恶劣的影响，严重影响附近人群的健康。一般的处理方法是将鼓风机的引风口设置在贮坑的上部，贮坑抽成负压，并将抽取的空气送入焚烧炉的二次燃烧室，在高温下引起污染的物质就会被氧化分解。运输过程中也可能出现问题，生活垃圾焚烧厂要配备专门的垃圾运输车，并设计两条可靠的进厂道路，进厂道路要尽量避开居民区。在进行焚烧前，有条件的地区要进行分选。分选的目的，一方面可以减少生活垃圾中的不可燃成分，提升垃圾的单位热值；另一方面，飞灰和炉渣中的重金属含量可以通过从垃圾中选出重金属的方法进行控制。二次污染的控制是要在整个工艺中控制污染物的生成，同时分解掉原生的污染物，而不是将原有的和后生成的污染物转移以后再进行处理。"三 T"技术很好地体现了这一思想。

二噁英产生的条件之一为燃烧不稳定，温度 200～400℃是二噁英产生的最佳温度段，所以所有的焚烧炉设计温度都在 700℃以上。当温度高于 1200℃时，再提高温度则有利于 NO_x 的生成。通过将炉温控制在一定范围，可以有效地抑制污染物的生成。燃烧时间是影响燃烧完全程度的另一个基本要素，一般要求停留时间不少于 2s。停留时间的长短取决于燃烧室的大小和形状，温度不同，停留时间也不同，温度越高，停留时间越短。湍流度是空气和燃料混合程度的指标，湍流有利于破坏颗粒物表面形成的边界层，从而提高表面反应的氧利用率，使燃烧过程加速，并使炉温提高。"3T"互相影响、互相制约，整个工艺是一个整体，一个因素改变，其他的因素也会随之改变，所以要从整体上着眼，实现清洁生产，不要片面地只顾及工艺的某一环节，工程的某一方面或者某一阶段。

垃圾焚烧发电是在保证垃圾无害化、减量化的前提下最大可能地实现资源化。有些情况下，无害化难以实现，如垃圾的发热量不够，所需辅助燃料过多，而厂家往往借垃圾焚烧发电之名，造成严重的二次污染，使垃圾处理产业化走入歧途。针对这种情况，国家应采用相应的措施，小型的垃圾发电厂不应该上马，掺入过多辅助燃料的焚烧厂不应该享受政策优待和财政补贴。有人认为，200t 垃圾/d 的焚烧厂要禁止其建设，而辅助燃料超过 30％不得享受垃圾发电厂的优惠政策。对一个城市和地区来说，焚烧厂的总体规划是十分必需的，这样可以有效防止小火电以垃圾焚烧为名上马建设。

3. 防止重复建设

生活垃圾发电厂可以归类于环境保护行业，也可以归类于电力行业，其中还涉及环卫局、环保局等机构，如果没有充分地协调，就可能出现重复建设的问题，所以一个垃圾焚烧发电项目的通过，不但要满足环保行业的需求和要求，也要与电力建设的规模相协调，不要产生无垃圾可烧、设备空置的现象。

二、焚烧厂建设流程

垃圾焚烧厂能否实现垃圾的减量化、无害化和资源化，其建设是关键的一环。建设的垃圾焚烧厂可能与最初的设计目标相违背，建设过程中可能出现失误，这些都可能造成巨大的损失，应该予以避免。不管设计如何合理，设备如何先进，技术如何熟练，建设中出现的问题往往会导致整个工程的失败。建设是一个将人的理念付诸实施的过程，任何疏忽和错误都会使整个过程背离我们的初衷，带来无穷后患。生活垃圾焚烧场的建设流程见图5-1。

所有的项目都遵循一个基本的流程，这个流程是项目合理性、合法性和可行性的一个重要保证，是防止项目给政府和社会带来损失的一个有力措施。

三、我国垃圾焚烧厂的融资问题

1. 融资对垃圾焚烧厂建设的意义

从狭义上讲，融资是一个企业的资金筹集行为。从广义上讲，融资是当事人通过各种方式面向社会筹措或贷放资金的行为。

为了促进我国垃圾焚烧厂的建设，需要有先进的投融资模式作为基础。尤其是对垃圾焚烧厂这一类具有盈利可能的环保项目，更凸显出其科学融资的重要性。

若将发电工艺包含在垃圾焚烧厂的范畴内，则垃圾焚烧行业是典型的同时归属于环保产业、新能源产业和市政基础设施的综合体，因此也成为融资领域关注的热点。

传统的垃圾厂建设资金来源于政府投资。为吸引民间资本参与基础设施项目建设，政府应该深化投融资体制改革，建立相应的配套服务，并且正确履行监督职能，逐步建立"谁投资、准决策、谁收益、谁承担风险"的投资决策体制。

应该完善各类投融资主体，充分发挥市场配置资源的作用，形成科学决策、有序竞争、行为规范的投融资体制。尽快转变政府职能，加快财政制度、金融制度改革，完善各项投融资细则，增强透明度，提高政府的信用。

在借款方面，虽然我国预算法规定地方政府不得发债，但是目前地方政府负债建设经营城市的现象已是不争的事实，多数做法是政府指定一个代理公司（政府性公司，如城市

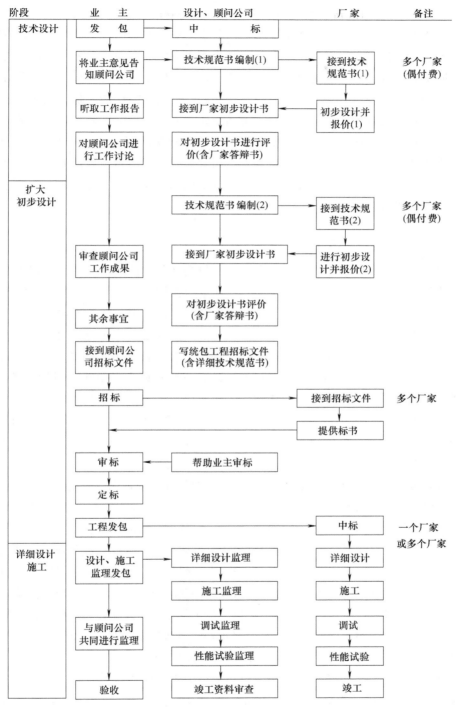

图 5-1　生活垃圾焚烧厂的建设流程

建设投资公司）来替政府借款，虽然不是政府直接借款，但形成的仍然是政府债务，债务的偿还实际还是完全依靠政府。

在贷款担保方面，由于城市基础设施建设贷款额一般较大，地方难以找到合适的企业担保或者企业不愿提供担保，而地方财政担保又与我国现行担保法国家机关不得为保证人的条款相违背，因此担保方面存在缺陷。

政府负债进行基础设施建设是符合纳税人公平受益的原则的。因为城市基础设施项目的受益期可以递延到今后很多年，根据受益者分担成本的基本原则，项目的成本理应分摊到以后各期受益人身上，将政府负债偿还责任合理向后顺延，实现纳税人公平受益。这样理解地方政府负债建设城市似有道理但是不合法的。现实的操作情况是，从防范金融风险的角度出发，有的银行想出了各种尽量完善和变通的办法，例如，要求政府承诺将还款资金纳入年度财政预算并通过地方人大批准等等，这样做银行贷款的偿还虽有了一定保证，但仔细分析这还是一种君子协定，一旦发生违约，债权银行将不能通过诉讼程序维护自己的债权。目前地方政府借款仍然在继续，银行贷款也仍然在进行。等待的是预算法和担保法等法律条文的修订和完善。

2. 我国垃圾焚烧厂的主要融资模式

（1）政府投资　对垃圾处理事业而言，政府投资是传统的融资渠道。国家建设项目投资历来是我国最重要的公共支出项目之一。我国政府投资垃圾焚烧厂工程项目的管理模式主要有：以财政性资金投资为依托，政府部门内部人员成立项目建设工作机构，直接操作项目建设与管理；或者由某个承担基建任务的职能部门设立基建科室，配备专门人员，由其下属部门执行项目业主职能；或由政府职能部门设立企业法人，负责项目的资金筹措、建设实施、生产经营、偿还债务等工作；或由政府牵头抽调人员组成临时管理工作部门；或由项目业主通过招标选择社会专业化的项目管理单位实施工作。

政府投资的优势是项目资金供应、建设等都由政府的强制力作为保障，运作风险较小。但缺点是资金紧张，财政压力较大，缺乏专业技术团队执行项目，易造成建设进展缓慢、运营成本高等问题。

（2）贷款融资　贷款融资是传统融资方式的重要组成部分，也可应用到城市公用事业的经营中。贷款融资分为国内贷款和国外贷款。国内贷款分为商业银行贷款和政策性银行贷款；国外银行贷款分为国际金融组织贷款、外国政府贷款和国际商业贷款。政府在最初考虑安排贷款时，应以该资本经营未来的现金流量和收益作为偿还贷款的资金来源，并且将自身的资产作为贷款的安全保障。在政府以独立的法人获得贷款后，对债务承担法律上的经济责任。通常情况下，贷款发起方还会为贷款行为提供必要的信用保证。通过巧妙地设计融资结构和提升信用度，贷款银团和政府城市经营部门签署贷款协议，贷款银团据此为城市资本经营提供一定金额、期限和利率的贷款，政府将用经营资本所获得的收入及时偿还贷款本息。这样做能够为城市资本经营注入充裕的资金，确保焚烧厂建设和运转的顺利进行。

（3）租赁融资　一种方式为政府和金融租赁公司签订融资租赁合同，金融租赁公司按合同要求负责筹资，贷款购买政府用于城市资本经营所需的机器和设备，并把它们租给政府部门。政府是承租方，应按期向租赁公司支付租金，直至租金完全付清。政府拥有与所经营的资本有关的一切权利。另一种方式是采取政府与私营租赁公司签约，授权租赁公司负责城市资本的建设、经营和管理，政府依合同按期向租赁公司支付租金。该方式不仅可解决政府经营活动资金的问题，还减轻政府的经营负担，政府只要做好规划和控制工作，就可以实现预定目标。

（4）发行城市债券　随着我国加快城市建设政策的实施，城市交通、环境治理、城市路网、轨道交通、污水处理、通信、电力、煤气等设施建设资金需求巨大，逐步建立地方公债制度，允许、鼓励城市财政以政府作为依托发行债券。在资信度上居于中央国债与国有企业债券之间的城市债券，作为一种新的融资手段，既可以有效解决城市基础设施建设的资金来源，又可以缓解中央财政债务负担压力。

（5）PPP 模式　PPP 即 public-private partnerships，是由政府、非营利性组织和营利性企业基于某个项目而形成的相互合作关系的一种模式。当合作各方参与承建某个项目时，政府方并不是把项目的责任和权利全部转移给私人企业，双方是以特许权协议为基础，进行合作。他们的合作始于项目的确认和可行性研究阶段，并贯穿于项目建设的全过程，双方共同对项目的整个周期负责。在项目的早期论证阶段，双方共同参与项目的确认、技术设计和可行性研究工作；对项目采用融资方式的可能性进行评估确认；采取有效的风险分配方案，把风险分配给最有能力的参与方来承担，以此来降低投资的金融风险。

（6）BOT 模式　BOT 模式是 20 世纪 80 年代以来在国际上出现的一种新的投融资方式，又被称为"公共工程特许权"，其含义是"建设（build)-经营（openrate)-移交（transfer)"。BOT 模式就是政府与非官方资本签订项目特许权经营协议，将基础设施项目的建设和投产后一定时间内的经营权交给非官方资本组建的投资机构，而项目的投资者在规定的经营期限结束后，将该项目的产权和经营权无偿地移交给当地政府，政府又可优选运营企业，继续该项目的运管。采用 BOT 模式的优势就在于，一方面政府面对污染治理项目所需的巨大资金缺口无资金压力或少资金压力，政府不再充当经营者的角色，实现了政企分开；另一方面国内外的投资者通过政府的支持找到一个风险小、收益稳定的投资项目，对政府有利，对投资者也有利。近几年，BOT 模式首先被引入我国基础设施建设中，进而引入环保领域，如城市生活污水处理厂、城市垃圾处理厂的建设运营才刚开始，BOT 模式已成为解决污染治理产业资金不足的一种好方法。温州伟民集团公司的垃圾焚烧厂是国内第一家以 BOT 模式融资的厂家。

BOT 投资融资在实际运作过程中产生了许多变形：包括 TOT（移交-经营-移交）、BTO（建设-转让-经营）、BOS（建设-经营-出售）、BT（建设-转让）和 OT（经营-转让）5 种融资方式。各种方式的应用取决于项目条件。

TOT 模式，即对于已建设好的城市生活垃圾焚烧厂，由 BOT 模式中类似的股份公司出资，向当地政府或主管部门购买焚烧厂（即当地政府或主管部门将焚烧厂移交给股份公司），公司拥有对焚烧厂的经营管理权，公司在特许权规定的范围内对焚烧厂厂进行经营，以回收投资、偿还债务、赚取利润，达到持许权期限后，财团将项目无偿移交给当地政府或主管部门。这种模式可以解决焚烧厂巨大的运行、维护、管理费用，是种值得推荐的融资方式。

3. BOT 模式的困扰与实行条件

BOT 模式实际应用于城市生活污染治理产业目前遇到一些问题。①政府的支持与承诺。城市环保基础设施建设需要政府的政策支持，制定相应的处理及费用征收等制度，确保企业的经营。政府对企业的承诺一旦违约，法律主体不平等，企业将蒙受巨大损失。因此，政府要先制定和完善相关政策、法律，做到有法可依、有章可循，使承诺不是空话。消除企业后顾之忧，吸引国内外社会资金的投入。②项目的融资。面对项目所需的巨大资金，企业不可避免需要融资，目前的融资渠道较单一，主要是向国内银行贷款。应努力拓展多样化融资渠道，包括利用自有资金，向国内外银行贷款，申请国际银行、外国政府的低息无息贷款，发行企业债券等多种形式。③相关法律、法规欠缺，立法工作相对滞后。如果不加强法制建设，就不能够为民间资本进入基础设施建设领域创造公正的市场环境，那么就会形成严重的市场准入障碍，这是广大民私营企业不愿意面对的状况。

需要尽快改善法律环境，制定一个专门的内资 BOT 项目的法律法规体系及 BOT 投资管理办法。只有健全的法律体系才能使政府依照法律来对民间投资活动进行协调和管理，减少投资基础设施过程中的不规范性和不确定性，有利于更多的民间资本进入基础设施的建设和经营，有利于对内资 BOT 项目进行全过程、全方位的管理。现阶段我们需要集中贯彻落实《招标投标法》，建立和完善相应的配套制度，另外这也将促进 BOT 专业人员走向国际化。

需要引导中小型民私营企业走向联合。"联合"是内资 BOT 的保证。目前我国民私营经济尽管总体上数量很大；但绝大部分是一种小规模为主的经济实体，仅仅依靠单个资本的积累，根本不可能进入基础设施产业。因此，政府应引导这些企业走向联合，但是也要注意协调好各行政主管部门、行业主管部门、综合管理部门等，打破狭隘的地方保护主义。

现阶段也可以适当采用逆向 BOT 方式。逆向 BOT 实际上是向民间资本转让现存基础设施项目产权和经营权，它可以成为吸引民间资本进入基础设施建设领域的突破口。当民间资本通过"购买现货"方式投资于基础设施建设时，既消除了建设期风险，又提高了国有资产的整体运营效率。更重要的是，一旦民间资本以逆向 BOT 方式成功经营，这将产生一种示范效应，更加有利于内资 BOT 的推广。

四、生活垃圾焚烧厂总体规划设计

1. 生活垃圾焚烧厂建设内容

现代生活垃圾焚烧厂不仅具有焚烧垃圾的功能，还具有垃圾分选以及综合利用、发电供电、供热、供气、区域性污水处理以及附带的社会化服务等多种功能。

生活垃圾焚烧厂的建设内容，应包括如下几项。

（1）接受、分选、贮存车间工程　包括：进场称重接收记录环节、车辆管理环节；破碎、分选环节、垃圾贮存环节、给料环节，以及配套的集气、抽气、除臭、消杀环节，配套的污水收集排出环节的各项建设内容。

（2）焚烧车间工程　包括：核心焚烧环节、辅助燃料给料环节、车间内部物料传送环节、除尘环节、出灰环节、出渣环节、烟气冷却环节、蒸汽冷凝环节、供水环节、通风环节、电气及自动控制环节、检修环节的各项建设内容。

（3）环保、资源化工程　包括：有害气体处理环节、废水处理环节；飞灰处置环节、残渣处理环节、残渣处置场环节；余热利用锅炉、发电环节、区域供暖供气环节、资源化产品制造环节、检测化验环节的各项建设内容。

（4）交通道路运输工程。

（5）安全、应急保障工程 包括职业卫生与劳动安全、消防、防洪排涝环节；应急电源、应急供水、应急防爆环节的各项建设内容。

（6）科研、教育设施 高级别的垃圾焚烧厂可以具备科学研究的功能，设置相关的研究、产品开发机构。其中科学研究成果显著的，有可能组建成为省市级或国家级的学科研究中心，或与相关企业、高等院校联合成立产学研创新基地、工程技术研究中心或重点实验室。

（7）生活、管理工程 包括职工生活服务、行政管理环节、绿化美化建设、洗车设施等各项建设内容。

上述各项建设内容，需要相互协调，有所侧重。需从技术、经济等多个方案综合比较后确定。

2. 用地面积的确定

焚烧厂的各项用地指标应符合现行《城市生活垃圾处理和给水与污水处理工程项目建设用地指标》、《城市生活垃圾焚烧处理工程项目建设标准》的有关规定，及当地土地、规划等行政主管部门的要求。

焚烧厂的建设用地，应遵守科学合理、节约用地的原则，满足生产、生活、办公的需求，并留有发展的余地。焚烧厂建设用地指标可参照表5-3执行。

表5-3 建设用地指标

类　　　型	用地指标/m²	类　　　型	用地指标/m²
Ⅰ	40000～60000	Ⅲ	20000～30000
Ⅱ	30000～40000	Ⅳ	10000～20000

注：此表中的Ⅰ类焚烧厂是指全厂总焚烧能力1200t/d以上的焚烧厂。建设用地指标含上限值。

关于垃圾焚烧厂的用地面积，我国建设部标准《环境卫生设施设置标准》（CJJ27—2012）中规定，其用地指标为 $50～200m^2/t$，可供工程选址和规划设计时参考到工程实践，并参考国外有关标准，现将垃圾焚烧厂用地面积的建议指标列于表5-4供参考选用。

表5-4 垃圾焚烧厂用地指标

工程规模/(t/d)		200	300	400	500	600	700	800	900	1000
2炉	面积/亩	28	30	32	35	38	41	45	49	55
3炉	面积/亩	32	35	38	41	45	51	57	64	73
4炉	面积/亩	36	40	44	48	54	60	69	79	90
5炉	面积/亩	40	45	50	55	62	70	80	91	104

注：1亩=666.7m²。

在具体工程设计中选取垃圾焚烧厂的用地面积时还将设计到可供征用的场地情况、余热综合利用设想、厂内建筑物、绿化布置和公共设施布局等诸多因素，应作综合分析并广泛征求有关部门的意见后才能最终确定。

焚烧厂的生产管理与生活服务设施建筑在满足使用功能和安全的条件下，宜集中布置。各类焚烧厂生产管理与生活服务建筑面积指标不宜超过表 5-5 所列指标。

表 5-5　附属建筑面积指标

类型	生产管理用房/m²	生活服务设施用房/m²	类型	生产管理用房/m²	生活服务设施用房/m²
Ⅰ	500～700	900～1100	Ⅲ	150～300	350～600
Ⅱ	300～500	600～900	Ⅳ	≤150	≤350

注：此表中的Ⅰ类焚烧厂是指全厂总焚烧能力 1200t/d 以上的焚烧厂。生产管理用房包括行政办公用房、传达室等；生活服务设施用房主要包括食堂、浴室、绿化用房、值班宿舍等；Ⅰ、Ⅱ、Ⅲ类附属建筑面积指标含上限值，不含下限值。

3. 总图设计

总图设计是一个工程项目的基础性环节，起着控制意义。任何工程的总图设计，均需同时兼顾下列基本原则要求：①满足生产要求；②满足相关标准、规范的要求；③满足安全、卫生、应急需求。总图布置应保证厂区面积比例协调、间距科学合理、物流顺畅、管线综合科学、竖向设计合理、兼顾安全与应急处置需求、兼顾自然条件、经济合理、兼顾美学原则。

对垃圾焚烧厂而言，其总图设计应注意以下问题。

（1）面积、间距的协调　垃圾焚烧厂的面积设计内容主要包括：生产区面积（核心生产区、辅助生产区、检修与临时生产区）、生活管理区面积、远期发展预留面积、应急处置区面积、环保防护区面积。垃圾焚烧厂各个车间、构筑物的布置，应以垃圾焚烧厂房为主体进行布置，其他各项设施应按垃圾处理流程及各组成部分的特点，保证工艺流程合理，界区划分明确。结合地形、风向、用地条件，按功能分区合理布置。车间布置应尽量紧凑，尽可能充分利用土地，减少用地面积。从功能角度而言，面积的协调本质是各项功能的实现。车间、装置、道路等要素的布置设计应满足操作、检修、施工、安全的要求。从规划期限而言，应以远期规划目标指导近期面积分配，以近期平面布置体现远期建设目标。垃圾焚烧厂的车间间距、道路与建筑物的间距，需按建筑防火规范要求和总图设计标准进行设计。

（2）物流的协调　要实现焚烧厂的各项功能，并且兼顾二次污染物的排出、人流管理的顺畅等问题，就需要有良好的物流设计。垃圾焚烧厂的物流、人流设置，应保证生产作业的连续性，充分考虑各装置之间物料的互供、衔接。总体而言，建议按照如下顺序考虑物料的优先度：焚烧物料物流、废物排放物流、办公管理物流。

从物流内容而言，主要包括以下内容：进场物流、出厂物流、检修物流、办公人流、参观人流。从物质形态而言，包括以下内容：固体物料流、液体物料流（给水、污水、雨水、事故应急水）、气体物料流。其中的固体物料需考虑汽车运输的便利性；气体、液体物料需考虑管道输送的科学性。从地点细化分类，包括：厂区内外的物流衔接、车间之间的物流衔接、车间内部的物流衔接。在管线综合布置方面，应尽量缩短管线的连接距离，各种管线应统筹安排，且符合各专业管线技术规范的要求。在道路设置方面，应满足交通运输和消防的需求，并与厂区竖向设计、绿化及管线敷设相协调。各种材料能按计划进厂，避免二次搬运。出、入口的设置应符合城市交通的有关要求，方便车辆的进出。人流、物流应分开，保证通畅。垃圾焚烧厂区主要道路的行车路面宽度不小于 6m。厂房周围的环形消防车道宽度不小于 4m。通向垃圾卸料平台的坡道按《公路工程技术标准》执行。垃圾焚烧厂宜设置应急停车场，应急停车场可设在厂区物流出入口附近处。

（3）竖向设计　竖向设计是任何工程都需考虑的重要环节。尤其是当焚烧厂内存在"飞灰暂存车间、炉渣填埋场、分选物料处理车间、污水处理车间"等工艺环节时，其竖向设计更需受到重视。具体而言，涉及垃圾物料在各个工艺环节之间的提升、放置，灰渣类物料的排出，污水类液体的重力排出等问题。

竖向设计需兼顾如下几方面内容：①结合场地的自然地形特点，充分利用地形，减少土方填挖工程量；②充分研究各项设施所需的高程关系，使竖向设计满足生产工艺流程要求，满足物料装卸对高程的要求，同时竖向设计不能与平面布置相矛盾；③保证地面以及地下排污管线内流体排出顺畅，排水坡度的衔接合理；④解决好场地内外的高程衔接；⑤满足建筑基础埋深，兼顾冻土深度、抗震等工程技术要求。

（4）兼顾安全与应急处置需求　总图布置应遵循环保、防火、防爆、消防等方面的要求，有利于减少垃圾运输和处理过程中的恶臭、粉尘、噪声、污水等对周围环境的影响，防止各设施间的交叉污染。能为及时抢救和安全疏散提供方便条件。

（5）重视自然条件、工程地质条件　垃圾焚烧厂的工程布置设计应适应所在地区的自然条件，兼顾风向的影响。重视所在地区的气温、降雨量、风沙等气候条件；重视工程地质条件，预防极端自然灾害爆发时对厂区的危害。

（6）兼顾美学　垃圾焚烧厂的总图设计应考虑厂区的立面、平面整体效果的美学因素。厂房以及单体的装置布置设计应注意外观美学和环境生态的协调性。借助绿化、美化手段，一方面可以减少粉尘等污染物危害；另一方面可以弥补垃圾焚烧厂可能伴生的环境风险对公众带来的不良心理影响。

第四节　垃圾焚烧厂设备选择

一、我国垃圾焚烧厂的关键设备选型模式

1. 关键成套设备引进国外先进技术的炉排炉

以上海浦东垃圾焚烧发电厂为代表：引进法国焚烧技术，采用倾斜往复阶梯炉排，项目总投资为 6.7 亿元人民币，折算吨垃圾投资为 67 万元。

该项目设计规模为 1000t/d，设计垃圾焚烧处理线 3 条，汽轮发电机 2 组。主要设计参数为：垃圾设计热值 6060kJ/kg，单台焚烧炉处理能力为 15.2t/h，单台锅炉蒸发量 29.3t/h，汽轮发电机为 8500kW/台。

主要引进内容包括焚烧炉加料及机械炉排等关键部件、余热锅炉关键部件、石灰浆雾化器、垃圾抓斗吊车、耐高温滤袋、关键的风机、泵、控制调节阀门及现场分析仪、全厂

生产系统运行的控制软件包；其余设备为国内配套。

该项目于 2002 年年初投入试运营，类似的项目还有上海浦西及广州垃圾焚烧厂等，这些项目均申请利用外国政府贷款。

2. 关键设备的核心部件引进国外先进技术的炉排炉

以宁波垃圾焚烧发电厂为代表：引进德国焚烧技术，采用往复顺推阶梯炉排，项目总投资为 4.0 亿元人民币，折算为吨垃圾投资为 40 万元。该项目由中国有色工程设计研究总院负责项目的总体设计、初步设计、详细设计，是我国最早建成的大型千吨级的现代化垃圾焚烧发电厂。

设计规模为 1000t/d，设计垃圾焚烧处理线 3 条，汽轮发电机 2 组。主要设计参数如下：垃圾设计热值 5252kJ/kg，含水率 48%，单台焚烧炉处理能力 14.95t/h，单台锅炉蒸发量 25t/h，汽轮发电机为 6800kW/台。

工厂主要引进内容包括：焚烧炉加料器及机械炉排等关键部件、液压驱动系统、焚烧炉控制系统的工艺软件包，其余设备为国内配套。

该项目于 2001 年年底投入试运行，目前运转情况良好，是我国第一座投入使用的大型千吨级垃圾焚烧发电厂。该项目国产化率达 80% 以上，投资比模式 1 节约近 40%，运行可靠、自动化程度高，基本达到 20 世纪 90 年代的国际先进水平。

3. 消化吸收国外先进技术自行开发的炉排炉

我国垃圾焚烧技术起步较晚，1985 年引进两套日本三菱重工处理能力为 150t/d 的马丁式机械炉排焚烧炉。为了降低工程投资，国内业界在消化吸收国外生活垃圾焚烧技术的基础上，结合中国生活垃圾的特性自行研发的国产焚烧炉取得重大进展。已开发应用的焚烧设备主要类型有如下几种。

（1）逆推式炉排炉 逆推式炉排炉是在消化吸收国外焚烧技术的基础上研制而成的，并于 2001 年年初在温州市东庄垃圾焚烧发电厂成功运行。单炉处理能力为 160t/d，蒸气量为 10～13t/h。东庄垃圾焚烧厂日处理生活垃圾 320t，总发电能力为 3000～4000kW，工程的总投资为 9000 万元，吨垃圾投资为 30 万元人民币。

（2）二段式炉排炉 二段式炉排焚烧炉在总结倾斜炉排运行实践的基础上，对其结构形式进行改进和完善，在原有倾斜炉排的基础上增加一段水平炉排。处理能力为 225t/d，是我国现阶段有运行业绩的最大的炉排焚烧炉（该炉已在临江垃圾焚烧发电厂运营成功）。

温州永强垃圾焚烧厂项目总投资为 2.5 亿元人民币，折算吨垃圾投资为 28 万元。采用了 4 台二段式炉排焚烧炉，总规模达到日处理生活垃圾 900t/d。该焚烧发电厂采用 4 炉 2 机设计方案。

主要设计参数如下：垃圾设计热值 5800kJ/kg，含水率 40%～60%；单台焚烧炉处理能力为 9.375t/h；单台锅炉蒸发量 16～18t/h。该项目于 2000 年底投入试运行，是我国用国产化设备建设的第一座中大型现代化垃圾焚烧发电厂，其运行实践将引起国内准备兴建垃圾焚烧厂城市的高度关注。

国产二段式炉排焚烧炉的特点：①二段式炉排焚烧炉适用于处理高水分、低热值的生活垃圾；②操作、维护、管理方便；③建设投资低，同等处理能力的设备费用仅为进口设备的 2/3；④机械化、自动化控制水平达到或接近国内引进技术装备的水平；⑤垃圾焚烧、烟气净化指标均达到国家标准。

（3）三段式炉排炉 三段式炉排炉在二段式的基础上，将炉排分为干燥段/燃烧段和燃尽段，燃尽段可分为水平布置和倾斜布置两种。以上海康恒-华光 L 型炉排（转让日立造船 L 型炉排技术）为例，由固定列和活动列交错布置，通过活动列的往复运行，推动垃圾运动。分为干燥、燃烧、燃尽三段，这三段炉排水平向下倾斜 15°布置，炉排块的运动方向为水平向上 10°。在燃烧炉排段上设置了剪切刀，剪切刀理论上能松散成团的垃圾。

4. 以国产化技术为主的循环流化床焚烧炉

近年来，我国引进的焚烧技术主要以炉排炉为主。在运行实践中，由于垃圾热值的季节性变化引起热值降低或水分增加的原因，有时不能保证足够的焚烧温度，而必须向炉内喷入辅助燃料。由于炉排炉不易以煤作为辅助燃料，这在一定程度上引起运行成本的提高。流化床焚烧炉可以以煤为辅助燃料，这直接促进了流化床垃圾焚烧技术的应用。已经建成的绍兴垃圾焚烧厂、哈尔滨垃圾焚烧厂等流化床焚烧炉相继投入运营。绍兴垃圾焚烧厂循环流化床焚烧炉为国内自主开发的技术，而哈尔滨垃圾焚烧厂流化床焚烧炉由日本直接提供关键设备与技术。太原、许昌、马鞍山、临沂等城市选择了以国产化技术为主的流化床焚烧炉。马鞍山垃圾电厂以流化床焚烧造纸废渣为主。临沂恒源垃圾焚烧热电厂采用混烧循环流化床焚烧炉 3 台来焚烧生活垃圾，单炉处理能力为 400t/d，主体设备焚烧锅炉由无锡锅炉厂制造，双螺旋垃圾破碎给料及拨料机由中国有色工程设计研究总院配套，工程总投资 2.8 亿元人民币，2004 年年底投入运营。按国外的经验，流化床焚烧炉要求处理的垃圾物料粒度均匀，一般要求<50mm，否则使流态化不正常。为此国外设计的流化床焚烧工艺要求垃圾进行预处理，其他大尺寸废料必须进行破碎、筛分，以满足流态化对粒度的要求。目前，我国已投产的有代表性的流化床炉的垃圾焚烧厂主要以掺煤混烧为主，采用结合国情设计的焚烧炉，预处理系统简单，自动化程度不高。由于我国垃圾分类不好，预处理十分困难，完全按照国外设计的流化床炉的垃圾焚烧厂难以达到理想的效果。

以太原大型千吨级的流化床焚烧炉的垃圾焚烧厂方案设计为例：项目总投资为 3.6 亿元人民币，折算吨垃圾投资为 36 万元。设计规模为 1000t/d，设计垃圾焚烧处理线 3 条，汽轮发电机 2 组。

其主要设计参数为：入炉混合垃圾设计热值 7524kJ/kg，掺煤量 5%～20%。根据未来垃圾热值的提高，逐渐做到少加或几乎不加煤。采用 3 炉 2 机模式，单台焚烧炉处理能力为 14.95t/h；单台锅炉蒸发量 35t/h；汽轮发电机为 10000kW/台。

工厂主要引进内容如下：垃圾受料给料系统（含双轴螺旋给料机及垃圾破碎机）、流化床布风及出渣、焚烧炉控制系统工艺软件包。

大型垃圾处理厂一般都具有良好的废热回收和尾气处理系统，烟气温度可以降低到除尘系统所能承受的温度。而对一些小型的垃圾焚烧设备来说，热能回收利用不易或几乎不可能，因此烟气在进入除尘系统之前，必须要经过降温设施。在垃圾焚烧炉设计时一般都对焚烧产生的烟气充分考虑，根据实际运行情况看，有些污染物成分在炉内焚烧过程中就可以去除或降低含量。如废气的脱臭在炉内 800～950℃ 停留 1s 左右即可去除；可能产生氧化氮的废物，应使炉内温度控制在 1500℃ 以下，如温度过高，可使 NO_x 急剧产生；如炉内温度达到 850～900℃，NO_x 几乎可以全部分解。

二、生活垃圾焚烧厂主要设备选择

1. 焚烧炉的选择

（1）流化床焚烧炉　流化床焚烧对垃圾的热值适应性广，农村垃圾和高热值工业塑料垃圾均可焚烧。但流化床焚烧炉对垃圾颗粒度要求很高，同时要求进料均匀；为了保证入炉垃圾的充分流化，对入炉垃圾的尺寸要求较为严格，要求垃圾在入炉前进行一系列筛选及粉碎等处理，使其颗粒尺寸均一化，一般破碎到 15cm。对操作运行及维护的要求高，操作运行及维护费用也高，垃圾预处理设备的投资成本较高；并且预处理中容易造成垃圾臭气外逸，产生环境污染。这些因素都制约着流化床焚烧技术在我国的广泛应用。

（2）回转窑焚烧炉　回转窑焚烧炉技术的燃烧设备主要是一个缓慢旋转的回转窑，其内壁可采用耐火砖砌筑，也可采用管式水冷壁，用以保护滚筒，回转窑直径为 4～6m，长度为 10～20m，可根据垃圾的焚烧量确定。回转窑式垃圾燃烧装置设备费用低，厂用电耗与其他燃烧方式相比也较少，但焚烧热值较低、含水分高的垃圾时有一定的难度。

（3）炉排型焚烧炉　炉排型焚烧炉技术发展较为成熟，这种焚烧炉因为具有对垃圾的预处理要求不高，对垃圾热值适应范围广，运行及维护简便等优点，许多国家都普遍采用这种燃烧技术。该类型焚烧炉型式很多，主要有固定炉排（主要是小型焚烧炉）、链条炉排、滚动炉排、倾斜顺推往复炉排、倾斜逆推往复炉排等。机械炉排焚烧炉是当前各国采用比较多的炉型，也是开发最早的炉型。它采用活式炉排，可使焚烧操作连续化、自动化，是目前在处理城市垃圾中使用最为广泛的焚烧炉。

欧美主要厂家的炉排选用范围见表 5-6，焚烧炉的性能比较见表 5-7。

表 5-6　欧美主要厂家的炉排选用范围

项目	ABB（W+E）	MARTIN	SEGHERS	STEINMüLLER	VONROLL	DBA/Manual Esmann/ML
炉排种类	往复式移动机械炉排					滚筒式
驱动方式	液压传动					电动
炉排倾角/(°)	0	26	20	12.5	18	20
机械负荷/[kg/(m²·h)]	150～350	300～500	200～400	200～450	150～450	200～400
炉余压差/Pa	460	550	250	420	400	325

表 5-7　焚烧炉的性能比较

比较项目	流化床焚烧炉技术	回转窑焚烧炉技术	炉排型焚烧炉技术	热解气化焚烧炉技术
主要应用地区	日本、美国	美国、丹麦、瑞士	欧洲、美国、日本	加拿大
处理能力	中小型 150t/d 以下	大中型 200t/d 以上	大型 200t/d 以上	中小型 150t/d 以下

续表

比较项目	流化床焚烧炉技术	回转窑焚烧炉技术	炉排型焚烧炉技术	热解气化焚烧炉技术
设计、制造水平	生产供应商有限	生产供应商有限	已成熟	生产供应商有限
燃料适应性	燃料的种类受到限制	燃料的种类受到限制	燃料适应性广	燃料适应性较广
对入炉垃圾要求	需分类破碎至 15cm 以下	除大件垃圾外不需分类破碎	除大件垃圾外一般不分类破碎	除大件垃圾外一般不分类破碎
燃烧性能	燃烧温度较低、燃烧效率较佳、燃烧稳定性一般、燃烧速度较快、烧尽率高	可高温安全燃烧、残灰颗粒小、燃烧稳定性一般、燃烧速度一般、燃尽率较高	燃烧可靠、余热利用较好、燃烧稳定性好、燃烧速度较快、燃尽率高	先热解、气化、再燃烧、燃烧稳定性较好、燃烧速度较慢、燃尽率高
炉内温度	流化床内燃烧温度 800～900℃	回转窑内 600～800℃、燃尽室温度为 1000～1200℃	垃圾层表面温度 800℃、烟气温度 800～1000℃	第 1 燃烧室 600～800℃、第 2 燃烧室 800～1000℃
垃圾停留时间	固体垃圾在炉中停留 1～2h，气体在炉中约几秒钟	固体垃圾在回转窑内停留 2～4h，气体在燃尽室约几秒钟	固体垃圾在炉中停留 1～3h，气体在炉中约几秒钟	固体垃圾在第 1 燃烧室 3～6h，气体在第 2 燃烧室约几秒钟
垃圾运动方式	炉内翻滚运动	回转窑内回转滚动	取决于炉排的运动	推进器推动
对高温腐蚀的防治	较难，尚无有效方法	较难，尚无有效方法	较难，尚无有效方法	较难，尚无有效方法
对污染的防治	较难	较难	较易	较易
炉体结构	瘦高型、体积大	长圆型、体积大	瘦高型、体积大	紧凑型、体积较大
运行操作费用	高	较低	较高	中
初投资	大	较大	大	较大
存在缺陷	操作运转技术高、需添加流动媒介、进料颗粒较小、单位处理量所需动力高、炉床材料易损坏	连接传动装置复杂、炉内耐火材料易损坏、焚烧热值较低、含水分高的垃圾时有一定的难度	操作运转技术高、炉排易损坏	对氧量、炉温控制有较高要求，对高水分的垃圾在无油助燃时不能稳定燃烧

当采购国外进口焚烧炉及配套设备时，还需注意因国外气候条件、垃圾成分等要素的差异而带来的设备工况设置差异，或者能够对进口焚烧工艺进行"设备工艺本土化"、"运行管理本土化"工作，例如，焚烧系统及配套设备的运行环境温度要求、湿度要求、环境粉尘限值、进料波动、电源电压规格、振动干扰、设备配件接口规格等问题。另外，中国范围内各个省市县的地理气象条件也存在较大差异，例如，沙尘区与低尘区、潮湿区与干旱区的环境条件有所不同，在设备选型时应甄别对待，以增强设备的适应性与使用寿命。

2. 焚烧炉的设计

现代垃圾焚烧炉的设计，同时需兼顾垃圾焚毁、尾气防控、发电利用三方面的需求，而这三方面的需求在焚烧工况指标设定上并不是完全一致的。另一方面，垃圾焚烧炉又不同于燃煤锅炉或传统的固废焚烧炉，由于生活垃圾成分、热值的不稳定性，增加了焚烧炉工况控制的难度；垃圾中有害成分的存在，也提高了对焚烧设备耐腐蚀性的要求。

焚烧炉的设计主要与被烧垃圾的性质、处理规模、处理能力、炉排的机械负荷和热负荷、燃烧室热负荷、燃烧室出口温度和烟气滞留时间、热灼减率等因素有关。

（1）垃圾性质 垃圾焚烧与垃圾的性质有密切关系，包括垃圾的"三成分"（水分、灰分、可燃分）、化学成分、低位热值、相对密度等。同时由于垃圾的主要性质随人们生活水平、生活习惯、环保政策、产业结构等因素的变化而变化，所以必须尽量准确地预测在此焚烧厂服务时间内的垃圾性质的变化情况，从而正确地选择设备，提高投资效率。

为使设备容量得到充分利用，一船采用工厂使用期的中间年的垃圾性质和垃圾量作为设计基准，并且可以采用分期建设的情况进行。

（2）处理规模 焚烧炉处理规模一般以每天或每小时处理垃圾的重量和烟气流量来确定，必须同时考虑这两者因素，即使是同样重量的垃圾，性质不同，也会产生不同的烟气量，而烟气量将直接决定焚烧炉后续处理设备的规模。一般而言，垃圾的低位热值越高，单位垃圾产生的烟气量越多。

（3）处理能力 垃圾焚烧厂的处理能力随垃圾性质、焚烧灰渣、助燃条件等的变化而在一定范围内变化。一般采用垃圾焚烧图来表示焚烧炉的焚烧能力。图 5-2 为日处理能力1000t 的焚烧厂的燃烧图。从图中可以看出：其处理能力随着垃圾热值、有无助燃等条件的改变而变化。

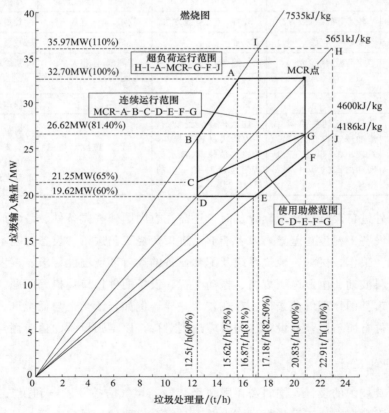

图 5-2　日处理能力 1000t 的焚烧厂的燃烧图

（4）炉排的机械负荷和热负荷 炉排机械负荷是表示单位炉排面积的垃圾燃烧速度的指标，即单位炉排面积、单位时间内燃烧的垃圾量 $[kg/(m^2 \cdot h)]$。炉排机械负荷是垃圾焚烧炉设计的重要指标，当衡量垃圾焚烧炉的处理能力时，不仅要考虑炉排面积，还要考虑炉型、结构等其他因素。

一般而言，炉排机械负荷的选择有下述原则：①高水分低热值垃圾采用的炉排机械负荷值较低；②焚烧炉渣的热灼减率值低时，要求机械负荷值要低；③燃烧空气预热温度越高，机械负荷值越高；④每台炉的规模越大，机械负荷值也越高；⑤水平炉排比倾斜炉排的机械负荷值稍低。

（5）燃烧室热负荷　燃烧室热负荷是衡量单位时间内、单位容积所承受热量的指标，包括一次燃烧室和二次燃烧室。热负荷值的一般在 $8 \times 10^4 \sim 15 \times 10^4 \mathrm{kcal/(m^3 \cdot h)}$（$1 \mathrm{kcal} \approx 4185.9 \mathrm{J}$，下同）的范围内。

燃烧室热负荷的大小即表示燃烧火焰在燃烧室内的充满程度。燃烧室过大，热负荷偏小，炉壁的散热过大，炉温偏低，炉内火焰充满不足，燃烧不稳定，也容易使焚烧炉渣热灼减率值较高。

（6）燃烧室出口温度和烟气滞留时间　一般要求大中型焚烧炉的燃烧室的出口温度为 $850 \sim 650 ℃$，且在此温度域的停留时间为 $2 \mathrm{s}$；从垃圾臭气焚烧分解角度来看，则要求燃烧温度在 $700 ℃$ 以上，停留时间大于 $0.5 \mathrm{s}$。燃烧温度过低，烟气滞留时间过短，则可能会产生不完全燃烧现象。但同时要注意燃烧温度过高，不仅容易烧坏炉壁、炉排，使垃圾熔融结块，堵塞锅炉热交换管和烟道，影响正常运行，而且同时会产生过多的氧化氮。因此，一般设计燃烧室的出口温度在 $800 \sim 950 ℃$ 范围内。

（7）热灼减率　炉渣的热灼减率是衡量焚烧炉渣无害化程度的重要指标，也是炉排机械负荷设计的主要指标。如图 5-3 所示，焚烧炉渣的热灼减率是指焚烧炉渣中的未燃尽分的重量。

目前焚烧炉设计时的炉渣热灼减率一般在 5％ 以下，大型连续运行的焚烧炉也有要求在 3％ 以下。

3. 余热利用设备的选择

垃圾焚烧后产生了大量的高温烟气，这些热能必须要有效回收和利用，而且后阶段烟气处理的除尘设备的入口温度有一定的限制，如袋式除尘器入口温度一般为 $160 ℃$，这就有必要将烟气温度降低到一定的水平。烟气冷却方法很多，其中

图 5-3　焚烧炉渣的热灼减率概念图

之一就是在尾部布置空气预热器，不仅降低了排烟温度而更主要的是把冷风变为有一定温度的热风再送入炉内以提高垃圾的燃烧效率，特别是焚烧高水分、低热值的生活垃圾时，提高进入垃圾焚烧炉的助燃空气温度是有效措施之一。更主要的一种方法就是配置余热锅炉，将焚烧炉中的高温烟气的热量回收，以获得一定压力和温度的热水或蒸汽，用于供热或发电。

余热锅炉主要有烟道式余热锅炉和炉锅一体式余热锅炉。采用烟道式余热锅炉的垃圾焚烧炉一般容量较小，烟气进入烟道式余热锅炉前，已实现了全部焚烧放热过程，进入余热锅炉仅仅是进行热交换，降低烟温而实现了余热利用。

炉锅一体式余热锅炉实际上就是垃圾焚烧炉和余热锅炉很自然地连接在一起的一种以垃圾为燃料的锅炉。在这种情况下，往往由余热锅炉的水冷壁构成垃圾焚烧炉燃烧炉室和

炉膛的全部或部分外壁。有的炉排炉设计采用水冷壁构筑成垃圾焚烧炉的前、后拱，并且在燃烧室或炉膛内布置了多排二次风。这种炉锅一体式余热锅炉与通常工业、发电用炉排锅炉相似，但是这种垃圾锅炉的炉膛、燃尽室、炉墙、炉排、配风、进推料系统和燃烧控制系统等必须针对各类垃圾的燃烧特性进行特殊的设计。所选用的过量空气系数比其他燃料要高。过量空气系数对垃圾燃烧状况影响很大，增大过量空气系数，不但可以提供过量的氧气，而且可以增加炉内的湍流度，有利于燃烧。但过大的过量空气系数可能使炉内的温度降低，给燃烧带来副作用，而且还会增加输送空气及预热空气所需的能量，因此一般过量空气系数取 1.7～2.2 为宜。另外，要采用特殊的二次风设计使燃烧尽可能充分，以便炉膛出口处 CO 含量不超过 40～60mg/m³。根据一体式余热锅炉容量大小的不同，可以有快装、组装及散装等型式。

第六章 生活垃圾焚烧工艺

第一节 生活垃圾焚烧工艺概述

垃圾焚烧发电系统主要由垃圾接受系统、焚烧系统、余热锅炉系统、燃烧空气系统、汽轮发电系统、烟气净化系统、灰渣、渗滤液处理系统、蒸汽及冷凝水系统、废金属回收、自动控制和仪表系统等组成。其典型的工艺流程见图6-1和图6-2。

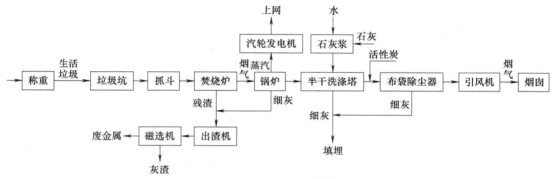

图 6-1 垃圾发电工艺流程

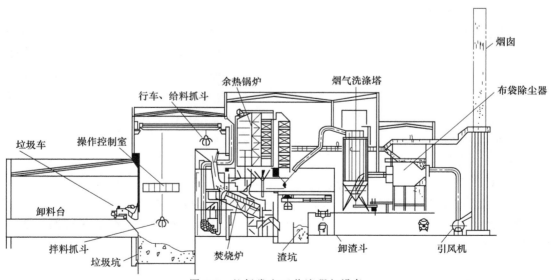

图 6-2 垃圾发电工艺流程与设备

本章的焚烧系统主要着重于垃圾的焚烧过程，从吊车将垃圾从垃圾贮坑吊入焚烧炉开始、燃烧（干燥、燃烧、燃尽）、出渣、燃烧气体的完全燃烧以及助燃和空气供应（一次助燃空气和二次助燃空气）等工艺。

第二节 生活垃圾焚烧主体工艺

一、概述

焚烧系统是整个工艺系统的核心系统，是固体废物进行蒸发、干燥、热分解和燃烧的场所，包括焚烧废物和燃烧气体的接收、燃烧、出渣以及助燃空气的供应。焚烧系统的主要设备是焚烧炉，如炉排焚烧炉（有固定、水平链条和倾斜机械炉）、炉床型焚烧炉、流化床焚烧炉、回转式焚烧炉、立式焚烧炉、离子焚烧炉、电子束焚烧炉等，其使用寿命一般为 20 年左右。在现代生活垃圾焚烧工艺中，应用较多的是水平链条炉排焚烧炉和倾斜机械炉排焚烧炉。

二、焚烧系统

一般而言，生活垃圾的燃烧过程包括以下一些过程：①固体表面的水分蒸发；②固体内部的水分蒸发；③固体中的挥发性成分着火燃烧；④固体碳素的表面燃烧；⑤完成燃烧。前两项为干燥过程；后三项为燃烧过程。同时燃烧又可分为一次燃烧和二次燃烧。一次燃烧是燃烧的开始，但二次燃烧是完成整个燃烧过程的重要阶段。对于固体燃料，包括生活垃圾，它的燃烧主要以分解燃烧为主，仅靠送入一次助燃空气难以完成整个燃烧反应。一次助燃空气的作用是使挥发性成分中易燃部分燃烧，同时使高分子成分分解。在一次燃烧中，燃烧产物 CO_2 有时也会被还原，燃烧反应受温度的影响很大。垃圾焚烧炉的燃烧温度在 800～1000℃范围内燃烧反应最快。

二次燃烧的燃物是一次燃烧过程产生的可燃性气体和颗粒态碳素等产物。二次燃烧为气态的燃烧，一般为均相燃烧。二次燃烧是否完全，可以根据 CO 浓度来判断。而二次燃烧对抑制二噁英产生非常重要。因此，焚烧工艺必须根据上述燃烧的机理和特点来设计。

针对垃圾焚烧发电工艺，其首要目标是生活垃圾的"减量化、无害化、资源化、稳定化"。因此，对垃圾在焚烧炉内燃烧提出了严格的要求，其具体工艺技术参数如下。

① 燃烧温度：850℃以上（最好 900℃以上）。

② 烟气滞留时间：2s 以上。

③ CO 浓度：$30 \times 10^{-6} g/m^3$ 以下（4h 平均值）。

④ 稳定燃烧：尽量避免产生 $100 \times 10^{-6} g/m^3$ 以上的 CO 瞬时浓度。

⑤ 日常管理：设置温度计、CO 连续分析仪、O_2 连续分析仪等对燃烧过程的参数进行实时检测并监控。

三、助燃系统

垃圾焚烧炉助燃空气的主要作用如下：①提供适量风量和风温来烘干垃圾，为垃圾着火准备条件；②提供垃圾充分燃烧和燃尽的空气量；③促使炉膛内烟气的充分扰动，使炉膛出口 CO 含量降低；④提供炉墙冷却风，以防炉渣在炉墙上结焦；⑤冷却炉排，避免炉排过热变形。

1. 助燃空气系统的构成

助燃空气主要包括一次助燃空气（炉排下送入）、二次助燃空气（二次燃烧室喷入）、辅助燃油所需的空气以及炉墙密封冷却空气等。由于辅助燃油只使用于焚烧炉的启动、停炉和进炉垃圾热值过低等的情况下，一般在垃圾焚烧炉的正常运行中并不增加空气消耗量，所以一般在设计送风机风量时可不予考虑。

（1）一次助燃空气系统 一次助燃空气系统服务区域包括干燥段（或点火段）、燃烧段（或主燃烧段）和燃尽段（或后燃烧段），送往各区段的空气量随着区段的需求而改变，可根据燃烧控制器与炉排运动速度、废气中氧气及一氧化碳含量、蒸汽流量及炉内温度进行精密连控。一次助燃空气先经过空气预热器预热，通常在垃圾贮坑的上方抽取。

（2）二次助燃空气系统 二次助燃空气主要是为了加强燃烧室中气体的扰动，促使未燃气体燃尽，增加烟气在炉膛中的停留时间以及调节炉膛的温度等。经过预热后二次助燃空气从位于前方或后方炉壁上一系列的喷嘴送入炉内，其流量占整个助燃空气量的20%～40%。二次助燃空气主要抽自垃圾贮坑，有时也直接取自室内或炉渣贮坑。同时一次助燃空气和二次助燃空气的空气预热器需单独使用，以便满足不同的温度需求。

（3）辅助燃油燃烧系统 辅助燃油燃烧系统主要用于提供在开机、停机过程中所需辅助的热量，及在垃圾热值过低时为维持炉内的最低燃烧温度而需补充的热量。它主要由位于炉体及炉壁的辅助燃烧器、贮油罐及空气管线等组成。

2. 助燃空气送风方式

助燃空气系统中最主要的设备是送风机，其目的是将助燃空气送入垃圾焚烧炉内。另外，根据垃圾焚烧炉构造不同及空气利用的目的不同，可以分为冷却用送风机和主燃烧用送风机，冷却用送风机主要是使炉壁冷却，以提供防止灰渣熔融结垢所需的冷空气。主燃烧用送风机提供燃料燃烧所需的空气，是燃料正常燃烧的保证。

（1）分流方式和分离方式 一次、二次燃烧用空气可以由一台送风机送风，经过分流后成为一次、二次助燃空气（即分流方式，见图 6-3），也可以由两台送风机独立送风（即分离方式，见图 6-4）。

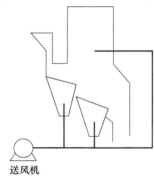

图 6-3 分流方式

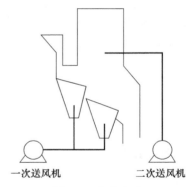

图 6-4 分离方式

分离方式的优点是可以根据一、二次风所需的不同风量、温度等条件单独控制，操作较为灵活；缺点是设备的投资相对较高。而分流方式则刚好相反。

（2）一次助燃空气送风　一次助燃空气送风方式主要有两种：统仓送风和分仓送风。由于垃圾在炉排上的燃烧是分阶段、分区进行的，所以沿炉排长度方向所需的空气量并不相同。在炉排干燥段，主要用于烘干垃圾中的水分，因此助燃空气量和空气温度根据垃圾中的含水量确定；在燃烧段，主要用于析出挥发物的燃烧和焦炭的燃烧，所以需要送入大量的空气；在最后的燃尽段，主要用于炉排冷却送风，所以需要的空气量不大。随着垃圾在焚烧炉上的推移，炉排上垃圾料层厚度逐渐减少，因此沿垃圾走向料层的空气阻力逐渐降低。统仓送风使得风量随炉排后端距离的增加而加大，从而造成炉排后端空气量太多，而中间空气量不足，既增加了化学未完全燃烧损失和机械未完全燃烧损失，又使得很大一部分热量随着未被利用的空气带走，造成排烟损失增加。而分仓送风则较好地解决了这个问题，将炉排下分成几个区域，互相隔开，分成不同的风室，通过每个风室送入炉排的风量可以单独进行调节，更好地满足了各燃烧区域所需要的风量，提高了燃烧效率，而且分仓送风还可以对不同性质的垃圾按实际需要调节炉排各段的送风量。

（3）二次助燃空气送风　炉排即使采用分仓送风，在炉膛的气体成分中仍然含有不少可燃气体，而且大量的燃烧气体产物从炉层中还带起许多未燃颗粒，由于炉排中间送风量大，因此这些未燃颗粒大部分集中在炉膛中部。由铺排炉的燃烧特性可知：炉膛中部空间处于缺氧状态，而炉膛的后（或前）部氧气过剩，分段送风并不能完全消除氧气供应的不均匀。而二次风的使用可有效解决这个问题。所谓二次风主要是将燃烧所需要的部分空气用某种方法从炉排上部送入炉腔中，用以搅拌炉内气体使之与氧气混合。二次风的作用如下：①加强炉内的氧同不完全燃烧产物充分混合，使化学不完全燃烧损失和炉膛过剩空气系数降低；②由于二次风在炉膛内易造成旋涡，可以延长悬浮的未燃颗粒及未燃气体在炉膛中的行程（即增加烟气在炉膛中的停留时间），使飞灰不完全燃烧损失降低；③炉膛中的颗粒充分燃烧后，其相对密度增大，再加上气体的旋涡分离作用，可降低飞灰量。

但要清楚的是：采用二次风主要并不是为了补充空气，而是搅拌烟气，加强炉膛中气体的扰动。"二次风"可以是空气，也可以利用其他介质如蒸汽等。由于空气既能促进混合，又可以补充燃烧的空气需求，因此使用较普遍，但需要配备一台压力较高的风机。利用蒸汽作"二次风"主要是为了引起炉膛内产生的旋涡，使可燃气体与过剩氧混合，改变炉膛内气体的不均匀状况，达到完全燃烧，减少未完全燃烧损失。另外一种方式是采用"蒸汽引射二次风"，主要原理是高速度的蒸汽喷入炉膛时造成喷嘴附近的负压区，从而带动空气也以较高速度由空气管喷入炉膛。

第三节　生活垃圾焚烧辅助工艺

一、前处理工艺

垃圾的前处理及供料是整个垃圾焚烧厂的关键部分之一，直接影响焚烧炉的出力及整个系统的安全稳定运行。

1. 称重、卸料、贮存环节

（1）垃圾称重 垃圾由收集车从垃圾收集点或垃圾中转站装车后送到垃圾焚烧厂，所有进出厂的垃圾车都必须经过地磅称重计量并记录各车的重量及空车重量。一般可设置两台地磅，一进一出，两地磅应靠近设置，以方便操作人员管理。地磅输出的信号将连接中央控制电脑数据库，方便记录时间、车辆编号、总重和净重等数据。

（2）垃圾卸料 垃圾车经称量后，驶向垃圾卸料区。卸料区一般为室内布置，进出口设置气幕机，以防止卸料区臭气外逸以及苍蝇飞虫进入。进入卸料区的垃圾车依据信号指示灯，倒车至指定的卸料台，此时垃圾贮坑的液压卸料门自动开启，垃圾倒入坑内。当垃圾车开出一定距离时卸料门自动关闭，以保持垃圾贮坑中的臭味不外逸。为了保障安全，在垃圾卸料口设置阻位拦嵌，以防垃圾车翻入垃圾坑。

（3）垃圾贮存 垃圾车进入卸料区通过自动门卸入垃圾坑，卸料区可根据实际需要设置多个卸料车位。一般垃圾坑需容纳 7d 左右的垃圾处理量，垃圾坑为钢筋混凝土结构，垃圾储坑内的上方空间设有抽气系统，以控制臭味和甲烷气的积聚，并使垃圾储坑区保持负压。通风口位于焚烧炉进料斗的上方，所抽出的空气作为焚烧炉的燃烧空气。由于垃圾含有较高水分，在垃圾储坑内将有部分水分从垃圾中渗出，因此储坑底部为倾斜设计，以收集渗出的污水排入渗沥水坑，由泵送至厂内污水处理系统。

在垃圾贮坑的上面设置了抓斗，一用一备，用于垃圾坑内垃圾搅拌以及向焚烧炉喂料。

垃圾抓斗由操作人员在垃圾贮坑上部中间位置的操作室内进行操作，操作过程应避免抓斗与焚烧炉料斗及操作室的碰撞。

操作室内需保持良好的通风条件，呈微正压密闭状态，保持不断地向室内注入新鲜空气。一般在抓斗处可自身配备自动称量系统，从而累计进焚烧炉的垃圾量，以便掌握垃圾焚烧总量。

焚烧炉料斗的上方可设置电视监视器，操作人员可在操作室内清楚地看到料斗中垃圾的料位，以便及时加料和保持料斗中必需的料位高度，防止产生逆燃现象。

2. 破碎、分选、上料输送环节

因垃圾成分的复杂，为使更少的杂质进入焚烧炉，对垃圾的分选和破碎是垃圾预处理中的关键环节。通过破碎满足焚烧炉所要求的尺寸；通过分选除去垃圾中的金属、瓦砾和玻璃等不燃物，使入炉垃圾的可燃物质所占比例尽可能地大。如果垃圾的破碎、分选环节完成得好，就会使垃圾给料均匀、炉前进料热值波动小；减少炉渣的生成量，并在一定程度上抑制二噁英等污染物的生成。

分选包括人工分选和机械分选，人工分选可以将垃圾中的一些有用物质回收（如废纸、金属、玻璃及塑料类）。为了减少人力，目前有多种机械分选方式。机械分选的原理有重力、风力、磁力、离心力等。通过机械分选，可以减少垃圾中的不可燃成分，从而提高垃圾焚烧炉的燃烧稳定性和日处理能力，减轻尾气处理的压力，降低辅助燃料的消耗和焚烧处理成本，从而提高发电效率。

由于固体废物形状的复杂性，有的外形尺寸较大或不规则，为了便于后续的焚烧处理，需对固体废物进行破碎预处理。破碎机根据原理的不同分为冲击式、压缩式、摩擦式和剪断式等。冲击式破碎机一般由带击锤的转轴将物品破碎，一般适合于砂石、煤块、金属等脆硬性物质，在处理垃圾中，可以用于破碎家具、钢筋混凝土及大型金属和废塑料制品等；压缩式破碎机凭借两条紧密结合的履带将废弃物压缩并破碎，适用于玻璃、水泥和硬塑料等脆性材料；摩擦式破碎机靠在两个硬的表面间互相摩擦将垃圾破碎；剪断式破碎机将废弃物压碎并剪断，适合于处理回转式破碎机无法破碎的汽车轮胎、大口径木材、金属类制品的切断。实际工艺过程中应综合考虑设备的破碎能力、固体废物的性质和颗粒的大小、对破碎产品粒径大小及形状的要求、安装操作现场等因素选择废物破碎设备。

传送系统包括输送带及其附属电机等，是垃圾在各设备间流动的重要设备。由于垃圾密度小，比较疏松，且有重物质，在传送中易发生洒落或下滑，因此垃圾处理的传送需要特殊设计。根据垃圾特性，传送带有特殊的形状和坡度，并有防止垃圾向侧面滑离的挡板。为了防止臭气，传送带可考虑放在密封罩内。

焚烧炉进料系统分为间歇式与连续式两种。因为连续进料有许多优点，如炉容量大、燃烧带温度高、易于控制等，所以现代大型焚烧炉均采用连续进料方式。连续进料是由一台抓头吊车将废物由贮料仓中提升，卸入炉前给料斗。料斗常常处于充满状态，以保证燃烧室的密封。料斗中废物再通过导管，由重力作用给入燃烧室，提供连续的物料流。

二、余热利用

生活垃圾被焚烧过程中释放出大量热量——焚烧余热，在能源日益紧张的今天，如何有效利用此余热已成为关注的焦点。目前一般通过能量再转换等形式加以回收利用，这样不仅能满足垃圾焚烧厂自身设备运转的需要，降低运行成本，而且还能向外界提供热能和动力，以获得较为可观的经济效益。

垃圾焚烧处理的余热利用要适应社会经济发展。与先进国家相比，垃圾焚烧技术在我国整整落后了 30～50 年。但这也使我国有条件在引进先进技术、学习先进规划的基础上，有方向、有针对性地发展垃圾焚烧和余热利用设备。

焚烧处理垃圾的热利用形式有回收热量（如热气体、蒸汽、热水）、余热发电及热电联用三大类型。

1. 直接热能利用

典型的直接热能利用形式是将垃圾焚烧产生的烟气余热转换为蒸汽、热水和热空气。将焚烧炉产生的烟气热量通过余热锅炉转换为一定压力和温度的热水、蒸汽以及一定温度的助燃空气，向外界直接提供。这种形式热利用率高、设备投资省，尤其适用于小规模（日处理量＜100t/d）垃圾焚烧设备和垃圾热值较低的小型垃圾焚烧厂。热水和蒸汽除提供垃圾焚烧厂本身生活和生产需要外，还可向外界小型企业或农业用户提供蒸汽和水，供暖和制冷，供蔬菜、瓜果和鲜花暖棚用热。

但是这种余热利用形式受垃圾焚烧厂自身需要热量和垃圾焚烧厂与居民之间距离的影响，在建厂规划期就需做好综合利用的规划，否则很难实现良好的供需关系。

2. 余热发电

随着垃圾量和垃圾热值的提高，直接热能利用受设备本身和热用户需求量的限制。为了充分利用余热，将其转化为电能是最大有效的途径之一。将热能转换为高品位的电能，不仅能远距离传递，而且提供量基本不受用户需求量的限制，垃圾焚烧厂建设也可以相对集中，向大规模、大型化方面发展，从而有利于提高整个设备利用率和降低相对吨垃圾的投资额。

垃圾焚烧炉和余热锅炉多数为一个组合体。余热锅炉的第一烟道是垃圾焚烧炉炉腔。在余热锅炉中，主要燃料是生活垃圾，转换能量的中间介质为水。垃圾焚烧产生的热量被工质吸收，未饱和水吸收烟气热量成为具一定压力和温度的过热蒸汽，过热蒸汽驱动汽轮发电机组，热能被转换为电能。目前世界上采用焚烧发电形式的生活垃圾焚烧厂无论是在数量还是规模上都发展较快，而且随着垃圾热值的提高，将越来越被重视。

3. 热电联供

实践表明，在热能转变为电能的过程中，热能损失较大，它取决于垃圾热值、余热锅炉热效率以及汽轮发电机组的热效率。如果采用热电联供，可大大提高热利用率。这主要是由于蒸汽发电过程中，汽轮机、发电机的效率占去较大的份额（62％～67％），而直接供热，就相当于把热量全部供给热用户（当供热蒸汽不收回时）或只回收返回热电厂低温水的热量（当采用热交换供热时），所以采用直接供热的热利用效率高。可见，在垃圾焚烧厂中，供热比率越大，热利用率越高。

三、自控、监测系统

垃圾焚烧厂内自动控制系统的正常运行是保证整个焚烧厂安全、稳定、高效运行的重要保证，同时自控系统可减轻操作人员的劳动强度，最大限度地发挥工厂性能。通过监视整个厂区各设备的运行，将各操作过程的信息迅速集中，并做出在线反馈，为工厂的运行提供最佳的运行管理信息。

近年来，以微机为基础的集散型控制系统（distributed control system，DCS）以及可编程控制器（programmable loop controller，PLC）等技术的先进性及社会经济效益越来越得到人们的认可，在大型垃圾焚烧厂自控系统中，一般也选用此控制系统。DSC系统的运作方式与人的大脑工作方式相仿，具体运作方式见图6-5。

图 6-5　DCS 系统的运作

垃圾焚烧厂的典型自动控制对象包括称重及车辆管制自动控制、吊车的自动运行、炉渣吊车的自动控制、自动燃烧系统、焚烧炉的自动启动和停炉，以及实现多变量控制的模糊数学控制。

四、电气工程

垃圾焚烧厂的电气工程范围主要包括接入系统工程，发电机一次部分、发电机二次部分，升压站，厂用电部分以及辅助建筑设施的配电和电气控制、照明、防雷接地等。

垃圾焚烧厂的厂用电负荷主要由如下几部分构成：焚烧线部分（包括垃圾焚烧锅炉、燃烧空气系统、烟气净化系统、除渣与除灰系统等用电负荷）；垃圾输送与存储部分（包括垃圾计量系统、垃圾破碎、垃圾抓斗起重机及垃圾卸料门等用电负荷）；汽轮机与热力系统部分（包括汽轮发电机及辅机系统、热力系统等用电负荷）；全厂控制系统部分［包括 DSC 系统、检测与报警系统、工业电视系统、厂级监控信息系统（SIS）等用电负荷］；电气系统部分（二次线及继电保护、直流系统、UPS 系统、自动装置等用电负荷）；公用工程部分（包括循环水系统、压缩空气系统、供油系统、化学水处理系统、污水处理系统、消防系统、采暖通风机空调系统、照明系统、化验与维修等用电负荷）。

第四节　生活垃圾焚烧相关环保工程

一、烟气净化

1. 焚烧烟气的特点与组成

焚烧是一个非常复杂的过程，焚烧产生的烟气中含有大量的污染物质，烟气需经净化处理后方可排放。烟气中含有的污染物的成分和含量受多种因素的影响，包括废物的种类、焚烧炉形式、燃烧温度、供气量、废物进料方式等。焚烧烟气中主要污染物质可分为以下几类。

（1）颗粒污染物　也就是通常所称的粉尘，它包括生活垃圾中的惰性金属盐类、金属氧化物或不完全燃烧物质等，其中粒径小于 $3\mu m$ 的颗粒会含有一定量的重金属。

（2）酸性气态污染物　主要包括氯化氢、氟化氢、硫氧化物（二氧化硫及三氧化硫）、氮氧化物（NO_x），以及五氧化二磷（P_2O_5）和磷酸（H_3PO_4）等。

（3）重金属污染物　包括铅、汞、铬、镉、砷等的元素态、氧化态、氯化物等，还包括一些沸点较低的金属的气化物，如汞蒸气等。

（4）有机剧毒性污染物　主要是指二噁英类污染物（PCDDs/PCDFs）。这里需要特别提到的是，二噁英类有机污染物是到目前为止发现的毒性最强的物质，其中尤以 T_4CDD（2,3,7,8-TCDD）的毒性最强。二噁英类物质在水中的溶解度相当低（如 T_4CDD 在 $25℃$ 时在水中的溶解度为 $0.0002mg/L$），而且它们在 $704℃$ 以下均对热稳定。二噁英类物质的毒性、稳定性和不溶于水的特性，决定了此类物质对人类和周围环境存在着直接的或间接的巨大危害。

上述四类污染物在焚烧烟气中的浓度都比较低，一般为 10^{-6} 或 10^{-9} 数量级。

焚烧气的组成和特点决定了焚烧系统的烟气处理设备与一般的空气处理设备既有相同的地方，又有其特殊性，净化装置必须效率高，且要具有耐高温和耐酸腐蚀的能力，设计时需要专门的经验。

2. 焚烧烟气污染物的形成机理

（1）颗粒污染物（粉尘）　焚烧烟气中粉尘的主要成分为惰性无机物质，如灰分、无机盐类、可凝结的气体污染物质及有害的重金属氧化物，其含量在 $450 \sim 22500 \mathrm{mg/m^3}$ 之间，视运转条件、生活垃圾种类、焚烧炉型式及管理水平等因素而异。在焚烧过程中所产生的颗粒污染物根据其形成机理大致可分为以下三类。

① 生活垃圾中的不可燃物。与其他固体物质的燃烧一样，生活垃圾在焚烧过程中由于高温热分解、氧化的作用，燃烧物及其产物的体积和粒度都大大减小，其中的不可燃物质大部分滞留在炉排上以炉渣的形式成为底灰排出，而一小部分质小体轻的粒状物则随废气而排出炉外成为飞灰。飞灰所占的比例随焚烧炉操作条件（送风量、炉温等）、粒状物粒径分布、形状与其密度而定。颗粒物的粒径大小是决定其毒性作用的主要因素。实验表明，小于 $1.1 \mu\mathrm{m}$ 的颗粒很容易进入肺泡，吸附在细颗粒上的有害物质会被人体吸收到血液中，颗粒粒径越小，致突变活性越高。细颗粒中含重金属所产生的粒状物粒径一般大于 $10 \mu\mathrm{m}$。

② 部分无机盐类在高温下氧化而排出，在炉外遇热而凝结成粒状物，或二氧化硫在低温下遇水滴而形成硫酸盐雾状微粒等。

③ 未燃烧完全而产生的碳颗粒与煤烟，粒径在 $0.1 \sim 10 \mu\mathrm{m}$ 之间。由于颗粒微细，难以去除，最好的控制方法是在高温下使其氧化分解。依据煤炭燃烧的研究结果，降低火焰高温区温度，增加过量空气比，减少火焰与废气的温降速率，而且加入添加物以促进冷凝核的形成等因素，都有助于减少小粒径粒状污染物的形成。

一般来说，生活垃圾中灰分含量高时所产生的粉尘量多，颗粒大小的分布亦广，液体焚烧炉产生的粉尘较少。粉尘颗粒的直径大至 $100 \mu\mathrm{m}$ 以上，小至 $1 \mu\mathrm{m}$ 以下，由于送至焚烧炉的生活垃圾来自各种不同的产业，焚烧烟气所带走的粉尘及雾滴特性和一般工业尾气类似。

（2）酸性气态污染物

① 氯化氢及其他卤化氢。常温下，HCl 为无色气体，有刺激性气味，极易溶于水而形成盐酸。HCl 对人体的危害很大，对于植物，HCl 会导致叶子褪绿，进而出现变黄、棕、红至黑色的坏死现象。HCl 对余热锅炉会造成过热器高温腐蚀和尾部受热面的低温腐蚀，例如，深圳市垃圾焚烧炉过热器曾经只运行 100d 就被 HCl 高温腐蚀损毁。

一般认为垃圾焚烧炉烟气中 HCl 的来源有 2 个：①垃圾中的有机氯化物，如 PVC 塑料、橡胶、皮革等燃烧时分解生成 HCl；②垃圾中的厨余［含有大量食盐（NaCl）］、纸张、布等在焚烧过程中也可能与其他物质反应生成大量氯化氢气体。有观点认为，生活垃圾中的无机氯化物（主要是 NaCl）不仅数量大而且是垃圾焚烧炉烟气中 HCl 的一个主要来源。以 NaCl 为例，氯化氢的生成机理为：

$$2\mathrm{NaCl} + n\mathrm{SiO_2} + \mathrm{Al_2O_3} + \mathrm{H_2O} \longrightarrow 2\mathrm{HCl} + \mathrm{Na_2O(SiO_2)}_n \cdot \mathrm{Al_2O_3} \tag{6-1}$$

$$NaCl + mSiO_2 + H_2O \longrightarrow 2HCl + Na_2O(SiO_2)_m \tag{6-2}$$

式中，$n=4$，$m=4$ 或 2。

而当生活垃圾中 NaCl、N、S 水分含量较高时，HCl 的生成机理为：

$$2NaCl + SO_2 + 0.5O_2 + H_2O \longrightarrow 2HCl + Na_2SO_4 \tag{6-3}$$

$$2HCl + 0.5O_2 \longrightarrow Cl_2 + H_2O \tag{6-4}$$

氟化氢以及其他卤化氢的产生机理与此类似。

② 硫氧化物。硫氧化物来源于含硫生活垃圾的高温氧化过程。另外，一些垃圾焚烧炉需要燃煤为辅助燃料以稳定燃烧，这也造成较多的 SO_x 产生。SO_x 中大部分是 SO_2，对大气污染危害较大。以含硫有机物为例，SO_x 的产生机理如下所示：

$$C_xH_yO_zS_p + O_2 \longrightarrow CO_2\uparrow + H_2O\uparrow + SO_2 + 不完全燃烧产物 \tag{6-5}$$

$$2SO_2 + O_2 \longrightarrow 2SO_3 \tag{6-6}$$

由于城市垃圾中含硫量很低（$<0.1\%$），在垃圾焚烧气中，主要的酸性气态污染物是氯化氢、卤化氢和氮氧化物（NO_x），而硫氧化物（SO_x）的含量相对较低。

③ 氮氧化物。焚烧气中的 NO 有两种来源：a. 空气中的 N_2 在高温下被氧化产生热氮型 NO_x，焚烧温度越高，由该途径产生的 NO_x 就会越多；b. 垃圾中含氮物质被氧化产生燃料型 NO_x，由该途径产生的 NO_x 量取决于垃圾中含氮物质量的多少。

NO_x 中 NO 的比例通常高达 95%，NO_2 往往仅占很少一部分。NO_x 的产生机理可用下式表示：

$$2N_2 + 3O_2 \longrightarrow 2NO\uparrow + 2NO_2\uparrow \tag{6-7}$$

$$C_xH_yO_zN_w + O_2 \longrightarrow CO_2\uparrow + H_2O\uparrow + NO\uparrow + NO_2\uparrow + 不完全燃烧产物 \tag{6-8}$$

为了减少 NO_x 的产生，可以采取的措施有：①降低焚烧温度，以减少热氮型 NO_x 的产生，一般要小于 1200℃；有研究表明，NO_x 生成量最大的温度区间是 $600\sim800℃$，因此，从减少 NO_x 生成量的角度出发，焚烧温度不应小于 800℃；②降低 O_2 的浓度；③使燃烧在远离理论空气比条件下运行；④缩短垃圾在高温区的停留时间。

（3）重金属　城市生活垃圾成分复杂，焚烧处理时会产生其他燃料燃烧所少有的严重的重金属污染物。重金属的危害在于它不能被微生物分解且能在生物体内富集，最终通过食物链对人体造成危害，导致癌症及各种疾病。而且重金属还会污染土壤、水体和大气，造成对环境的严重破坏。

重金属污染物源于焚烧过程中生活垃圾所含重金属及其化合物的挥发，这些重金属元素包括 Hg、Pd、Cd、Cr、Cu、Ni、Zn、Mn 等。该部分物质在高温下由固态变为气态，一部分以气相的形式存在于烟气中，如 Hg；另有相当一部分金属物在炉中参与反应生成相应的氧化物或氯化物，比原金属元素更易气化挥发。这些重金属的氧化物及氯化物因挥发、热解、还原及氧化等作用，可能进一步发生复杂的化学反应，最终产物包括元素态重金属、重金属氧化物及重金属氯化物等。元素态重金属、重金属氧化物及重金属氯化物在烟气中将以特定的平衡状态存在，且因其浓度各不相同，各自的饱和温度亦不相同，遂构成复杂的连锁关系。元素态重金属挥发与残留的比例与各种重金属物质的饱和温度有关，饱和温度越高则越易凝结，残留在灰渣内的比例亦随之增高。各种重金属元素及其化合物的挥发度见表 6-1。其中，汞、砷等蒸气压均大于 7mmHg（约 933Pa），多以蒸气状态存在。

表 6-1　重金属及其化合物的挥发度

重金属及其化合物	沸点/℃	蒸气压/mmHg		类别
		760℃	980℃	
汞（Hg）	357	—		挥发
砷（As）	615	1200	180000	挥发
镉（Cd）	767	710	5500	挥发
锌（Zn）	907	140	1600	挥发
氯化铅（PbCl$_2$）	954	75	800	中度挥发
铅（Pb）	1620	3.5×10^{-2}	1.3	不挥发
铬（Cr）	2200	6.0×10^{-3}	4.4×10^{-5}	不挥发
铜（Cu）	2300	9.0×10^{-3}	5.4×10^{-5}	不挥发
镍（Ni）	2900	5.6×10^{-10}	1.1×10^{-6}	不挥发

注：1mmHg＝133.3224Pa。

高温挥发进入烟气中的重金属物质随烟气温度降低，部分饱和温度较高的元素态重金属（如汞等）会因达到饱和而凝结成均匀的颗粒物或凝结于烟气中的烟尘上。饱和温度较低的重金属元素无法充分凝结，但飞灰表面的催化作用会使其形成饱和温度较高且较易凝结的氧化物或氯化物，或因吸附作用易附着在烟尘表面。仍以气态存在的重金属物质，也有部分会被吸附于烟尘上。重金属本身凝结而成的小粒状物粒径都在 $1\mu m$ 以下，而重金属凝结或吸附在烟尘表面也多发生在比表面积大的小粒状物上，因此小粒状物上的金属浓度比大颗粒要高，从焚烧烟气中收集下来的飞灰通常被视为危险废物。

由于不同种类重金属及其化合物的沸点差异较大，生活垃圾中各自的含量也各不相同，所以它们在烟气中气相和固相存在形式的比例分配上也有很大的差别。以 Hg 为例，由于其沸点很低，故它在烟气中主要以气相的形式存在。而对沸点较高的重金属，如 Fe，则主要以固相附着的形式存在与烟气中。

（4）有机污染物

① 一氧化碳。一氧化碳是由生活垃圾中有机可燃物不完全燃烧产生的。有机可燃物中的碳元素在焚烧过程中大部分被氧化为 CO_2，但由于局部供养不足以及温度偏低等原因，另外极小一部分被氧化为 CO。一氧化碳的生成涉及多种不同的反应，可用下列反应式表示：

$$3C + 2O_2 \longrightarrow CO_2\uparrow + 2CO\uparrow \tag{6-9}$$

$$CO_2 + C \longrightarrow 2CO\uparrow \tag{6-10}$$

$$C + H_2O \longrightarrow CO\uparrow + H_2\uparrow \tag{6-11}$$

焚烧有机性氯化物时，由于有机性氯化物的化学性质大多数很稳定，在燃烧反应进行时，常夹杂 CO 与中间性燃烧产物，而中间性燃烧产物（包括二噁英等）的废气分析较为困难，因此常以 CO 的含量来判断燃烧反应完全与否。

② 二噁英。生活垃圾焚烧过程中产生的有机污染物主要为二噁英类物质。二噁英是对由氯代苯衍生而成的一系列氯代三环有机化合物的简称，包括多氯代二苯并噁英（PCDDs）和多氯代二苯并呋喃（PCDFs）两个系列的化合物，它们分别有 75 个和 135 个异构体。二噁英类物质分类见表 6-2。

所有的 PCDDs/PCDFs 都是高熔点、低蒸气压力的有机固体，常温下呈白色晶体，它们极难溶于水，极易溶于脂类物质；在颗粒物表面有极强的吸附能力；随着氯取代基的增加，在水中的溶解度降低，而在有机溶剂和脂肪中的溶解度升高。二噁英分子中有相对稳定的芳香环，因此在环境中具有稳定性、亲脂性、热稳定性，同时耐酸、碱、氧化剂和还原剂，并且其稳定性和抵抗能力随分子中卤素含量增加而加强。二噁英 (polychlorinated dibenzo-p-dioxin) 是目前发现的无意识合成的副产品中毒性最强的化合物，它的毒性 LD_{50}（半致死剂量）是氰化钾毒性的 1000 倍以上。

表 6-2　二噁英类物质的分类

名　　称	分子式	平均相对分子质量	异构物数
二氯二苯二噁英（DCDD）	$C_{12}H_6Cl_2O_2$	253.1	10
三氯二苯二噁英（Tri-CDD）	$C_{12}H_5Cl_3O_2$	287.5	14
四氯二苯二噁英（TCDD）	$C_{12}H_4Cl_4O_2$	322.0	22
五氯二苯二噁英（Penta-CDD）	$C_{12}H_3Cl_5O_2$	356.4	14
六氯二苯二噁英（Hexa-CDD）	$C_{12}H_2Cl_6O_2$	390.9	10
七氯二苯二噁英（Hepta-CDD）	$C_{12}HCl_7O_2$	425.3	2
八氯二苯二噁英（OCDD）	$C_{12}Cl_8O_2$	459.8	1
异构物总数			73

有研究认为，在有氯和金属存在的条件下有机物燃烧均会产生二噁英。二噁英的形成途径可归纳为以下三条：①垃圾中本身含有的二噁英在燃烧过程中释放；②在垃圾的干燥和焚烧的初期，因供氧不足，形成二噁英前驱体，这些前驱体通过其他反应形成二噁英；③二噁英前驱体和废气中的 HCl 和 O_2 等，在烟尘中飞灰的催化作用下（实际上是飞灰中的金属）形成二噁英。有研究表明，250～350℃ 是最易生成二噁英的温度范围。

3. 垃圾焚烧烟气净化技术

（1）颗粒污染物净化技术　垃圾焚烧厂的颗粒物控制与其他行业相同，可以分为静电分离、过滤、离心沉降及湿法洗涤等几种形式。常用的净化设备种类很多，如重力沉降室、旋风除尘器、静电除尘器、袋式除尘器、惯性除尘器和文丘里洗涤器等，其除尘效率及适用范围列于表 6-3 中。其中重力沉降室、惯性除尘器和旋风除尘器对细小颗粒物的去除效果很差，只能视为除尘的前处理设备。由于焚烧气的颗粒物细小，因此惯性除尘器和旋风除尘器不能作为主要的除尘装置。静电除尘器及布袋除尘器为生活垃圾焚烧系统中最主要的除尘设备。静电除尘器和袋式除尘器的除尘效率均大于 99%，是目前应用最广泛的两种颗粒物控制设备，且对小于 $0.5\mu m$ 的颗粒也有很高的捕集效率。文丘里洗涤器虽然可以达到很高的除尘效率，但能耗高且存在后续的废水处理问题，所以不再作为主要的颗粒污染物净化设备。

静电除尘器和袋式除尘器广泛应用于发达国家垃圾焚烧厂作为颗粒污染物的净化设备。国外的工程实践表明，静电除尘器颗粒使颗粒物的浓度控制在 $45mg/m^3$ 以下，而袋式除尘器的除尘效率更高，可以使颗粒物的浓度控制在更低的水平。另一方面，袋式除尘器虽然易受气体温度和颗粒物黏性的影响，致使滤料的造价增加和清灰不利，但其除尘效率对进气条件的变化不敏感，不受颗粒物比电阻和原始浓度的影响，而太高或太低的比电阻却可能导致静电除尘器的除尘效率大大降低，故二者各有优缺点。此外，值得说明的是，袋式除尘器在高效去除颗粒物的同时兼有净化其他污染物的能力，并可截留部分二噁英。因此，近年来国内外新建的大规模现代化垃圾焚烧厂大都采用袋式除尘器。

表 6-3　焚烧尾气除尘设备的特性比较表

种类	有效去除颗粒直径/μm	压差/cmH₂O	处理单位气体需水量/(L/m³)	体积	受气体流量变化影响否		运转温度/℃	特　性
					压力	效率		
文氏洗涤器	0.5	1000~2540	0.9~1.3	小	是	是	70~90	构造简单,投资及维护费用低,耗水大,废水须处理
静电除尘器	0.25	13~25	0	大	是	是	—	受粉尘含量、成分、气体流量变化影响大,去除率随使用时间下降
湿式电离洗涤塔	0.15	75~205	0.5~11	大	是	否	—	效率高,产生废水须处理
布袋除尘器 a. 传统形式 b. 反转喷射式	0.4 0.25	75~150 75~150	0 0	大 大	是 是	否 否	100~250	受气体温度影响大,布袋选择为主要设计参数,如选择不当,维护费用高

注：1cmH₂O=98.0665Pa。

（2）酸性气态污染物控制与净化技术

① HCl、HF 以及 SO_x 的净化技术。HCl、HF 以及 SO_x 的净化机理是利用酸碱的中和反应。碱性吸收剂［如 NaOH、$Ca(OH)_2$］以液态（湿法）、液/固态（半干法）或固态（干法）的形式与以上污染物发生化学反应，在垃圾焚烧厂中，HCl、HF 以及 SO_x 的净化技术可根据是否有废水排出的不同分为湿式洗涤法、半干式洗涤法和干式处理法三种。这三种方法的吸收效率分别为 40%~50%、60%~80%、80%~90%，成本之比（干法：半干法：湿法）为 1:(1.5~2):(2~2.5)。

湿式洗涤法主要是使用苛性钠（NaOH）等碱性溶液，在适当的排气温度（70℃）条件下对排气进行洗涤，从而达到去除 HCl、HF 及 SO_x 等酸性气体的目的。湿式洗涤装置一般都设置在除尘器的后面。湿式洗涤法的特点是：①不仅可以去除氯化氢物质，还可同时去除硫氧化物和部分微粒烟尘和重金属；②去除率较高，在 70℃ 下可使氯化氢的浓度降至 $25×10^{-6}$ mg/L；③建设及管理费用高，洗涤废水需经废水处理系统进行处理，使焚烧设施增加废水处理系统。

半干式洗涤法与湿式洗涤法的原理基本相同，它是使废气与碱液进行反应，使氯化物形成固体状物质后被去除的一种方法。半湿式洗涤装置一般设置在除尘器之前。这种方法一般不需要设置废水处理系统，但需要充分考虑将固体物干燥问题。因为含水量高的固体物在收集阶段易发生堵塞或吸附现象，影响处理效果。

干式处理法是采用将干式吸收剂如 $CaCO_3$、Na_2CO_3、$Ca(OH)_2$ 干粉喷入炉内或烟道内，使之与 HCl 进行反应，反应后的固体物质被除尘器收集的一种方法。采用这种方式时，一般不需废水处理装置，但要充分考虑后一工序的除尘装置的容量。干式法与湿式法相比，一般去除率较低。为提高去除效率，一要延长反应时间，二要选用反应效果好的药品，这样才能达到比较好的去除效果。

② NO_x 的净化技术。NO_x 的净化是最困难且费用最昂贵的技术。这是由 NO 的惰性（不易发生化学反应）和难溶于水的性质决定的。垃圾焚烧烟气中的 NO_x 以 NO 为主，其含量高达 95% 或更多，利用净化 HCl、HF 及 SO_x 等酸性气体的常规化学吸收法很难达到有效去除。

目前常用的 NO_x 净化方法有选择性催化还原法（SCR）、选择性非催化还原法（SNCR）以及氧化吸收法等多种形式。SCR 法是在催化剂存在的条件下，NO_x 被还原剂（一般为氨）还原为对环境无害的氮气。由于催化剂的存在，该反应在不高于 400℃ 的条件下即可完成。SNCR 法是在高温（800～1000℃）条件下，利用还原剂氨或碳酰胺（尿素）将 NO_x 还原为氮气的方法。与 SCR 法不同的是，SNCR 法不需要催化剂，其还原反应所需的温度比 SCR 法高得多。因此，SNCR 法的还原反应一般是在垃圾焚烧炉膛内完成的，而 SCR 法的还原反应是则是在垃圾焚烧炉的后续设备中完成。SNCR 法比 SCR 法的设备投资低，所需的占地面积小，故 SNCR 法较广泛。SCR 法和 SNCR 法净化 NO_x 的反应方程式如下所示：

SCR 法：$\qquad 4NO+4NH_3+O_2 \longrightarrow 4N_2+6H_2O$ （6-12）

SNCR 法：$\qquad 2NO_2+4NH_3+O_2 \longrightarrow 3N_2+6H_2O$ （6-13）

氧化吸收法和吸收还原法都是与湿法净化工艺结合在一起共同使用的。氧化吸收法是在湿法净化系统的吸收剂中加入强氧化剂如 $NaClO_2$，将烟气中的 NO 氧化为 NO_2，NO_2 再被钠碱溶液吸收去除。吸收还原法是在湿法系统中加入 Fe^{2+}，Fe^{2+} 将 NO 包围，形成 EDTA 化合物，EDTA 再与吸收溶液中的 HSO_3^- 和 SO_3^{2-} 反应，最后放出 N_2 和 SO_4^{2-} 作为最终产物。据国外资料报道，吸收还原法的化学添加剂费用低于氧化吸收法。

（3）重金属控制技术　近几十年以来对垃圾焚烧引起的重金属污染问题一些学者纷纷进行了探索。现阶段对重金属控制的研究可以从焚烧前控制、焚烧中控制、焚烧后控制三个方面进行。

① 焚烧前控制。焚烧前控制主要是指垃圾的分类与分拣，这实际上是一种预处理。将垃圾中重金属含量较多的成分（电池、电器、矿物质等）从垃圾中分拣出，可大大减少垃圾中相关重金属（铅、汞、等）的含量，并可大大减少后期处理、处置的工作量。焚烧前控制还包括生产各种重金属含量极低的绿色环保产品，如各种无汞电池、无镉电池等。国外多数发达国家在焚烧前控制上都做了不少工作，如垃圾的分类收集制度。我国也应尽快建立这一制度，以减少垃圾处理的难度。

② 焚烧中控制。垃圾的焚烧前控制虽然能大大减少重金属的含量，但焚烧法造成的重金属污染主要来源于焚烧过程中，相应地应格外关注焚烧中的处理措施。控制焚烧中的重金属污染主要从以下两方面入手：让重金属留在底灰中，然后再从底灰中将其回收；让重金属以气体的形式进入烟气，然后再用洗涤等各种方法加以处理。

目前国际上比较流行的方法是向烟气中喷射基于碳的吸附剂，这种方法对除汞尤其有效，这是因为汞的沸点很低，极易挥发，经过焚烧处理后，几乎所有的汞都是以气体的形式离开焚烧炉，进入烟气。当尾气通过热能回收设备及其他冷却设备后，部分重金属会因凝结或吸附作用而附着在细尘表面，可被除尘设备去除，温度愈低，去除效果愈佳。但挥发性较高的铅、镉和汞等少数重金属则不易被凝结去除。

③ 焚烧后控制。焚烧后控制主要是灰渣与飞灰的处理，经过焚烧后大量含重金属的飞灰存在于焚烧炉、除尘器、烟囱中；另一方面，经过湿式洗涤后产生的污水中也会含有大量的重金属，若不加以处理极易对环境造成二次污染。目前焚烧后的处理方法主要有精除尘、固化处理法和各种重金属稳定化技术。

精除尘主要指采用各种新型的除尘技术，将富集有大量重金属的飞灰捕集下来。目前国际上的精除尘工艺大体分为干法、半干法、湿法三种。

固化处理方法包括水泥固化、沥青固化、塑料固化、玻璃固化等。目前应用最广的是水泥固化，由于水泥具有较高的 pH 值，在固化过程中可使重金属离子在较高的碱性条件下生成难溶于水的氢氧化物或碳酸盐等。某些重金属离子也可以固定在水泥基体的晶格中，从而可以有效地防止重金属的浸出。

（4）二噁英类物质的控制与净化技术

为控制由焚烧厂所产生的 PCDDs/PCDFs，可由控制来源、减少炉内形成、避免炉外低温区再合成和进行处理等方面着手。

① 控制来源。为了减少焚烧过程中二噁英的产生量，应尽可能使垃圾中可燃成分充分燃烧，通过生活垃圾分类收集，加强资源回收，避免含 PCDDs/PCDFs 物质及含氯成分高的物质（如 PVC 塑料等）进入焚烧炉中，是减少二噁英产生的最有效的措施。

② 减少炉内生成。目前国际上大型生活垃圾焚烧系统均采用"3T＋E"技术和先进的焚烧自动控制系统。3T 是 temperature、time 和 turbulence 的缩略，"E"是指 excess air（过量空气量）。燃烧过程中的各种参数对 PCDDs/PCDFs 的形成有着较大的影响，在燃烧过程中采用高精度的燃烧控制系统保证燃烧的稳定，控制炉膛及二次燃烧室内的温度不低于 850℃，合理控制助燃空气的风量、温度和注入位置，即提高"3T"作用，在高温区送入二次空气，充分搅拌混合增强湍流度，延长气体在高温区的停留时间超过 2.0s，可以从工艺条件上避免二噁英的大量生成。另外，可通过添加二噁英生成抑制剂来减少二噁英的生成。

研究表明，共有三大类有机或无机化合物用来抑制二噁英生成：第一类为硫及含硫化合物；第二类为氮化物；第三类为碱性化合物。硫及含硫化合物对二噁英的抑制能力要明显高于其他两类化合物。由于煤中含有一定量的硫，因此，煤与生活垃圾的混合燃烧可以减少二噁英的生成。

③ 避免炉外低温再合成。PCDDs/PCDFs 炉外再合成现象发生在低温（250～450℃）和有催化物质存在的情况下。因此，近年来，工程上普遍采用半干式洗气塔与布袋除尘器搭配的方式，同时，控制除尘器入口的烟气温度，以避开二噁英容易重新合成的湿度段；此外，也可通过提高烟气的流速和骤冷措施，缩短烟气在二噁英容易形成的温度范围（250～450℃）的停留时间，以减少二噁英再合成的进行。

④ 进行处理。从焚烧烟气中去除二噁英属于二噁英控制的末端技术，以减少从烟气排放进入环境的二噁英的量。重力沉降、湿法喷淋、旋风分离、静电除尘、文丘里洗涤器洗涤、布袋除尘以及吸附剂吸附等技术在不同的操作条件下被单独或组合使用，其中干式/半干式喷淋塔结合布袋除尘器、活性炭吸附二噁英的技术是控制烟气中二噁英排放最为有效的技术。活性炭粉虽然单价较高，但其活性大、用量较省，且蒸气活化安全性高，同时对重金属亦具有较好的吸附性能，是目前最常用的二噁英去除方法。此外，也可在湿式洗气塔低温段加入专门的去除剂进行去除。

另外，催化剂分解技术也被用来控制烟气中二噁英的排放。考虑到催化剂的中毒问题，SCR 通常安装在催化还原装置的尾部，即在湿式洗涤塔和布袋除尘器之后，烟气在布袋除尘器的出口温度一般为 150℃ 左右，在此温度下无法进行二噁英类物质的催化还原，因此需要对烟气进行再加热，从而增加了成本。

以上对焚烧烟气中粉尘、酸性气体、重金属和二噁英的控制技术分别进行了介绍，但在实际的运行中，这些方法往往是结合在一起使用的。一个完整的焚烧工艺系统应能使焚烧烟气中含有的各种污染成分都可得到有效的去除，使烟气最终达到排放标准。

4. 焚烧烟气净化工艺

如前所述，焚烧废气中的有毒有害气体种类较多，有氯化氢（HCl）、硫氧化物（SO_x）、氮氧化物（NO_x）以及重金属、水银和二噁英类等物质，去除这些物质的方法及工艺流程比较复杂，无法采用单一的装置将它们一同去除。因此，生活垃圾焚烧厂中所应用的烟气净化系统都是根据这些污染物的净化原理进行组合、优化构建而成。焚烧厂典型的烟气污染控制设备和处理流程可分为干式、半干式或湿式三类。

（1）湿式净化工艺　湿式净化工艺的原理是利用碱性溶液 [如 $Ca(OH)_2$、NaOH 等] 对焚烧气进行洗涤，通过酸碱中和反应将 HCl 和 SO_x 等酸性气体去除，湿式净化工艺具有同时净化颗粒物、酸性气态污染物和部分重金属的功能。

湿法净化工艺的污染物净化效率最高，可以满足严格的排放标准，因此在发达国家应用较多，其工艺组合形式也多种多样。典型处理流程包括文氏洗气器或静电除尘器与湿式洗气塔的组合，以文氏洗气器或湿式电离洗涤器去除粉尘，填料吸收塔去除酸气。图 6-6 和图 6-7 分别表示了两种不同的湿法净化工艺流程。

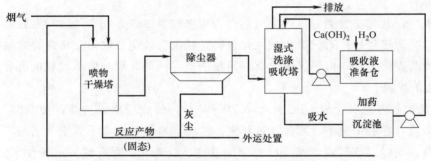

图 6-6　生活垃圾焚烧烟气湿法净化流程之一

图 6-6 所示流程的工艺组合形式为"喷射干燥器＋布袋除尘器＋湿式洗涤器"，其工作流程如下。

烟气首先进入喷雾干燥塔进行调节及预洗涤，并迅速冷却从而尽量避免 PCDDs 和 PCDFs 的再生成。该喷雾干燥系统所采用的浆液为后续的湿式洗涤系统所产生的废水底流，溢流循环使用。在废水回用前应加入化学药剂使废液中的重金属生成螯合物以防止其在干燥过程中挥发，细颗粒在干燥过程中凝并或黏附到湿颗粒的表面，有利于后续的除尘。

颗粒物的净化主要是在布袋除尘器内完成。烟气从喷雾干燥吸收系统的除尘器中出来后再通过湿式洗涤系统进一步深度净化处理，主要是对酸性气态污染物进行净化，同时具有部分去除极细小颗粒物的作用。NO_x 的净化可利用还原法或氧化吸收法在湿式洗涤器

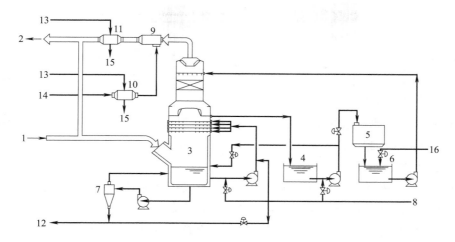

图 6-7 生活垃圾焚烧烟气湿法净化流程之二

1—烟气；2—至烟囱排放；3—洗涤塔；4—缓冲水箱；5—冷却塔；6—冷却水箱；7—水力旋流器；

8—NaOH；9—混合器；10—空气预热器具；11—烟气加热器；12—至废水处理；

13—蒸汽；14—空气；15—排放；16—冷却水

内完成。

本工艺的高效颗粒物捕获和低温操作使有机类污染物和金属类污染物的净化得到了保证。净化后的烟气温度显著降低，不利于扩散且易形成白雾，需要再加热后从烟囱排放。

图 6-7 所示工艺中的污染物净化集中在洗涤塔内完成。净化过程如下。

① 垃圾焚烧烟气（温度约为 220℃）从洗涤塔底部进入，经过冷却、洗涤、吸收、雾沫分离后从塔顶排出，经再加热后从烟囱排入大气。洗涤器分为三段，下部为冷却段，中部为洗涤吸收段，上部为脱湿即雾沫分离段。

② 洗涤产生的废水集中在洗涤器底部的贮坑中，废水中的固体含量很高，必须经过净化才能排放。废水的底流经过水力旋流器浓缩后进入废水处理设备进行处理，一部分吸收液循环使用。为防止喷嘴堵塞，循环使用的吸收液的固体含量应不超过 10%，因此，循环吸收液要定期排至废水处理设备净化。碱性吸收剂（NaOH）和吸收液补给水定期加入，以维持稳定的操作条件，确保污染物的高效净化。净化系统的冷却水循环使用，并定期补给。为防止腐蚀，洗涤器内壁要衬以防腐材料。

本工艺集除尘、气态污染物净化于一身，大大减少了工艺设备的占地面积，降低了设备投资。但还存在废水处理问题。

（2）半干式净化工艺 半干式洗气法是使废气中的污染物与碱液进行反应，形成固态物质而被去除的一种方法。半干法装置一般设置在除尘器之前，不需废水处理设施，但要充分考虑固态物质的干燥问题，防止固态物质收集时发生堵塞与黏附。

半干法净化工艺的组合形式一般为"喷雾干燥吸收塔＋除尘器"，如图 6-8 所示。石灰经过磨碎后形成粉末状（具体的粒度在工程中有严格的要求）吸收剂，加入一定量的水形成石灰浆液。浆液随后被高速转盘雾化器或空气雾化喷嘴雾化，雾滴在喷雾干燥吸收反应塔内与热烟气相接触，雾化的细颗粒在完成对气态污染物的净化的同时经历着以下 3 种传质传热反应过程：①酸性气体从气相向雾滴表面的传质；②酸与液滴上的 Ca（OH）$_2$

反应；③雾滴上水的蒸发。

在该过程中，雾滴表面气液界面的化学反应速率极快，因此 HCl、HF 及 SO₂ 的净化效率主要取决于：① HCl、HF 及 SO₂ 的气膜传质速率；②酸性气体通过不断增加的反应生成物层的扩散速率。随后，浆液

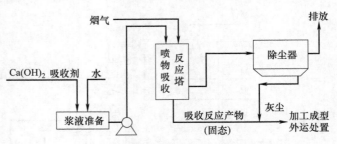

图 6-8　生活垃圾焚烧烟气半干法净化工艺流程之一

中的水分在高温作用下蒸发，残余物则以干态的形式从反应器底部排出。携带有大量颗粒物的烟气从反应器排出后进入静电除尘器或袋式除尘器，净化后的烟气从烟囱排入大气。除尘器捕获的颗粒物作为最终的固态废物排出。为确保污染物的有效净化，烟气在反应塔中的停留时间不小于 12s。为了节约吸收剂的用量，反应器底部排出的残余物（其中含有大量未反应的吸收剂）可返回系统内部循环使用。

由于袋式除尘器是利用过滤的方法完成颗粒物净化的，当烟气通过由颗粒物形成的滤层时，气态污染物仍能与滤层中未反应的 Ca(OH)₂ 固体颗粒物反应而得到进一步净化。因此，在同等条件下，半干法净化工艺中的除尘器应优先选用袋式除尘器。

（3）干式净化工艺　干式净化工艺采用的是干式吸收剂［如 Ca(OH)₂、CaCO₃ 等］粉末喷入炉内或烟道内，使之与酸性气态污染物反应，然后进行气固分离。相对于湿法，干法不需废水处理设施，投资较少，设备的腐蚀较小；该法最大的缺点是污染物的去除率低，且对 Hg 的去效果不好。

干法净化工艺的组合形式一般为"干式管道喷射＋除尘器"和"干法吸收反应器＋除尘器"。如图 6-9 所示，首先对经过废热锅炉回收热量后的烟气用清水喷雾进行调节，将温度降至 120℃ 左右。烟气调节一方面可以降温，使烟气趋向饱和状态，有利于后续干式吸收器中酸性气体的吸收，并可防止烟气在长时间内处于最有利于 PCDDs 和 PCDFs 等有机氯化合物生成的温度区间（340℃ 左右）；另一方面可以减少烟气的体积，促进重金属、有机剧毒类物质的冷凝和微细颗粒的凝并，有利于后续的除尘净化。调节塔出来的气体进入一个干式吸收反应器，在此粉末状的 Ca(OH)₂ 以气动喷射的形式进入反应器。在反应器内，Ca(OH)₂ 与 HCl、HF 及 SO₂ 反应生成固态产物。随后，从反应器排出的"气-固"二相混合物进入最后的高效除尘器中，使未去除的颗粒物得以高效净化，净化后的烟气从烟囱排入大气。在干法净化工艺中，由除尘器捕获的颗粒物中含有大量未反应的吸收剂，为节约运行费用，可使其中一部分作为吸收剂循环使用。

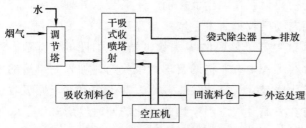

图 6-9　生活垃圾焚烧烟气干法净化工艺流程之一

就干法净化而言，为了提高系统的污染物净化效率，必须使烟气和吸收剂在净化设备内的停留时间足够长。因此，仅以干式管道喷射法去除污染物是不够的，而应设置专门的干法吸收反应器。干法吸收反应器的形式有多种，如固定床、

移动床等，其目的均是增加吸收剂和污染物的接触时间，提高污染物的净化效率。需要特别指出的是，干法净化工艺中应选用袋式除尘器，使干法吸收反应器中未去除的气态污染物进一步得到净化，这一点是与半干式净化工艺相同的。

生活垃圾焚烧烟气干法净化工艺流程之二见图 6-10。

（4）活性炭喷射吸附　首先应该说明的是，活性炭喷射吸附并不能单独构成完整的烟气净化系统，它只能作为烟气净化主体工艺（包括湿法、半干法和干法）的完善或补充工艺。

为了满足越来越严格的生活垃圾焚烧烟气排放标准，确保重金属（尤其是 Hg）和二噁英（PCDDs）、呋喃（PCDFs）的排放达标，除严格控制焚烧工艺和技术参数外，现代化大型生活垃圾焚烧厂常采用活性炭喷射吸附的辅助净化措施。由于活

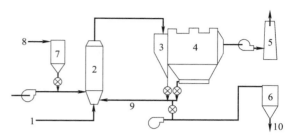

图 6-10　生活垃圾焚烧烟气干法净化工艺流程之二
1—烟气；2—反应器；3—旋风除尘器；4—袋式除尘器；
5—烟囱；6—飞灰贮存仓；7—石灰贮存仓；8—石灰；
9—吸收剂循环使用；10—固态废物排出

性炭具有极大的比表面积，因此，即使是少量的活性炭，只要与烟气混合均匀且接触时间足够长，就可以达到高吸附净化效率。活性炭与烟气的均匀混合一般是通过强烈的湍流实现的，而足够长的接触时间就必须以后续的袋式除尘器为保证。也就是说，活性炭喷射吸附应与袋式除尘器配套，活性炭的喷射位置应在袋式除尘器前的烟气管道中。这样，活性炭在管道中与烟气强烈混合，吸附一定量的污染物，但并未达到饱和，随后再与烟气一起进入后续的袋式除尘器中，停留在滤袋上，与缓慢通过滤袋的烟气充分接触，最终达到对烟气中重金属 Hg 和 PCDDs 及 PCDFs 等污染物的吸附净化。

图 6-11 是某垃圾焚烧厂烟气净化工艺流程。由图可见，该工艺由喷雾干燥塔、活性炭喷射和袋式除尘器构成，活性炭由空气气动输送，从袋式除尘器前、喷雾干燥吸收塔后的烟气管道中喷入。

5. 垃圾焚烧烟气排放标准

生活垃圾焚烧烟气净化之后，其中仍含有少量的污染物从烟囱排入大气，这部分污染物的排放必须要达到国家规定的排放标准，也就是说，排放烟气中各种污染物的浓度和排气量要小于排放标准中规定的排放限值。焚烧烟气污染物的排放标准为清洁地处理生活垃圾、防止二次污染提供了技术依据，也为环保管理部分提供了执法尺度，因而是十分重要的。排放标准越是严格，烟气净化工艺系统的工程投资和投产后的运行费用越高。在发达国家，用于垃圾焚烧厂烟气净化的工程投资往往占总投资的 30%～50%，甚至更高。

（1）发达国家生活垃圾焚烧烟气排放标准　欧美、日本等经济发达国家的生活垃圾焚烧技术在世界上居领先地位，其焚烧烟气的污染物排放标准的制定始于 20 世纪 70 年代，多年来几经变更，总的趋势是越来越严格。欧美诸国中，尤以荷兰、德国的排放标准中规定的污染物种类最全，排放限值也最严格。表 6-4 列出了国外部分经济发达国家的焚烧烟气污染物的排放限值。从表中可以看出，国外经济发达国家主要采用的是浓度排放标准。

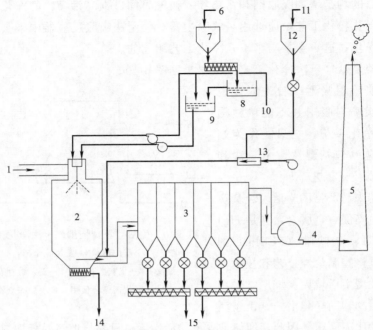

图 6-11　活性炭喷射吸附示意图

1—烟气；2—喷雾干燥塔；3—袋式除尘器；4—引风机；5—烟囱；6—石灰；

7—石灰仓；8—石灰熟化仓；9—石灰浆液制备箱；10—水；11—活性炭；

12—活性炭仓；13—文丘里喷射器；14—塔底灰渣排出；15—飞灰排出

表 6-4　国外部分经济发达国家生活垃圾焚烧烟气污染物的排放限值

污染物 国家	污染物排放限值/(mg/m³)							
	烟尘	HCl	SO_x	NO_x	HF	CO	Cd 及其 化合物	Hg 及其 化合物
原联邦德国（1986）	30	30	300	350	2	—	0.1	0.1
德国（1900）	10	10	50	70	1	50	0.05	0.05
荷兰（1993）	6	10	40	70	1	50	0.05	0.05
丹麦（1986）	40	100	300	—	2	100	0.1	0.1
瑞典（1987）	20	100	—	—	—	—	—	0.03
法国（1991）	30	50	300	—	2	100	0.1	0.1
欧共体（1993）	10	10	50	200	—	50	0.05	0.05
欧盟（2000）	10	10	50	200	1	50	0.05	0.05
加拿大（1989）	20	75	260	400	—	57	0.1	0.1
美国（1991）	35	40	85	300	—	—	0.2	0.14
日本（现执行）	20	25	57	105	—	88	—	0.05

注：1. 在国外经济发达国家的排放标准中，对不同处理量（t/h）垃圾焚烧炉的烟气污染物排放浓度要求不同，这里仅列出了大规模垃圾焚烧炉的排放浓度限值。

2. 德国、日本、瑞典、加拿大等国的排放标准中还规定了二噁英污染物的排放限值为 $0.1ng/m^3$，表中未列出，括号内为标准颁布年份，"—"表示没有规定。

（2）国内生活垃圾焚烧烟气排放标准　我国于 2000 年发布《生活垃圾焚烧污染控制标准》，2014 年第二次修订后的标准规定新建生活垃圾焚烧炉自 2014 年 7 月 1 日，现有生活垃圾焚烧炉自 2016 年 1 月 1 日起执行新标准（GB 18485—2014），《生活垃圾焚烧污染控制标准》（GB 18485—2001）自 2016 年 1 月 1 日废止。新颁发的焚烧炉大气污染物排放限值见表 6-5。

表 6-5 我国生活垃圾焚烧炉大气污染物排放限值

序号	污染物项目	限值	取值时间
1	颗粒物/(mg/m³)	30	1 小时均值
		20	24 小时均值
2	氮氧化物(NO_x)/(mg/m³)	300	1 小时均值
		250	24 小时均值
3	二氧化硫(SO_2)/(mg/m³)	100	1 小时均值
		80	24 小时均值
4	氯化氢/(mg/m³)	60	1 小时均值
		50	24 小时均值
5	汞及其化合物(以 Hg 计)/(mg/m³)	0.05	测定均值
6	镉、铊及其化合物(以 Cd＋TI 计)/(mg/m³)	0.1	测定均值
7	锑、砷、铅、铬、钴、铜、锰、镍及其化合物 (以 Sb＋As＋Pb＋Cr＋Co＋Cu＋Mn＋Ni 计)/(mg/m³)	1.0	测定均值
8	二噁英类/[(ngTEQ)/m³]	0.1	测定均值
9	一氧化碳(CO)/(mg/m³)	100	1 小时均值
		80	24 小时均值

注：本表规定的各项标准限值，均以标准状态下含 11%O_2 的干烟气为参考值换算。

二、残渣处置

焚烧灰渣是从垃圾焚烧炉的炉排下、烟气除尘器和余热锅炉等收集下来的排出物，主要由不可燃的无机物以及部分未燃尽的可燃有机物组成。焚烧灰渣是城市垃圾焚烧过程中一种必然的副产物。根据垃圾组成及焚烧工艺的不同，灰渣的重量一般为垃圾焚烧前总重量的 5%～30%。

垃圾焚烧产生的灰渣一般可分为下列四种。

（1）底灰 底灰系焚烧后由炉床尾端排出的残余物，主要含有焚烧后的灰分及不完全燃烧的残余物（如铁丝、玻璃、水泥块等），一般经水冷却后再送出。

（2）细渣 细渣由炉床上炉条间的细缝落下，经集灰斗槽收集，一般可并入底灰，其成分有玻璃碎片、熔融的铝锭和其他金属。

（3）飞灰 飞灰是指由空气污染控制设备中所收集的细微颗粒，一般系经旋风除尘器、静电除尘器或布袋除尘器所收集的中和反应物（如 $CaCl_2$、$CaSO_4$ 等）及未完全反应的碱剂［如 $Ca(OH)_2$］。

（4）锅炉灰 锅炉灰是废气中悬浮颗粒被锅炉管阻挡而掉落于集灰斗中，亦有沾于炉管上再被吹灰器吹落的，可单独收集，或并入飞灰一起收集。

一般而言，焚烧灰渣是由底灰（bottom ash 或 slag）及飞灰（fly ash）共同组成。飞灰和底灰具有不同的特性，对它们的处理方法也不尽相同。

城市生活垃圾焚烧底灰是指收集于垃圾焚烧炉炉床底部的灰渣，它大约占灰渣总重的80%，是灰渣的主要成分。底灰一般呈灰黑色，在干燥后呈灰白色，有轻微异味，底灰的主要成分为可燃物焚烧残渣、金属、陶瓷碎片、玻璃和其他不燃物质，一般来说还存在有

2%～4%未燃烧的有机物。底灰中玻璃相占 40%，主要晶相为硅酸盐（如钙黄长石、斜辉石、透辉石和石英）、氧化物（尖晶石、磁铁矿和赤铁矿）、碳酸盐（碳酸钙、金属碳酸盐）和盐类（氯化物和硫酸盐）。一般底灰就我国现行标准而言属于无毒无害的废物，可以铺路、填坑、堆放等。研究表明，底灰中熔融块和灰分浸出液的重金属浓度非常低，远远低于固体废物浸出毒性鉴别标准。因此，可以将底灰直接送至垃圾填埋场进行填埋，或用作路基和建筑材料，而不致对环境造成危害。

我国《生活垃圾焚烧污染控制标准》（GB 18485—2014）明确规定焚烧炉渣按一般固体废物处理，目前我国的城市垃圾焚烧炉渣大多数用于填埋，不但占用了很多的土地资源，而且填埋费用花费巨大。因此，垃圾焚烧底灰的资源化利用将是一个比较符合实际的方法。城市生活垃圾焚烧底灰的资源化利用主要有以下几种方式。

（1）水泥混凝土中的部分替代骨料　最常见的方法是将垃圾焚烧底灰、水、水泥等及其他骨料按一定比例制成混凝土。

（2）路基建筑填料　垃圾焚烧底灰的稳定性好，密度低，其物理性质与轻质的天然骨料相似，并且焚烧灰渣容易进行粒径分配，易制成商业化应用的产品，因此成为一种适宜的建筑填料。欧洲多年的工程实践经验表明，这种道路材料，尤其是道路（底）基层材料是欧美各国对底灰进行资源化利用的主要途径，工程实践已证明，这种底灰资源化利用方式是成功的。

（3）微晶玻璃　由于底灰的产生量大，因此一般采用低成本的资源化利用途径，目前一般用于路基添加材料，如果不考虑成本因素，底灰也可用于生产微晶玻璃。2001 年，Ferraris 等以垃圾焚烧底灰为主要原料，加入含铝废渣制备出了微晶玻璃，这种微晶玻璃的抗折强度达到 36～50MPa，其力学性能与墙面陶瓷瓷砖相当。

三、飞灰处置

垃圾焚烧会产生大量炉渣和一定量的飞灰，飞灰的产生量一般为焚烧垃圾量的 3%～5%，飞灰中含有重金属和二噁英等有毒有害成分，在我国被列入危险废物的范畴。因此，飞灰必须经过无害化处理，才能进行再利用或进入安全填埋场进行最终处置。飞灰的组成成分主要有 SiO_2、P_2O_5、Al_2O_3 等酸性氧化物，CaO、MgO、Fe_2O_3、CuO、TiO_2、K_2O、Na_2O 等碱性氧化物，以及一些重金属的氯化物。其中 CaO、SiO_2、Al_2O_3 和 Cl 占总重量的 90%左右。表 6-6 和表 6-7 为我国飞灰的主要成分及重金属含量。

表 6-6　我国不同地区垃圾焚烧飞灰的主要成分

产地	成分/%							
	CaO	SiO_2	Al_2O_3	SO_3	K_2O	Na_2O	Fe_2O_3	Cl
深圳	39.9	6.70	2.57	10.55	6.45	2.45	2.49	22.68
天津	25.48	11.22	0.93	3.56	0.85	3.12	0.38	19.71
哈尔滨	38.60	21.68	6.94	6.89	4.37	3.23	2.48	10.98
杭州	23.63	19.81	6.97	8.74	6.23	6.68	4.00	10.16

表 6-7　飞灰中的重金属含量　　　　　　　　　　单位：mg/kg

重金属	Hg	Zn	Cu	Pb	Cd	Ni	Cr	Fe
平均值	52	4386	313	1496	25.5	60.8	118	25777

飞灰的浸出毒性试验测定结果见表6-8。从表中可以看出，飞灰浸出液中锌、铅、镉的浓度高于生活垃圾浸出毒性鉴别标准，属于重金属危险生活垃圾，必须对之进行稳定化处理。

表 6-8　飞灰的浸出毒性

金属名称	飞灰浸出液浓度/(mg/L)			浸出率/%	生活垃圾浸出毒性鉴别标准/(mg/L)
	第一次测值	第二次测值	平均值		
Hg	0.0346	0.0309	0.03275	0.6	0.05
Zn	56.66	57.80	57.23	13.05	50
Cu	0.71771	0.70567	0.71169	2.27	50
Pb	23.96	25.15	24.56	16.42	3.0
Ni	0.30101	0.38794	0.34448	5.67	25
Cd	1.2057	1.3145	1.2601	49.42	0.3
Cr	0.13881	0.13575	0.13683	1.16	1.5

飞灰中的溶解盐污染必须给予重视。浦东垃圾焚烧厂飞灰水溶性盐分分析结果见表6-9。飞灰中的溶解盐质量分数高达22.1%，主要为Ca、Na和K的氯化物，处置时不仅有可能会污染地下水和附近水体，而且氯化物的大量存在会增加其他污染物的溶解性，如Pb和Zn在高pH值、高离子强度和高氯化物含量下，溶解性会增加。由于采用半干法烟气净化处理工艺，APC飞灰中的$CaCl_2$质量分数较高（石灰与HCl的反应产物），$CaCl_2$易溶且对热不稳定，若不事先去除，则会妨碍飞灰的固化和稳定化。我国飞灰中的NaCl质量分数也较高（与焚烧垃圾中有机垃圾比例高有关，目前一般为70%左右），其存在也会不利于飞灰的熔融处理。

表 6-9　浦东垃圾焚烧厂飞灰水溶性盐分分析结果

成分	全盐量	CO_3^{2-}	HCO_3^-	Cl^-	SO_4^{2-}
质量分数/%	22.10	0.16	0	11.00	1.50

有机污染物也是飞灰污染的重要内容。飞灰中含有少量的二噁英和呋喃（PCDDs/PCDFs）等剧毒有机污染物，根据国外有关文献，飞灰中PCDDs/PCDFs毒性当量（TEQ）在10ng/g左右。这些污染物在飞灰运输、贮存、处理和处置时，对人类健康和环境可能造成的污染风险和实际危害是目前比较受关注的问题，尚待进一步研究。

飞灰的以上性质决定了必须对其进行稳定化和无害化处理，并在此基础上实现飞灰的资源化利用。

我国在《危险废物污染防治技术政策》中规定，生活垃圾焚烧产生的飞灰必须单独收集，不得与生活垃圾、焚烧残渣等其他废物混合，也不得与其他危险废物混合。生活垃圾焚烧飞灰不得在产生地长期贮存，不得进行简易处置，不得排放，生活垃圾焚烧飞灰在产生地必须进行必要的固化和稳定化处理之后方可运输，运输需使用专用运输工具，运输工具必须密闭。生活垃圾焚烧飞灰须进行安全填埋处置。

（1）飞灰的捕集　烟气中的飞灰是用除尘设备来去除的，在垃圾焚烧中常用的是布袋除尘器和静电除尘器。

布袋除尘器的工作原理是带有粉尘的尾气通过布袋除尘器的滤布时，空气通过滤布而粉尘则被截留下来。滤布是除尘器的关键部件，滤布的耐热温度在 250℃左右。所以，高温尾气在进入布袋除尘器之前需要进行冷却降温。

静电除尘器的除尘机理是：当给电极通直流高压电后，放电电极便产生电荷，使烟尘带电。由于库仑力的作用，烟尘向集尘电极移动并黏附其上，再通过捶打，将烟尘从集尘电极上振落下来。

（2）飞灰的处理与处置　目前，飞灰处置的常用方法有：①固化、稳定化，经过固化稳定化处理后的产物，如满足浸出毒性标准或者资源化利用标准，可以进入普通填埋场进行填埋处置或进行资源化利用；②将飞灰中的重金属提取，提取后的重金属可以进行资源化利用。上述处理方法中的大部分已经实际应用于处理生活垃圾焚烧厂的飞灰，并取得一定的处理效果。飞灰的处理方法见图 6-12。

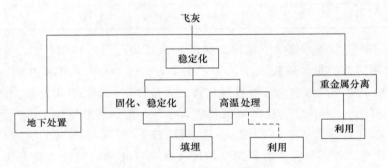

图 6-12　飞灰的处理方法

注：地下处置主要指深井注射，仍旧需要经过适当的预处理。

固化处理是利用固化剂与垃圾焚烧飞灰混合后形成固化体，从而减少重金属的溶出，常用的固化剂是水泥。水泥固化的机理是：在水泥的水化过程中，金属通过吸附、化学吸收、沉降、离子交换、钝化等多种方式与水泥发生水化反应，最终以氢氧化物或络合物的形式停留在水化硅酸盐胶体中；同时，水泥提供的碱性环境也抑制了重金属的渗滤。水泥固化处理飞灰的工艺成熟、操作简单、处理成本低。但垃圾焚烧飞灰中含有较高的氯离子，必须进行前处理。

药剂稳定化是利用化学药剂通过化学反应使有毒有害物质转变为低溶解性、低迁移性及低毒性物质的过程。不同种类的重金属需要采用不同的化学稳定剂，常用的有石膏、硫酸盐、硫化物和高分子有机稳定剂等。

如采用硫化物对飞灰进行处理时，主要是利用它们与重金属生成硫化物沉淀（$Pb^{2+} + S^{2-} \longrightarrow PbS\downarrow$），从而稳定飞灰中的重金属。药剂稳定化处理飞灰，具有工艺简单、设备投资低、最终处理量少等优点，但会产生高浓度无机盐废水。

重金属提取技术是通过酸、碱、生物和其他药剂等将飞灰中的重金属提取出来，将有害的飞灰变成无害的飞灰，飞灰就可以进入普通填埋场或作为建筑资源进行回收利用。该工艺简单、可操作性强，但同时也存在提取液的后续处理问题。

四、噪声控制

人类生活在一个充满声音的环境中。日常生活需要声音，也离不开声音。但并不是什么时候都需要声音，有些声音也会给人类带来危害，如机器的隆隆声，火车、汽车、飞机的轰鸣声，以及娱乐场所的高音喇叭声等。这些对人们生活、工作、学习和健康有妨碍的声音就是噪声，物理学上将由不同振幅和频率组成的不和谐的声音称为噪声。噪声的判断还与人们的主观感觉和心理因素有关。同一个人对同一种声音在不同的时间和地点会产生不同的感受；同一种声音对不同的人来说，由于处境不同或心态不同，也会产生不同的感觉。例如，在某些时候，某些情绪条件下音乐也可能是噪声。但无论什么人，对任何声音都存在一个忍受的极限强度，超过这一强度，就会对人产生伤害。总的来说，凡是人们不需要的、令人反感的声音都是噪声。

噪声是一种物理现象，常用一些物理量来描述，如声压和声强、声强级和声压级、声级和效声级等。分贝（dB）常是衡量噪声对环境污染的尺度。据研究，45～60dB 的噪声，对谈话产生中等程度干扰，65dB 以上噪声，讲话人必须大声叫喊才能被听到，70dB 噪声开始损害人们的听觉，80～90dB 以上噪声危害就更大。

噪声是一种环境污染，置身其间的任何人都难以逃避。噪声渗透到人们生产和生活的各个领域，能够直接感觉到它的干扰，污染程度取决于受害人的生理和心理因素。噪声出现时人们立即感到噪声污染，当声源停止时，噪声立即消失，在环境中没有留下任何残留物，所以人们认为噪声一般不会使人致命。另外不像物质污染那样，只有产生后果才引起注意，所以往往被人们所忽视。实际上，在短时间内人们或许感觉不到噪声的危害，但长时间处于噪声污染的环境下就会使人受害严重。噪声不仅损伤听力，严重时还可造成耳聋。据调查，长期工作在 85dB 环境中有 10％的人会产生职业性耳聋；90dB 的条件下有 20％的人会产生职业性耳聋；当人突然暴露在 140～160dB 的高强度噪声下，会使听觉器官发生急性外伤，引起鼓膜破裂、出血，甚至耳聋。噪声还会干扰人们的睡眠体息和工作，使人多梦、失眠和烦躁，易疲劳、易激动、记忆力减退、注意力不集中、影响工作、易出事故。长期处于强噪声环境下，还会引起人头痛、头晕、神经性衰弱、消化不良、高血压和心血管等疾病。

1. 垃圾焚烧厂噪声发生源分析

垃圾焚烧厂的主要噪声源包括余热锅炉蒸汽排空管、高压蒸汽吹管、汽轮发电机组、风机（送风机和引风机）、空压机、水泵、管路系统和垃圾运输车辆。此外，焚烧厂内还存在一些次要的噪声源，如吊车、大件垃圾破碎机、给水处理设备、烟气净化器、振动筛等。

垃圾焚烧厂噪声的声学特性大多属于空气动力学噪声，其次是电磁和机械振动噪声。由于垃圾焚烧厂是一种连续生产过程，其所产生的大多数噪声都是固定式稳态噪声，但也有随生产负荷变化而变化的排气放空间歇噪声、定期清洗管道的高压吹管间歇噪声以及运输车辆的间歇噪声。垃圾焚烧厂噪声的频谱一般集中分布在 125～4000Hz 的频率范围内。各种噪声源噪声的 A 声级范围、主要噪声类别和频谱特性见表 6-10。

2. 垃圾焚烧厂噪声控制原则

根据《生活垃圾焚烧污染控制标准》（GB 18485—2014），垃圾焚烧发电厂噪声应符合《工业企业厂界环境噪声排放标准》（GB 12348—2008）的相应要求。因此，在垃圾焚烧厂选址、设计之初，在满足其他基本选址条件的基础上，应尽量考虑选择人口密度小、远离居民区、处于当地下风向的地方，降低噪声对周围环境的影响。此外，为达到这一标准的要求，生活垃圾焚烧厂的噪声控制还应遵循以下原则：①选用符合国家噪声标准的设备，从声源上控制噪声；②合理布置总平面，尽量集中布置高噪声的设备，利用建筑物及绿化减弱噪声；③合理布置及固定各种汽、水、烟、风管道，采取正确的结构，防止产生振动和噪声；④对于声源上无法根治的生产噪声，分别按不同情况采用消声、吸声、隔声、隔振等措施，并着重控制声强高的噪声源；⑤减少交通噪声，垃圾运输车辆进出厂区时，降低车速，少鸣或不鸣喇叭。

表 6-10 垃圾焚烧厂噪声 A 声级排序表

主要噪声源	一般声级(A)/dB	噪声类别	频谱特性
锅炉蒸汽排空	100～150	空气动力	高频
风机(引风、送风)	85～120	空气动力、机械	低、中、高频
备用柴油发电机	112～113	空气动力、机械、电磁	低、中、高频
汽轮机发电机组	90～100	空气动力、机械、电磁	低、中、高频
空压机	90～100	空气动力、机械	低频
水泵	85～100	机械、电磁	中频
管道、阀门	85～95	空气动力	低、高频
垃圾运输车	85～90	空气动力、机械	低、中频

3. 垃圾焚烧厂噪声源的降噪控制方法

（1）锅炉安全阀排汽系统噪声　垃圾焚烧厂锅炉安全阀排汽系统是在锅炉故障、启动和停机过程中让蒸汽在极短时间内排空的旁通保护系统。它能间歇产生高频的空气动力学噪声，噪声瞬时声级能达到 150dB。

它的防噪措施主要包括：①在排气口安装消声器。实践证明，对排汽喷注噪声的最有效控制方法是在排汽口安装消声器，对发电厂及电站的高压高速排汽噪声，通常采用节流降压小孔喷注的复合消声器，由于它具有扩容降压和变频作用而会收到明显的效果。此外，也可采用扩容减压与引射掺冷消声器和扩散锥阻抗复合式消声器。②将锅炉蒸汽的排空口背向厂前区等低噪声区布置，利用高频噪声指向性传播突出的特点减弱噪声污染。

（2）风机噪声控制　锅炉引风机和送风机噪声是垃圾焚烧厂的主要噪声。风机在一定工况下运转时，产生强烈的噪声，主要包括空气动力性噪声和机械性噪声两大部分，其中空气动力性噪声的强度最大，是风机噪声的主要成分。由于风机的种类和型号不同，其噪声的强度和频率也有所不同，一般在 85～120dB 之间。

风机空气动力性噪声按产生的机理，它又可分为旋转噪声和涡流噪声。当风机在一定的压力条件下运转时，叶片周期性地打击空气质点，引起空气的压力脉动，形成周期性的旋转噪声。旋转噪声的基频就是叶片每秒钟打击空气质点的次数，它与风机叶轮转速、叶片数、风机流量、排气压力等因素有关，其噪声频谱呈中低频特性。当风机在一定压力条件下运转时，叶轮表面会形成大量的气体涡流，这些气体涡流在叶轮界面上分离时，即形成涡流噪声。涡流噪声的频率取决于风机叶片的形状以及叶片和气体的相对速度。叶片圆周速度随着与圆心的距离变化，从圆心到最大圆周，其速度连续变化。因此，涡流噪声是连续谱，呈中高频特性。

风机的机械噪声主要是齿轮或皮带传动所产生的冲击噪声和摩擦噪声，排气管、调压阀、机壳等振动引起的噪声，另外还有驱动电机的电磁声和冷却风扇的风噪声等。

要对风机的噪声进行有效控制，就必须对其辐射部位有所了解。风机噪声的辐射部位主要有进气口和出气口辐射的空气动力性噪声，机壳以及电机、轴承等辐射的机械性噪声，基础振动辐射的固体声。在这几部分噪声中，以进、出气口部位辐射的空气动力性噪声为最强，因此，在对风机采取噪声控制措施时，首先应考虑对这一部分噪声的控制。

控制风机噪声，可根据风机噪声的大小、现场条件和降噪要求，选用不同的控制措施。①在风机进、出气口管道上安装消声器。如前所述，风机噪声中，进、出气口辐射的空气动力性噪声强度为最大，为控制风机噪声，首先应将这部分噪声降下来，在风机进、出气口安装消声器是抑制风机噪声的最有效措施。②风机机组加装隔声罩。采用加装隔声罩措施就是将整个风机机组用密闭的隔声罩围包起来，隔声是利用隔声结构将噪声隔挡，减弱噪声的传递。隔声罩就是按隔声原理设制的，隔声罩往往由隔声层阻尼材料、吸声层和护面层组成。这样使隔声罩具有隔声和吸声双重降噪效果，可大大提高减噪效果。③采取改造风机房的综合治理措施。如果有专门的风机机房，则可结合现场情况采取将风机房改造成隔声间的降噪方法，即把风机机组封闭在风机房内使其噪声传不出去，这样机房内的噪声虽大，但外界噪声则小多了。

（3）汽轮发电机组噪声控制　汽轮发电机组噪声主要由 3 部分组成：①汽轮机噪声。主要是由高压高温蒸汽通过各种调节阀时产生泄漏所引起的，在汽轮机进汽流程中，需要安置各种用途的调节阀。一方面由于调节阀的加工、安装质量问题；另一方面由于调节阀长期受到严重的侵蚀，致使阀球的严密性受到破坏，一部分高温高压蒸汽被泄漏出来。一般这种泄漏都是呈临界状态，因此，泄漏出来的蒸汽速度达到声速，从而产生强烈的噪声，泄漏蒸汽噪声的强度和频率与泄漏状态及尺寸大小等有关。②发电机噪声。主要与发电机的结构类型有很大关系，主要决定于冷却方式。不论是何种类型的发电机，其噪声均由 3 种噪声组成：其一为电磁噪声，由电磁力的径向分量使定子机壳产生电磁振动从而辐射噪声；其二为空气动力噪声，大型发电机转子旋转时引起气流的变化，产生涡流噪声和空气脉动噪声，特别是 3000r/min 的水冷却发电机，转子上装有冷却风扇，其密度性要求又不很严格，所以在端盖、轴承处都有间隙而会泄漏产生较强的空气动力噪声，其频带很宽，声级可达 100dB；其三是电刷滑环、轴承等摩擦噪声或其他工艺质量引起的机械噪声，这些部件噪声多处于高频成分。对发电机而言，这部分噪声多低于励磁机噪声。③励磁机噪声。除励磁机内的风扇叶片的空气动力性噪声外，滑环与碳刷之间的摩擦声以及碳刷刷架的振动噪声也占有很大比重。此外，有些励磁机风冷作用的离心式风机的空气动力性噪声也很大，这种噪声源个别会高达 108dB 左右。

　　总体而言，汽轮机组噪声控制大致可以归纳为两个方面：一方面是从机组本身着手，针对具体汽轮机组设备采取噪声控制措施，降低噪声源，这是根治噪声污染的有效办法；另一方面，当对汽轮机组采取措施后，噪声还不能完全降到允许标准时，则用吸声、隔声、消声、隔振的办法，从传播途径的降噪措施来控制总体噪声效应和改善汽轮机组厂房的声环境。具体降噪措施有：选用低噪声的发电机组；在进、排气管道上装设阻性消声器；机组四周安装隔声罩（箱）；修复泄漏的阀门，恢复其严密性；机座下安装隔振支承，用于控制结构声；发电间采用吸声和隔声设计，在房间顶部屋架吊设吸声体，并在墙体表面敷设吸声材料。

　　总之，垃圾焚烧厂汽轮发电机组的噪声控制是一项综合工程。通过以上所述的一系列噪控措施后，可使厂房内的噪声得到明显的降低，通常可将汽轮机组及厂房的噪声降到88 dB 左右。

　　（4）空压机噪声控制　空压机噪声在 90～100dB（A）之间，以低频噪声为主，主要噪声是进、排气口辐射的空气动力性噪声，机械部件往复运动产生的机械性噪声，电动机噪声。其中主要辐射位置是进气口，高出其他位置 5～10dB（A）。

　　空压机的降噪措施主要有以下几种。①进气口装设消声器。空压机整体噪声中进气噪声占很大比例，因此加装进气消声器是控制整体噪声的主要手段。由于空压机进气噪声基本呈低频，所以，采用带插入管的扩张室与微孔板复合式消声器。②机组加设隔声罩，最好做成可拆卸式以便于检修和安装，并设置进排气消声器散热。③安装变截面排气管。空压机排气口至气罐的管段受排气压力脉动气流的作用而产生振动及辐射出的噪声，除可影响周围操作人员的健康外，还能导致结构疲劳。因此，建议采用变截面排气管。④避开共振管长度，并在管道中架设孔板进行管道防振降噪。⑤在贮气罐内适当位置悬挂吸声锥体，打破驻波，降低噪声。⑥在机座底部安装减振器。

　　（5）水泵噪声控制　水泵噪声主要是泵体和电机产生的以中频为主的机械和电磁噪声。该噪声随水泵扬程和叶轮转速的增高而增高。水泵的噪声还与水泵的流量脉动有关，除螺杆泵外，其他形式的水泵都因其压水腔容积变化率不均匀而存在着流量脉动的问题。由于液压回路对油液的阻力作用，流量脉动将转化为压力脉动，其关系式为：$\Delta P = R_h \times \Delta Q$，式中 R_h 为层流液阻。压力脉动会导致液压元件或液压系统产生振动而发出噪声。此外，水泵吸入系统如果混入空气，也会产生气穴，在压力较低处产生的气穴，其气泡在压力较高的部位因承受不了高压而破灭，产生局部液压冲击，引起振动并发出噪声，噪声值将增加 10～15dB。

　　水泵噪声的主要控制措施有：①合理设计通风量，如在电机温升允许时，尽量减小风量，还可以通过减小风扇直径来降低噪声；②采取措施，有效减小流量脉动；③合理选择叶片形状，如盆式叶片比大刀式叶片噪声低；④在泵体与基础之间安装减振器；⑤吸水管和水泵的密封部位密封性要好，吸油管道应粗而短，尽量避免或减少其截面积的突然变化，以防止气穴现象的发生；⑥加装消声器或隔声罩也是降低电机噪声的有效措施。加隔声罩控噪效果虽佳，但成本较高、维护不便。加装消声器一般可使 500Hz 以上噪声大大降低。

　　（6）管路系统噪声控制　垃圾焚烧厂的管路系统较为复杂，阀门和管道很多，形成了线噪声源。一般情况下，阀门噪声居主要地位。阀门噪声主要有三种：①低、高频机械噪声；②以中、高频为主的流体动力学噪声；③气穴噪声，当阀门开度较小时尤为突出。管道噪声包括风机和泵的传播声，以及湍流冲刷管壁的振动噪声。

管路系统的噪声控制措施有：①选用低噪声阀门，例如多级降压阀、分散流通阀、迷宫流道阀以及组合型阀门；②在阀门后设置节流孔板，可使管路噪声降低 $10\sim15dB$；③在阀门后设置消声器；④合理设计和布置管线，设计管道时尽量选用较大管径以降低流速，减少管道拐弯、交叉和变径，弯头的曲率半径至少 5 倍于管径，管线支承架设要牢固，靠近振源的管线处设置波纹膨胀节或其他软接头，隔绝固体声传播，在管线穿过墙体时最好采用弹性连接；⑤在管道外壁敷设阻力隔声层，提高隔声能力，可与保温措施结合起来，形成防止噪声辐射的隔声保温层。

（7）垃圾运输车辆噪声控制　车辆噪声包括排气噪声、发动机噪声、轮胎噪声和喇叭噪声，音频以低、中频为主。除了选用低噪声的垃圾运输车辆外，主要靠车辆的低速平稳行驶和少鸣等措施降噪。

（8）其他次要噪声的控制　焚烧车间大件垃圾破碎机、给水处理设备、空气预热器、烟气冷却装置、烟气净化器、振动筛等设备也能产生 $80\sim90dB$ 的噪声。主要通过选用低噪声设备和车间的隔声与吸声措施降噪。

五、恶臭控制

恶臭污染物是指一切刺激嗅觉器官引起人们不愉快并损害周围环境的气体物质。从广义上说，我们把散发在大气中的一切有味物质统称为恶臭气体。迄今为止，凭人嗅觉感知的恶臭物质有 4000 多种。恶臭物质一般在大气中扩散，有些会随废水废渣排入水体，不仅使水发生恶臭味，还会使鱼类等水生生物发出恶臭而不能食用。恶臭物质的气味，不仅取决于它的种类和性质，也取决于它的浓度。通常把正常人勉强可以感觉到气味的浓度，即恶臭的最低嗅觉浓度称为嗅觉阈值。一般情况下，人的嗅觉对多数恶臭物质的嗅觉阈值都在 10^{-9} 以下，远远超过了分析仪器对恶臭物质的最低检出浓度（仪器的最低检出浓度在 $10^{-6}\sim10^{-9}$ 的范围内）。某些恶臭物质的嗅觉阈值见表 6-11。

表 6-11　某些恶臭物质的嗅觉阈值

物质名称	嗅觉阈值	物质名称	嗅觉阈值
氨	0.037×10^{-6}	甲基硫化苯	0.0021×10^{-6}
乙醇	10×10^{-6}	二甲基硫	0.001×10^{-6}
甲硫醇	0.00099×10^{-6}	乙基硫	0.003×10^{-6}
氯化氢	0.061×10^{-6}	二乙基硫	0.0046×10^{-6}
臭氧	0.005×10^{-6}	乙基丙烯酸	0.00047×10^{-6}
氯	0.314×10^{-6}	烯丙基硫醇	0.00005×10^{-6}
吡啶	0.012×10^{-6}	异丁硫醇	0.00097×10^{-6}
硫化氢	0.0011×10^{-6}	对甲酚	0.001×10^{-6}
3-甲基吲哚	0.000000075×10^{-6}	3-氯甲基-4-羟基-苯甲醛	0.000000032×10^{-6}

恶臭物质种类繁多，分布较广，大致可分为 3 类：①含硫的化合物（硫化氢、甲硫醇、甲基硫醚等）；②含氮化合物（氨、三甲胺等）；②碳氢或碳氢氧组成的化合物（低级醇、醛、脂肪酸等）。目前常提的 8 大恶臭物质是：硫化氢、氨、三甲胺、甲硫醇、二甲二硫、二硫化碳、甲硫醚、苯乙烯。恶臭物质对人们的影响也是多方面的，严重危害人体健康，须引起足够的重视。

恶臭是 7 种典型公害（大气污染、水质污染、土壤污染、噪声、振动、土地下沉、恶臭）之一，危害着人们的身体健康和生活的安宁与舒适。恶臭对人体的危害主要表现在以下几个方面。①危害神经系统。长期受到一种或几种低浓度的恶臭物质刺激，首先使嗅觉脱失，继而导致大脑皮层兴奋与抑制过程的调节功能失调。有的恶臭物质，如硫化氢不仅有异臭作用，同时也对神经系统产生毒害作用。②危害呼吸系统。当人们嗅到臭气时，会反射性地抑制吸气，妨碍正常呼吸功能。③危害循环系统。如氨等刺激性臭气，会使血压出现先下降后上升，脉搏先减慢后加快的变化。硫化氢还能阻碍氧的输送，而造成体内缺氧。④危害消化系统。经常接触恶臭物质，使人食欲不振与恶心，进而发展成为消化功能减退。⑤其他危害。恶臭会使内分泌系统的分泌功能紊乱，而影响机体的代谢活动。氨和醛类对眼睛有刺激作用，常引起流泪、疼痛、结膜炎、角膜浮肿。长期受到恶臭的持续作用会使人烦躁、忧郁、失眠、注意力不集中、记忆减退，从而使学习和工作效率降低。

通常有害气体对人体的生理影响与有害气体的浓度成正比，由于人的嗅觉对臭味很敏感，嗅阈值极低（见表 6-11），所以恶臭给予人的感觉量与恶臭物对人嗅觉刺激量（恶臭物浓度）的对数成正比。即使把恶臭物质去除了 90%，但人的嗅觉只能感觉到臭气浓度减少了一半，因此恶臭治理难度比较大。

1. 生活垃圾焚烧厂恶臭污染的发生源分析

生活垃圾在进入焚烧设备焚烧之前，一般需要在垃圾贮坑停留 3～5 天的时间，其目的是保证垃圾持续、稳定、均匀地进入焚烧设备，确保焚烧厂的正常运行和发电量的稳定。大型垃圾焚烧厂的垃圾贮坑往往容纳着每天厂外运来的数百吨垃圾，如此众多、百味杂陈的垃圾长期存放在贮坑内，伴随着垃圾自身降解所产生的热量所形成的高温，相对湿度也常常接近百分之百，构造了一个非常适宜微生物繁殖的地带。在众多厌氧微生物和兼氧微生物的作用下，垃圾在这种环境下发生降解，同时产生硫化氢、氨气、甲硫醇等众多具有窒息性的恶臭气体。如此高浓度的异味空气如果不幸外泄到贮坑外，即使经过大量空气的稀释后，还是可以让人轻易闻出来。

贮坑内臭气容易发生泄漏的地点主要有两类。①厚度较薄的一些贮坑隔墙，如垃圾吊车操作室、人员走道、参观窗口墙面等周边。这些厚度较薄的贮坑隔墙最好在建设之初就在其内表面涂抹阻隔面漆，否则臭气日后可能会透过混凝土间的微细孔洞向外宣泄出来。表面上看这似乎有点不可思议，但事实上这却是经常出现泄漏的原因。其泄漏的时机是垃圾吊车在执行垃圾搅拌作业时，由抓斗里重达数吨的垃圾从 30 余米的高空向下投坠到贮坑底部所产生的强大空气搅动与局部的内外空气压差所造成。②另一个常发生臭气泄漏的地点是垃圾抓斗维修开孔。这个开口的位置一般设在垃圾进料口平台层，面积相当大。其主要用途为：当垃圾吊车抓斗需要运离贮坑时，可将抓斗直接吊降至开口下方的地面层，由卡车载运出厂（运入时亦同）。使用机会不多，因此平时皆以活动遮板覆盖，由于覆盖的边缘区域密封经常出现缝隙，所以容易发生臭味泄漏问题。

虽然与垃圾填埋场相比垃圾焚烧厂产生的恶臭要轻得多，但对焚烧厂职工、周围居民的正常生活和工作仍会造成极大的影响，必须加以有效处理。生活垃圾焚烧厂中氨、硫化氢、甲硫醇和臭气浓度厂界排放限值根据厂址所在区域，应分别按照《恶臭污染物排放标准》（GB 14554）表Ⅰ相应级别的指标执行。

2. 生活垃圾焚烧厂恶臭污染的控制措施

生活垃圾焚烧厂的恶臭污染控制主要依靠隔离与抽气的方法，常用的管理措施有：①采用封闭式垃圾运输车；②在垃圾卸料平台的进出口处设置风幕门；③在垃圾贮坑上方抽气作为助燃空气，使贮坑区域形成负压，以防止恶臭外溢；④定期清理在贮坑中的陈垃圾；⑤设置自动卸料门，使垃圾贮坑密闭化。

但新近的研究资料表明，垃圾贮坑内的负压作用对臭气外泄的问题只能治标不能治本。常规的观念认为，垃圾贮坑内的臭空气会由风机抽送至焚烧炉，保持贮坑处于负压状态，因此外界空气只会流入贮坑，臭气不会泄漏出来。但这样的假设忽略了焚烧厂运行时贮坑内的实际状况：①贮坑内的负压不足，容易被正常作业所破坏。相对于吸入焚烧炉的助燃空气流量，垃圾贮坑的体积可谓庞大无比，风机抽吸臭气在贮坑内所形成的空气负压值充其量不超过 $10mmH_2O$。因此，随便一阵自然的微风或是人员进出贮坑时门扇开合的动作都可以轻而易举地克服。②贮坑内的负压并非均匀分布。贮坑内负压值最大的地方是风机的吸风口处，而在最容易发生臭气外泄混凝土墙空洞或结构体伸缩接缝处，由于位于贮坑壁，必然是负压值最低的地方。因此，希望贮坑内的负压能有效杜绝空洞或缝隙处的臭气外泄，可能性微乎其微。③垃圾长期存放在贮坑内会不断膨胀发热并产生大量气体，这些因物理和化学变化所产生的额外气体会造成空气体积的自然膨胀，在一定程度上抵消了风机抽吸所形成的负压作用。

3. 恶臭污染的治理技术简介

恶臭污染的治理技术通常可分为物理法（包括密封法、掩蔽法、稀释法等）、化学法（包括直接燃烧法、催化燃烧法、吸收法等）和生物法（包括生物滤池法、生物洗涤塔法）三大类，表 6-12 对恶臭的各种治理技术进行了简要介绍。其中生物法由于设备简单、运行费用低，已逐渐成为净化恶臭物质的主要方法。

恶臭生物处理的机理是：臭气物质首先溶解在水中，而后被微生物吸收，作为微生物营养物质被分解、利用，从而除去污染物。是应用自然界中微生物能够在代谢过程中降解恶臭物质这一原理开发的大气污染控制新技术，是近年来兴起的全新方法。它与物化技术相比，具有投资低且不易产生二次污染等优点，国外研究活跃，尤其日本、荷兰、德国，近年来已广泛应用于低浓度恶臭源的治理。我国仅在 20 世纪 80 年代末才开始实验室研究，主要集中在改进生物脱臭方式和工艺路线上，有关处理硫系恶臭物质的微生物研究还处于初级阶段。具有代表性的生物脱臭工艺其生物相来源于自然或人工环境中的混合菌群，虽经驯化，但总体代谢选择性和有效微生物比例仍较低，单位体积的处理负荷不高。

因此广泛查找自然界现存的硫化物氧化菌，并筛选出高效、广谱脱臭菌群是下一步的工作重点。

表 6-12　恶臭的主要治理技术简介

名称		具体方法	适用范围
物理法	密封法	采用固体、无臭气体或液体隔断恶臭物质扩散来源，使恶臭物质不可能进入或允许不可避免的极少量进入空气中。设备维修时应采取强制通风措施，保证维修人员的安全	适用于低浓度恶臭气味的控制
	掩蔽法	根据气味混合作用原理，采用更强烈的芳香气味或其他令人愉快的气味与臭气混合，以掩蔽臭气或改变臭气的性质，使气味变得能够为人们所接受，或采用一种能抵消或部分中和恶臭的添加剂，以减轻恶臭	适用于生活源低浓度恶臭气味的控制
	稀释扩散法	稀释扩散法是将有气味的气体抽至高空扩散或以无臭的空气将其稀释，以保证在抽气日的下风向和臭气发生源附近工作和生活的人们不受恶臭的袭扰。垃圾焚烧厂在设计时应考虑当地主导风向，将恶臭发生源布局在主导风向的下风侧	中低强度恶臭物质，工业有组织排放源的处理
	设置绿化隔离带	绿化既可以美化厂容，还可净化空气。垃圾焚烧厂与居民之间，应尽可能建成高大树木的绿化隔离带，形成绿化屏障，以减少臭气对居民的影响。垃圾焚烧厂内应种植若干吸收臭气、净化空气作用较大的树木，如夹竹桃等	
	吸附法	吸附脱臭采用吸附剂来达到除臭的目的，吸附剂一般表面积大，在其表面上能吸附恶臭分子。一般吸附剂为物理吸附剂，如活性炭、活性白土硅胶、氧化铝凝胶、沸石以及离子交换树脂等。达到吸附平衡时，吸附剂可进行再生，如吸附剂不需要再生，操作过程和设备则更为简单，该方法净化效率高，但一次性投资较大	适用于恶臭浓度较低的场合，不宜在高温及含有粉尘的气体中使用
	水吸收法	让恶臭气体与水接触，使恶臭物质溶于水中，达到除臭的目的。此法存在二次污染问题，一般只作为预处理手段。典型的例子是用水吸收氨	仅对水溶性的恶臭物质有效
化学法	直接燃烧法	恶臭物质大都是可燃烧物质，加热到一定温度，使之燃烧就能生成无害无臭的二氧化碳和水，以此达到除臭的目的。直接燃烧法具有设备结构简单，适用范围广的特点。在炉温 600～800℃，气体在炉内的停留时间为 0.3～0.5s 的情况下，所有恶臭及烃类物质的去除率几乎都能接近 100%。其主要缺点是所耗用的燃料较多，故运转费用较高	适用于各种浓度和风量的恶臭物质，有组织排放的工业源
	催化燃烧法	催化氧化法是采用各种贵金属和迁移金属制成的各种活性组分催化剂，能有效地降低有机污染物的氧化温度，使一般有机污染物在 200～300℃ 时均能起燃，与直接燃烧法相比，能节约大量能源。该法由于净化效率高并可在较高的空速下运行，一般空速可达 20000h^{-1}，这样可缩小处理装置的体积	适用于各种浓度和风量的恶臭物质，有组织排放的工业源
	化学吸收法	采用碱液、酸等各种吸收液与恶臭物质接触、反应而达到除去恶臭的目的。如碱液吸收用于处理 H_2S、硫醇、乙酸、SO_2 等；酸液吸收用于处理 NH_3、胺类等；氧化吸收可采用高锰酸钾、次氯酸钠及氯气作氧化剂，用于处理硫醇、醛、H_2S 等。该法处理费用较低，但处理效率不是特别理想，而一般恶臭处理设施都要求很高的净化效率。因此，该法可与其他方法组合起来使用	适用于酸性、碱性或还原性恶臭物质
	化学氧化法	化学氧化法又可分为臭氧氧化法、催化氧化法及其他氧化法三大类，其共同的原理为：利用强氧化剂的氧化作用，将恶臭物质氧化分解为无臭或弱臭的物质	有组织排放工业源中中低强度的恶臭物质

名称		具体方法	适用范围
生物法	土壤法	该法是人们最早利用的微生物脱臭法。其原理是将恶臭气体送入土壤中,使其在通过土壤层时恶臭成分被土壤颗粒吸附,通过土壤微生物吸收、降解,以达到脱臭处理的目的。土壤脱臭一般采用固定床	高中低浓度的恶臭物质
	堆肥发酵脱臭法	该法的原料以污泥、城市垃圾和禽畜粪便为主,经好氧发酵、热处理而成。把堆肥覆盖在臭气发生源或出口处,或集中送到脱臭装置中脱臭,其装置同土壤法类似。堆肥中的微生物较土壤中的多,因而除臭效率高	有组织排放源
	填充式生物脱臭法	该方法是依靠生长在惰性载体上的微生物来处理恶臭成分的系统,恶臭气体自下而上穿过装有吸附微生物填料的填充塔。由于载体的存在使得微生物的量增大,气液接触效率高,所以可高效去除恶臭。载体有有机物,如泥碳、混合肥、塑料、陶瓷等	有组织排放,中低浓度的恶臭物质
洗涤式生物脱臭法		该法的主要原理是将恶臭物质和含悬浮泥浆的混合液充分接触,使之在吸收器中从臭气中去除掉,洗涤液再送到反应器中,通过悬浮生长的微生物的代谢活动降解溶解的恶臭物质,达到除臭的目的	适用范围广,不产生二次污染
联合法		使恶臭气体顺序经过采用两种或两种以上上述方法的脱臭装置,以高效快速地去除多种恶臭物质。常用的组合有洗涤-吸附法、吸附-氧化法等	有组织排放,成分较复杂的排放源头

4. 恶臭的分析与评价方法

除臭率是恶臭治理设计和监控的主要参数,为此要求恶臭分析数值定量化。恶臭的定量分析主要有两种方法:仪器分析法和嗅觉测定法。

仪器分析法主要用于测定单一的恶臭物质,单一恶臭物质主要包括小分子的有机酸、酮、脂、醛类、胺类,以及硫化氢、甲苯、苯乙烯等。分析测定主要采用 GC/MS、HPLC、离子色谱、分光光度法等精密分析仪器进行,所以一般分析费用较高,分析时间也比较长。仪器分析法是传统的分析方法,这方面的有关资料比较多,这里就不再详细介绍。我国恶臭污染物排放标准中规定的 8 种恶臭物质的测定方法见表 6-13。

表 6-13 单一恶臭物质的测定方法

序号	控制项目	测定方法	标准序号
1	氨	次氯酸钠-水杨酸分光光度法	GB/T 14679
2	三甲胺	二乙胺分光光度法	GB/T 14676
3	硫化氢	气相色谱法	GB/T 14678
4	甲硫醇	气相色谱法	GB/T 14678
5	甲硫醚	气相色谱法	GB/T 14678
6	二甲二硫醚	气相色谱法	GB/T 14678
7	二硫化碳	气相色谱法	GB/T 14680
8	苯乙烯	气相色谱法	GB/T 14677

恶臭物质往往是由许多物质组成的复杂复合体，例如垃圾产生的恶臭就包括氨、硫化氢、甲硫醇等几十种恶臭气体。这就给恶臭的测定和评价带来困难。传统的仪器测定虽然能够测定单一恶臭气体的浓度，但却不能反应恶臭气体对人体的综合影响。为此人们引进了嗅觉测定法。即通过人的嗅觉器官对恶臭气体的反应来进行恶臭的评价和测定工作。这里简单介绍比较常用的六级臭气强度法和三点比较式臭袋法。

（1）六级臭气强度法　六级臭气强度法最初参照调香师的嗅觉感知，以 0～5 用六级臭气强度表示，具体见表 6-14，其中 2.5～3.5 为环境标准值。简单的测定方法是以 3 人为一组，按表 6-13 表示的方法，以 10s 的间隔连续测定 5min 所得的结果。这种方法对测定人员的要求比较高，以 0.5 为一个判定单位误差也比较大。但臭气强度能和一定的恶臭物质浓度相对应，二者存在正相关关系。例如 1×10^{-6} 和 5×10^{-6} 浓度对应的臭气强度法分别为 2.5 和 3.5。

表 6-14　臭气强度的分级

恶臭强度	分级内容
0	无臭
1	勉强感知臭味（检知阈值）
2	可知臭味种类的弱臭（确认阈值）
2.5 3 3.5	容易感到臭味,有明显气味
4	强臭
5	不可忍耐的剧臭

（2）三点比较式臭袋法　三点比较式臭袋法是在六级臭气强度法的基础上进行了部分改进，又称臭气浓度法。所谓臭气浓度指用无臭空气对恶臭气体（包括异味）进行稀释，稀释到刚好无臭时，所需的稀释倍数即为臭气浓度。具体方法是将 3 个无臭塑料袋之一装入恶臭气体后，让 6 人一组的臭气鉴定员鉴别，逐渐稀释恶臭气体，直到不能辨别。去掉最敏感和最迟钝的两个人，以其他人的平均值作为最后的测定结果。只要是年满 18 岁、嗅觉没有问题的人，经检查合格均可申请做臭气鉴定员。这种方法的特点是不是直接判断臭气强度的大小，而是通过判定臭气的有无，再通过计算，间接判定臭气的强弱，现在此方法已作为国家标准发布（GB/T 14675）。

（3）嗅觉感受器测定法　近年来发展比较快的是嗅觉感受器测定法，其原理是模仿人的嗅觉器官，制成可测定不同恶臭气体的感受器，感受器的种类包括有机色素膜感受器、有机半导体感受器、金属酸化物半导体感受器、光化学反应感受器、合成脂质膜水晶震动子感受器等。例如合成脂质膜水晶震动子感受器的原理是利用人工合成的双分子膜接触到恶臭物质后产生重量变化，将这种变化转变成周波数的形式加以检测，最低检出可达 10^{-9}ng 水平。

六级臭气强度法、三点比较式臭袋法、仪器分析法、嗅觉感受器测定法四种方法各有特点。四种测定方法之间的比较见表 6-15。

5. 恶臭污染的评价方法

从发生源向大气扩散的恶臭物质对环境的影响使环境气体的组成发生变化，从而引起

表 6-15　不同恶臭分析方法之间的比较

测定方法	测定原理	测定对象	主要问题	特　点
三点比较式臭袋法	人的嗅觉	主要为复合臭气	容易产生嗅觉疲劳,不能进行大量测定	直接判定臭气的有无,不需特殊装置
六级臭气强度法	人的嗅觉	单一臭气或复合臭气	容易产生嗅觉疲劳,不能进行大量测定	直接判定臭气的有无,不需特殊装置
仪器分析法	化学分析	主要为单一臭气	测定费用高测定时间较长	用 GC/MS、HPLC、离子色谱等进行精密分析
嗅觉感受器测定法	电阻,共振周波数的变化	单一臭气或复合臭气	存在其他气体的干扰问题	可进行快速连续测定

人们对恶臭的嗅觉感觉。恶臭的污染发生过程一般包括臭气发生过程、大气扩散过程、感觉-意识过程三部分。其中,恶臭发生过程的主要影响因素为不同发生源恶臭产生的工艺、产生的形态(烟源条件、排气特性)、产生模式等,产生的恶臭物质对应不同的气象条件、地形条件在大气中扩散,在感觉-意识过程中人的身体状况、心理状态、对恶臭的关心程度、环境意识的不同等为主要影响因素。恶臭污染评价的目的就是要针对这三个过程,对可能造成的恶臭污染加以分析,并提出切实可行的措施,以保证人们有一个舒适的空气环境。

(1) 臭气的评价指标　恶臭的评价要素一般包括恶臭的强度、广泛性、性质等几个方面。其中臭气浓度作为恶臭广泛性的代表,是比较常用的一个恶臭环境影响评价指标。恶臭作为气体形式的一种,其环境影响预测可按与大气相同的方法进行。但由于现在在单质恶臭气体的分离和定量还存在一定的困难,各成分间相加、相乘、拮抗作用等原理尚未清楚了解,所以一般用臭气排出强度 OER (odor emission rate) 进行预测。

$$OER = Q \times C \qquad (6-14)$$

式中,OER 为臭气排出强度;Q 为单位时间内气体排出量,m^3/min;C 为臭气浓度。

恶臭的发生源为复数时,各个发生源的总和为总臭气排出强度(TOER)。当烟源的高度较低,用大气扩散模型预测比较困难时,可通过类似设施的调查,计算出臭气排出强度,并根据稀释比来推定建设项目的臭气浓度。这种方法是一种比较粗的预测方法。

另外,不同的臭气会给人以不同的嗅觉感觉,对不同的臭气的这种性质的描述目前还没有统一的规范。其原因:一是臭气的种类太多,如比较常见的单质恶臭气体就有几十种,复合恶臭气体就更多;二是即使对同一种恶臭气体,不同的人对其性质也会有不同的描述。日本的齐藤幸子等在对常见的单质恶臭气体和 7 种复合恶臭气体的性质描述中,就使用了多达 180 种的表述语。

(2) 预测方法　可用大气扩散式对恶臭的扩散进行预测。大气扩散式有多种,大气环境评价中常用的常规高斯烟流模式形式为:

$$C = \frac{Q}{\pi \mu_e \sigma_y \sigma_z} \exp\left(\frac{y^2}{2\sigma_y^2}\right) \exp\left(\frac{-H^2}{2\sigma_z^2}\right) \qquad (6-15)$$

式中，C 为恶臭污染物地面浓度；μ_e 为有效源高处平均风速，m/s；y 为横向距离，m；H 为有效源高，m；σ_y 为水平方向扩散系数，m；σ_z 为垂直方向扩散系数，m；Q 为总臭气排出强度。

其中，σ_y、σ_z 可采用 Pasquill-Gifford 扩散参数，对有效源高、有效源高处平均风速的计算，各种大气污染评价的资料中都有介绍。需要指出的是，在实际计算时，常用的烟气抬升公式有 10 多种，并存在参数选择的差异，所以要根据实际情况来选择模型和参数。

（3）臭气浓度的补正　Pasquill-Gifford 扩散参数对应的评价时间为 30～60min，一般感觉恶臭的时间在数秒至 15s 之间，平均为 10s。臭气捕集时间所对应的臭气浓度按下式计算：

$$C_s = (T_k / T_s) r \times C_k \tag{6-16}$$

式中，C_s 为捕集时间 T_s 所对应的臭气浓度；C_k 为捕集时间 T_k（30～60min）所对应的臭气浓度；r 为定数，一般取 0.2。

六、废水处理

1. 渗滤液特征

焚烧厂垃圾渗滤液主要是指垃圾在贮坑堆放过程中其本身所含水分受挤压作用而排出的水分及垃圾中的有机组分在贮坑内经厌氧发酵而生成的水分所形成的一种组成复杂的高浓度有机废水。此外，在绵绵的梅雨季节或是长时间的连续大雨后，由于垃圾在运输过程中常常遭受雨水的淋浴、冲刷，垃圾运输车在将垃圾倾倒入垃圾贮坑的同时往往带入大量雨水，也构成了焚烧厂渗滤液的一个来源。

垃圾渗滤液产生量主要受进厂垃圾的成分、水分和贮存天数的影响，其中厨余和果皮类垃圾含量是影响渗滤液的质和量的主要因素。由于地域的差异，国内各地的垃圾的成分和含水率差别较大，一般垃圾的含水率在 20%～50%，过水垃圾甚至达到 70% 以上。在垃圾压实、降解过程中，垃圾持水能力降低，导致部分初始含水释放而形成焚烧厂渗滤液的一个主要来源。焚烧厂渗滤液产生量一般为处理垃圾量的 0～10%，北方由于气候干旱而偏低，在南方瓜果使用高峰季节，渗滤液的产生量可达到垃圾量的 15%。与垃圾填埋场渗滤液相比，焚烧厂垃圾渗滤液的产生量要少得多，但由于其复杂的组分，特殊的物化特性，仍然是垃圾焚烧厂常面临的一个棘手的难题。

垃圾渗滤液的性质取决于垃圾成分和气候条件，一般来说有以下特点。①水质复杂，危害性大。张兰英等采用 GC-MS-DS 联用技术鉴定出垃圾渗滤液中有 93 种有机化合物，其中 22 种被列入我国和美国 EPA 环境优先控制污染物的黑名单。此外，渗滤液中还含有10 多种金属和氨氮等，水质成分十分复杂。②COD 和 BOD 浓度高。与城市污水相比，渗滤液中 COD 和 BOD 极高，COD_{Cr} 可达 90000mg/L，BOD 可达 38000mg/L。垃圾渗滤液中含有大量的有机污染物，一般而言，渗滤液中的有机成分可分为低分子的脂肪酸类、腐殖质类高分子的碳水化合物和中等分子量的灰黄霉酸类物质等三类。对生活垃圾焚烧厂渗滤液而言，所含各种有机物大多为腐殖类高分子碳水化合物和低分子的脂肪酸类物质，这意味着 BOD/COD 的值相对较高，即其可生化性远好于老龄垃圾填埋场渗滤液。③氨氮含量高。氨氮浓度随堆放时间的延长而升高，最高可达 1700 mg/L；渗滤液中的氮多以氨氮形式存在，占 TNK 的 40％～50％。④水质水量变化大，垃圾焚烧厂渗滤液水质水量的变化很大，影响垃圾渗滤液水质和水量的因素主要是垃圾的性质、季节和气象（降雨和降雪量）等。⑤垃圾渗滤液中的微生物营养元素比例失调：一般来说，对于生物处理，垃圾渗滤液中的磷元素总是缺乏的。⑥金属含量较高，如铁的浓度可达 2050mg/L，铅的浓度可达 12.3mg/L，钙的浓度甚至达到 4300 mg/L，渗滤液中含有多种金属离子，其浓度与所填埋垃圾的类型、组分和时间等密切相关。一般而言，渗滤液带出的重金属占垃圾带入总量的 0.5％～6.5％。⑦色度深，有恶臭。

由于生活垃圾焚烧厂垃圾渗滤液的污染物种类接近于普通垃圾填埋场渗滤液的污染物种类，而可生化性及氨氮等方面又与垃圾填埋场渗滤液有所不同，所以将常规的填埋场渗滤液处理的工艺运用于垃圾焚烧厂垃圾渗滤液的处理是不合适的。

某垃圾焚烧厂渗滤液的典型指标如表 6-16 所列。

表 6-16　某垃圾焚烧厂渗滤液的典型指标

项目	pH 值	BOD_5	COD_{Cr}	SS	Cl^-	VFA	TN	NH_4^+-N
浓度	8.01	22379	54932	9098	3369	6060	2511	764
项目	NO_3^--N	TP	PO_4^{3-}	As/(μg/L)	Hg/(μg/L)	Pb	Cr	Cd
浓度	235.9	77.22	49.04	16.80	8.31	2.43	0.73	0.25
项目	Fe	Zn	Ni	Cu	Ag	SO_4^{2-}		
浓度	170.9	12.46	1.92	0.41	0.85	1726		

注：单位除 pH 值和标明的外，皆为 mg/L。

焚烧厂的生产和生活废污水包括洗车废水、卸料场地冲洗废水、除灰渣废水、灰储槽废水、锅炉废水及实验室等。生产废水必须经过废水处理系统处理，处理后的水应优先考虑循环再利用，必须排放时，水中污染物允许值按《污水综合排放标准》（GB 8978）执行。焚烧厂生产和生活废/污水的来源与产生量见表 6-17，焚烧厂生产和生活废/污水的物化性质见表 6-18。

表 6-17　焚烧厂生产和生活废/污水的来源与产生量

名称	来源简介	产生量
洗车废水	垃圾运输车冲洗时产生的废水	废水产生量与洗车方法、洗车装置及垃圾性质有关，一般需 10～500L/辆
卸料场地冲洗废水	垃圾运输车倾倒平台的冲洗时产生的废水	一般需 33L/t 垃圾，具体要根据洗涤次数、平台面积而定
除灰渣废水	垃圾焚烧灰渣的消火、冷却时产生的废水	一般需 5～10m³/(h·炉)
灰储槽废水	经喷水冷却后的灰贮槽内产生的废水	连续燃烧时废水产量比间歇燃烧多，一般需 0.1～0.15m³/t
喷水废水	燃烧烟气冷却喷水时而产生的废水	与喷射量、喷射方法有关，一般间歇式燃烧需 1.2m³/t，半连续式燃烧需 0.5m³/t，连续式燃烧需 0.12～0.19m³/t
洗烟废水	洗烟设备为去除烟气中有害气体成分而产生的废水	为洗烟用水量的 15％，一般需 0.5～1.3m³/t 垃圾

名称	来源简介	产生量
锅炉废水	为调整锅炉水质、去除锅炉底部结垢而产生的废水	与给水水质、锅炉压力、型式有关,一般为锅炉给水量的10%
纯水装置废水	纯水装置的离子交换树脂再生时产生的废水	与软水装置30min出水量相当
实验室废水	实验室污染物指标测定时产生的废水	与实验室分析频率有关
职工生活污水	职工厂内生活形成的污水	按85~95L/(人·班)计算,或根据处理规模按0.1~0.15m³/(d·t)计算

表 6-18　焚烧厂生产和生活废/污水的物化性质

名称	主要物化性质
洗车废水	pH5.1~8,BOD_5 100~1200mg/L,COD<50~1300mg/L,SS 95~1000mg/L,油分10~60mg/L
卸料场地冲洗废水	pH 6~8,BOD_5≤200mg/L,COD≤200mg/L,SS≤300mg/L
除灰渣废水	pH9~12,COD150~300mg/L,SS 300~1100mg/L,此外,还含有多种轻金属和重金属离子,其中 Cd 0.13~0.27mg/L,Pb 3.8~15.6mg/L,Zn 5.8~15.6mg/L
灰储槽废水	pH6~13,BOD_5 20~5000mg/L,COD 80~1800mg/L,SS 200~300mg/L,盐浓度高,一般可达 0.5%~3.5%;此外,还含有多种轻金属和重金属离子,其中 Cd 0.004~1mg/L,Fe≤100mg/L,Mn≤20mg/L,Zn≤60mg/L,Hg≤0.16mg/L,Pb 0.1~30mg/L
喷水废水	pH 1~3,BOD_5 23~500mg/L,COD<1000~550mg/L,SS 54~7800mg/L
洗烟废水	采用氢氧化钠溶液洗烟后,其废水含盐量较高,可达到 1%~20%,BOD_5 15~400mg/L,COD_{Cr} 20~500mg/L,此外还含有较多重金属,Cd 0.1~20mg/L,Pb 1.5~200mg/L,Fe≤3600mg/L,Zn 30~1050mg/L,Hg 0.002~30mg/L,其中汞的处理问题比较重要
锅炉废水	锅炉废水含有较多铁分,可达 100mg/L,其余指标为 pH 10~11,BOD_5 30mg/L,SS 50mg/L
纯水装置废水	BOD_5≤30mg/L,COD_{Cr}≤100mg/L,SS≤30mg/L
实验室废水	根据试验项目不同,所含有害物不同
职工生活污水	pH 呈中性,BOD_5 100~200mg/L,COD_{Cr} 300~500mg/L

2. 焚烧厂污水处理与处置技术

污水处理途径与处理程度的确定,一方面要考虑污水性质,更主要的是要考虑污水的出路以及不同出路对应的处理标准。只有确定不同出路的处理标准后,才可能确定与这种标准相适应的处理系统。而污水经处理后的最终出路有:排入下水道、排放水体或中水回用。

在建有城市生活污水处理厂的地区,可将垃圾贮坑中的渗滤液、灰仓中熄灭灰渣的冷却水和烟气洗涤设备的排水一并收集后经过物理化学处理(沉淀法和中和法)再排入城市污水系统。如果 COD、BOD 浓度较高,可采用生化方法和活性污泥法处理。如果废水量不大,可将废水喷入焚烧炉烧掉,以彻底根除废水排放。为达到减少废水排放量的目的,烟气洗涤可采用喷雾干燥法，消除烟气洗涤过程中的排水。出灰废水、灰槽废水和洗烟废水有可能需要对超标的重金属离子进行预处理。

当污水处理后需要直接排入水体时，处理后的水质标准应执行我国《污水综合排放标准》（GB 8978—1996）的最高允许排放浓度标准值。

当污水处理尾水需要回用于灰渣处理、烟气净化、冲洗和绿化等场合时，需要在上述污水处理流程后增加处理设施，使回用水达到《生活杂用水水质标准》。

（1）物化法

① 炉内喷雾燃烧法。该方法是将废水喷入垃圾焚烧炉内，废水中的有机物由燃烧过程去除。该方法能用于处理有机废水，特别适用于高浓度有机废水。垃圾焚烧厂中，垃圾贮坑内的渗滤液可用该方法处理。

近年来，随着办公自动化程度的提高，垃圾中纸张增加，垃圾品质有了变化，其低位热值很高，而同时垃圾贮坑内的渗滤液却在减少。因此，可以将渗滤液喷洒在贮坑内，与垃圾一起燃烧。

② 混凝沉淀法。混凝是从液态连续介质中分离出呈分散状态的颗粒杂质的重要手段。混凝过程包括混合、凝聚、絮凝等几种作用，其主要原理是通过向水中投加混凝剂和絮凝剂，使其中颗粒杂质脱稳并凝聚成较大的絮凝体，继而通过沉降、上浮、过滤等过程进行分离。混凝沉淀一般采用石灰、硫酸铝、$FeCl_3$、$FeSO_4$ 等作为混凝剂，可有效去除色度、SS 和重金属离子，对 COD 也有一定的去除效果。混凝效果不仅取决于混凝剂的种类和投加量，同时还取决于水的 pH 值、水流速度梯度等。由于各地的渗滤液水质不同，混凝效果也不尽相同，必须进行处理试验，通过试验选择混凝剂、混凝条件，确定处理的效果。

混凝沉淀法的优点在于其维护管理相当方便，而且由于该方法属于物理化学处理，可以不考虑有害物质的混入。但该方法也存在不能去除溶解性好的污染物的缺点，单独使用该方法难以达到排放标准，一般需要与其他处理方法串联使用。

垃圾焚烧厂的废水中，无机废水、含重金属离子的灰渣冷却水、洗烟废水和实验室废水都可采用该方法去除重金属离子。

③ 化学氧化法。化学氧化法是利用氧化还原过程改变水中有毒、有害物质的化学性状，达到无害化的目的。化学氧化一般采用 Cl_2、$Ca(ClO)_2$、$KMnO_4$、O_3 等作为氧化剂，其对色度、COD 的去除能力有时比混凝沉淀法强，不过采用卤族氧化剂时，可能产生有害的有机卤化物。

常用的曝气氧化法是化学氧化法的一种。该方法是在适当 pH 值条件下，加亚铁离子，然后曝气氧化，最终废水中重金属离子集中形成高密度的磁性氧化物，用这种方法可以去除废水中的重金属离子，如铅、锌、铁、铜、锰等。但该方法反应时间较长，造成设备大型化。在垃圾焚烧厂中，含重金属离子的灰渣冷却水和洗烟废水可以采用该方法处理，但实际应用中，重金属离子更多地采用碱性混凝沉淀法去除。

④ 吸附法。吸附法中最常用的吸附剂是活性炭，活性炭对水中苯类化合物、酚类化合物、石油与石油产品、洗涤剂、合成燃料以及人工合成的许多有机化合物有较强的吸附作用，对分子直径在 $10^{-8} \sim 10^{-5}$ cm 或分子量在 400 以下的低分子溶解性有机物的吸附性好，对极性强的低分子化合物及腐殖酸高分子有机物的吸附能力差。此外，活性炭对一些

重金属氧化物也有较强的吸附能力。活性炭吸附法具有装置简单，对水质、水量变化适应性强等特点。活性炭吸附法的处理对象一般为垃圾焚烧厂废水的二次处理出水和汞硫化物沉淀处理水。

活性炭吸附装置设计过程中，应注意活性炭的选择和吸附方法的确定。首先要确定活性炭的种类，活性炭由于使用的原料不同，制造的方法不同，其特性也会有所不同。必须采用实际的废水进行吸附试验，选择出最适合的活性炭。设计时，必须通过试验，求得最佳运行条件和穿透曲线，根据吸附方式、活性炭用量，决定活性炭塔的大小。

（2）好氧生化处理 废水的好氧生化处理，是好氧微生物在溶解氧存在情况下，利用水中的胶体状、溶解性的有机物作为营养源，使之经过一系列生化反应，最终以低能位的无机物质稳定下来，达到无害化要求。好氧生化处理中，有机物一方面被分解、稳定，并提供微生物生命活动所需的能量；另一方面被转化、合成新的原生质，即微生物自身的生长繁殖。

由于好氧反应速度较快，所需反应时间较短，因而好氧反应器容积一般较小，而且在处理过程中基本没有臭气，出水也可以达到比较好的水质。

① 活性污泥法。活性污泥法是目前污水处理中最常使用的方法，它对水的净化作用主要通过微生物的代谢和活性污泥的吸附、絮凝沉淀来完成。活性污泥法中，回流污泥可使曝气池内保持一定的悬浮固体浓度，即保持一定的微生物浓度。曝气不仅提供微生物代谢所需的氧气，而且起到搅拌作用，使有机物、氧气同微生物能充分接触并发生反应。

采用活性污泥法需注意：废水中的无机盐类原则上不能去除；废水中含有害物质时，如灰渣冷却水中含有较高的重金属离子，会影响生物处理的正常进行，必须采用物化法进行前处理；废水明显呈酸性或碱性时，需加药中和。

用活性污泥法处理垃圾渗滤液，泥龄一般采用为城市污水处理厂泥龄的 2 倍，并将负荷减半。标准活性污泥法的运行条件如下：BOD_5 容积负荷 $0.3\sim0.8kg/(m^3 \cdot d)$；$BOD_5$ 污泥负荷 $0.2\sim0.4\ kg/(kg \cdot d)$；泥龄 2～4d；水力停留时间 6～8h；污泥回流比 20％～30％；气水比 3～7。

② 生物膜法。生物膜法本质上与土地处理类似，是自然土地处理的人工化和强化。生物膜法的特点是微生物附着在滤料表面，形成生物膜。污水同生物膜接触后，溶解的有机污染物被微生物吸附转化为 H_2O、CO_2、NH_3 和微生物细胞物质，污水得到净化。与活性污泥法相比，生物膜法具有抗水量、水质冲击负荷强的优点，而且由于泥龄长，可生长世代时间较长的微生物。生物膜法的主要设备有生物滤池、生物转盘和接触氧化池等种类。

生物滤池是利用一些载体材料表面附着的生物膜，由生物膜吸附水中有机物，再由生物膜中的好氧微生物氧化分解污染物。生物滤池的基本构成包括填料塔和喷水装置。标准填料塔的参数为：水量负荷 $0.5\sim4m^3/(m^2 \cdot d)$，$BOD_5$ 负荷 $0.3kg/(m^3 \cdot d)$ 以下。

生物转盘是一组固定在水平转轴上的圆盘，一半浸没在氧化槽的污水中，一半暴露在空气中。转轴由电动机带动转动时，圆盘亦随之旋转。盘面上附着生成一层生物膜，当盘面转动时，一部分盘面浸没在污水中，此时生物膜便吸附在废水中的有机物，使微生物获得充分的营养，污水中的有机物便在好氧微生物作用下氧化分解。当浸水部分旋转离开水面后，又可从大气中直接吸收氧气，供微生物生命活动所需。

接触氧化池是利用浸没在水中的填料（蜂窝状管材、管片或其他塑料材料）与废水接触，净化水中污染物。该方法的优点是抗负荷变动能力强，污泥不需回流，不需调整污泥浓度，不发生污泥膨胀，污泥产生量少，处理水质稳定等，但该方法填料之间空隙小，易堵塞。

（3）厌氧生化处理　厌氧生化处理是在没有氧气以及化合态氧存在的情况下，以厌氧微生物为主对有机物进行降解、稳定的处理方法。在厌氧反应过程中，复杂的大分子有机物被降解，转化为简单、稳定的小分子物质，同时释放能量。

厌氧生化处理不需外界供氧，因而运行费用较低，而且剩余污泥产生较少。厌氧生化处理反应速度较慢，但可以承受较高的有机负荷，因此当污水中有机物浓度较高时（$BOD_5 \geqslant 2000mg/L$）可考虑采用。

① 传统消化池和厌氧接触消化工艺。传统的厌氧消化池污水间歇或连续进入反应器内，处理后的污水从上部排出，沼气从顶部排出。为使进料和厌氧污泥充分接触而设有搅拌装置。搅拌方式有水力搅拌、机械搅拌、沼气搅拌等几种。

传统的消化池由于容积利用率低，而且没有污泥回流，从而导致较长的停留时间。为克服传统消化池的上述缺点，发展了厌氧接触消化工艺，在普通消化池后设沉淀池，并将沉淀污泥回流到消化池中。由于设置污泥回流和分离设备，减少了污泥损失，提高了池中的污泥浓度，增强了消化池的容积负荷及抗有机负荷和有毒物质的冲击能力，同时可减小消化池的体积。

② 上流式厌氧污泥床反应器（UASB）。UASB 反应器的特点是在反应器上部设置了一个专用的气-液-固三相分离器，分离器下部是反应区，上部是沉淀区，中部反应区又可分为污泥层和悬浮层。

在 UASB 反应器中，污水以一定流速从下部进入反应器，通过污泥层向上流动，料液与污泥的接触中进行生物降解产生沼气，沼气上升将污泥托起，起到搅拌作用，沉淀性能较差的污泥颗粒或絮体在气体搅拌作用下形成悬浮污泥层。气-液-固三相混合液进入三相分离器中，气体碰到反射板时折向气室而被有效分离，污泥和水进入静沉区，在重力作用下进行泥水分离，污泥通过斜壁回到反应区中，清液从沉淀区上部排出。

③ 厌氧过滤器（AF）。厌氧过滤器污水由底部进入装有填料的反应器中，在填料表面附着的及填料截留的大量微生物的作用下，将有机物厌氧分解。沼气与水从反应器顶部排出，脱落的生物膜随出水带走。厌氧过滤器的特点是反应器内有大量的生物膜，其污泥停留时间长，污泥停留时间超过 100d，不易流失。此外，反应器内各种不同的微生物分层固定，微生物活性较高。由于使用填料，其容积负荷提高很多，但同时也带来填料容易被进水中的悬浮杂质所堵塞的问题，因此，厌氧滤池特别适用于处理溶解性废水。

④ 厌氧复合床反应器。将 UASB 和 AF 两种反应器结合起来，在反应器上部用填料层取代三相分离器，称为厌氧复合床反应器（UBF），其特点是积累微生物的能力强，填料上附着的微生物膜对降解有机物也有着较强的作用。据报道，对 COD 为 21781～25528mg/L 的垃圾渗滤液，采用厌氧复合床反应器，在容积负荷为 8.96kgCOD/(m^3·d) 的条件下，其 COD 去除率可达到 82.3%。

第七章 生活垃圾焚烧厂设备

第一节 概 述

设备及其配套设施，是决定一项工程目标能否真正落实的核心环节。生活垃圾焚烧厂的设备也同样是垃圾处理厂的当家人。很多时候，在理论、原理、工艺都正确的前提下，却出现运行的困难，甚至出现否定性的结论，缘由常常归结于设备因素。设备选型的恰当与否，关系到焚烧厂的建设投资、运行成本、运行顺利程度、管理难易程度等诸多方面。设备质量的优劣，关系到焚烧厂的使用寿命，检修的频率，配件更换的成本，甚至关系到焚烧厂的安全事故概率。

西方国家从19世纪就已经开始了对垃圾焚烧设备的设计、开发、生产制造，并在其使用过程中经历了不断完善的历程。1870年，世界上第一台固体废物焚烧炉在英国帕丁顿市投入运行。1896年和1898年，德国汉堡和法国巴黎先后建立了世界最早的生活垃圾焚烧厂，开始了生活垃圾焚烧技术的工程应用。但有控制地焚烧以及烟尘综合处理、余热再利用等技术是从20世纪70年代以后才开始出现的。其间，各国的科学家与工程师不断地在焚烧炉体的热效率、对生活垃圾含水率、灰分的适应性、对尾气的综合治理、余热利用等多个环节反复改良，时至今日仍然存在着诸多不尽人意的方面，甚至还存在着一些关键问题未能圆满解决。

我国在垃圾焚烧技术的研发和应用方面起步较晚。相应地，我国垃圾焚烧设备的设计、生产制造和应用水平、建设规模与发达国家的差距也很大。因此对我国的环保工作者和生产企业来说，研究垃圾焚烧炉燃烧技术及设备的发展趋势，掌握先进的垃圾焚烧炉设计和制造技术十分迫切。

目前国内外采用的生活垃圾焚烧系统所涉及的设备门类繁杂，主要包括：准备单元（称重、卸料、分选、破碎、贮存、上料、传输、除臭灭蝇），焚烧单元（进料、炉体、余热锅炉、发电系统），后端处理单元（出渣、出灰、炉渣治理、飞灰治理、烟气治理），辅助单元（助燃系统、自控、检测、防爆、供电、给水处理、污水处理、噪声控制、除臭）等。其中多个环节之间存在交叉以及相互牵制，其整个系统的复杂程度需要很高的管理水平。其主要设备系统组成如图7-1所示。

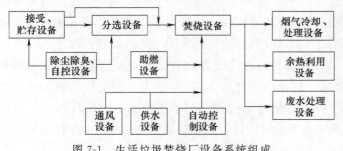

图7-1 生活垃圾焚烧厂设备系统组成

表 7-1 对焚烧厂各部分的设备组成做了简要介绍。

表 7-1　焚烧厂的设备组成

接受贮存设备	分选设备	焚烧设备
a. 进场称重记录设备、车辆管理设备 b. 垃圾贮坑 c. 吊车、给料设备 d. 配套集气、除臭、消杀设备 e. 配套污水收集排出设施	a. 破袋机 b. 破碎机 c. 分选机 d. 配套集气、除臭、消杀设备	a. 炉排和水冷壁 b. 辅助燃料给料设备 c. 出灰设备 d. 出渣设备
烟气冷却处理设备	余热利用设备	废水处理设备
a. 废热锅炉 b. 蒸汽冷凝设备 c. 除尘设备 d. 有害气体脱除设备	a. 发电设备 b. 温水供应设备 c. 区域供暖供气设备 d. 温室栽培设施	a. 有机废水处理设备 b. 无机废水处理设备 c. 烟洗废水处理设备
供水设备	通风设备	自动控制设备
a. 供水装置 b. 回收利用水设备 c. 储水池	a. 鼓风机 b. 通风管道 c. 烟囱	a. 自控系统 b. 数据处理系统 c. 监视系统
应急设备	其他环保设施设备	管理、拓展设备
应急电源 应急供水设备 应急防爆设备 消防设备	飞灰处置设备 残渣处理设备 残渣处置场设备设施 资源化产品制造设备	洗车设备 职工服务设备 周边服务设备

当决定建设一个生活垃圾焚烧厂而进行工艺设备选择时，建议其优先顺序依次为：

① 考虑炉体选择的技术先进性（规模或处理能力、对垃圾物料的适应性）；

② 考虑炉体选择的投资合理性与运行经济性；

③ 考虑焚烧过程的环保性；

④ 考虑辅助配套工程设备设施的便利性以及管理的可实现性。

在某些场合，上述选择顺序可以调整。

第二节　前端准备系统设施设备

一、概述

对一座完整的生活垃圾焚烧厂来说，垃圾的前处理及供料是非常重要的，虽然从工艺和设备的复杂程度来看，这部分并不是整个垃圾焚烧厂的核心，但却是整个垃圾焚烧厂的关键部分之一。

前端准备系统，主要是指垃圾前处理及供料系统，是垃圾焚烧厂的原材料供应及粗加工阶段，它会对下述问题产生影响：

① 焚烧炉点火启动的顺利与否；

② 焚烧炉的出力情况；

③ 后续设备的结焦、出灰，以及与进料情况相关联的设备故障率；

④ 整个焚烧厂系统运行的安全稳定性。

垃圾的前端准备系统，一般是指垃圾从进厂到垃圾焚烧炉入口之间的工艺设备、设施的总称。包括：垃圾称重系统，卸料平台、卸料门、垃圾贮坑、吊车、抓斗系统、分选、破碎系统、上料系统、除臭灭蝇系统等。

二、垃圾称重系统

1. 垃圾称重系统

垃圾称重系统是垃圾进入垃圾焚烧厂遇到的第一个环节，主要任务是记录垃圾、辅助材料、灰渣等进出厂的情况。对进厂垃圾的数量进行称量，方便各项管理以及厂方的对外结算。

每个城市的垃圾运输系统都不一样，运输工具五花八门，有卡车、火车，甚至驳船等。对不同的运输工具，垃圾焚烧厂的称重系统也不一样。大多数城市的垃圾运输都使用卡车，因此本书重点针对卡车运输方式进行论述。

运送垃圾的车辆进入厂区后，驶上地衡称重。称重结果和车辆情况被记录后，车辆驶下地衡，去垃圾卸料平台卸料。

2. 垃圾称重系统的设置位置

称重系统位置的设置受下列影响因素的制约。

（1）管理的便捷性　一般设置在垃圾运输车辆进入厂区的入口处。更准确地讲，应位于垃圾焚烧厂内侧，垃圾物流出入口处附近。可以根据车辆的额定载重选择适当的汽车衡。

（2）环境卫生因素　一般垃圾焚烧厂至少有 2 个出入口。其一为人流出入口，为人员及行政和生活车辆专用；另一为物流出入口，为生产车辆专用。为了保证生活区的环境卫生，应该使垃圾车辆入口远离生活区入口。

（3）交通因素　考虑到可能对垃圾焚烧厂区外交通的影响，有时称重系统设置在厂内离开大门的一定距离处。

（4）电力配置的便捷性　由于垃圾称重系统往往不与主题焚烧车间建设在一起，也要避免距离主题车间过远而不利于供电。

⑤ 风向。应兼顾到垃圾车的异味飘散的方向。

3. 地衡

地衡安装在固定于水泥支座上的金属构架上，水泥支座应高出地平面，以防止雨水及污水流到称重设备里。地衡上方要有牢固的顶棚，以防止降水的影响。上下水泥支座的坡度必须是直线道路，并要求是缓坡，以防止对设备的破坏性冲击。水泥支座周围要有排污系统。地衡的主要参数如下。

（1）地衡参数　根据垃圾焚烧厂的处理规模来确定。500t/d 以下设 2 套；500t/d 以上每增加 300～500t/d 需要增加 1 套。

（2）尺寸　根据进厂垃圾车的尺寸来确定，必须考虑可能的最大进厂车辆。宽度

2.6~3m，长度 8~15m。

（3）最大称重量　根据进厂垃圾车载重来确定，必须考虑可能的满载最重进厂车辆。

（4）精度　根据需要及可选设备，一般取 1/1000~5/1000。

（5）平台材料　型钢和螺纹钢板，支撑座为钢筋混凝土。

4. 称重控制房

地衡旁设置控制房，房间内配有和桥秤相连接的显示设备。该显示设备可以记录并打印出驶上地衡的垃圾车的称重结果。

这套系统应该给卡车司机提供一张清单，清单中至少应包括下列数据：①清单号；②日期及时间；③车辆牌号；④车主（运输公司）；⑤垃圾来源（何地区或何转运站）；⑥毛重；⑦净重（当车辆已有记载时，可直接扣除空车质量）。

地衡与中央控制室和行政管理部门相连，及时进行数据交换。发往中央控制室的信息是每日进厂垃圾总重和分时间段的统计。所有数据对生产情况的统计和生产计划的安排都非常重要。

5. 其他应该考虑的问题

① 称重控制房应该具有安全保卫功能。

② 整个自动称重过程不应超过 1min，包括验卡及出票时间在内。

③ 考虑对卡车通过称重系统的指挥控制（类似道路及桥梁收费口）。

④ 考虑对运送原材料（石灰、活性炭等）进厂车辆的称量及记录。

三、垃圾卸料系统

1. 卸料程序

① 运送垃圾的卡车经称重后，按指定路线和信号灯指示，驶向垃圾卸料平台。

② 卡车倒行入位，行驶至指定的卸料门前。

③ 垃圾从开启的卸料门处被倾斜（或推出）进入垃圾贮坑内（同时经历负压排风，除臭药剂的喷洒）。

④ 完成卸料的垃圾车驶离平台（有时还需要对空车进行称重）。

2. 垃圾卸料平台

卸料平台可以位于垃圾库内，也可以在库外，与垃圾贮坑相连，垃圾贮坑位于垃圾库内。运输垃圾的车辆一般为环卫部门所属的自卸汽车，卸料平台作为汽车调头的场地，应设指示灯等明显的行驶指示标志，方便自卸汽车将垃圾卸入垃圾贮坑。为保持地面清洁，平台四周设水力清扫装置，定期对平台进行清扫；平台应做成适当的坡度，并做排水沟，利于冲洗污水的排放。

由于垃圾的卸料是靠其自身的重力卸入贮坑的，贮坑的深度也不宜过深，所以垃圾卸料平台一般都高于地面。

平台必须具有足够的深度，便于多辆垃圾车的驶入、倒车、卸料和驶出，还要考虑在平台上进行车辆的临时抢修。平台长度一般与垃圾贮坑长度相等，宽度一般为最大可能车辆转弯半径的 2～4 倍。

平台必须设置供车辆驶入和驶出的匝道，简称上车道和车道。两个车道可以是两个独立的匝道，可以共用一个匝道（宽度足够）。匝道的坡度应充分考虑重载车辆的爬坡能力。

平台建在室内时也称"卸料大厅"，需要考虑平台的光照和通风；建于室外要考虑平台周围的安全护栏和排水。

垃圾卸料现场见图 7-2。

图 7-2　垃圾卸料现场

3. 垃圾卸料门

（1）卸料门的作用　车辆是通过卸料门倾卸垃圾的，卸料门是连接平台和垃圾贮坑内的重要环节，卸料门平时是关闭的，以保证安全并防止垃圾贮坑内的灰尘及臭气向外泄漏。当车辆倾卸垃圾时，卸料门才开启。因此，卸料门必须具有以下性能：①密封性好；②开启、关闭灵活方便；③能抵御垃圾贮坑气体腐蚀；④强度高，适应频繁地开启与关闭，能耐磨损与撞击。

（2）卸料门的设置　卸料门的数量必须满足车辆进厂高峰时卸料的需要，每个门前为一个卸料车位。垃圾焚烧厂的处理规模越大，所需要的卸料门数量就越多。表 7-2 所列为卸料门数量与处理规模之间的关系。表中所列数据一般为参考数据。当垃圾车辆进厂频率变化较大时，卸料门的数量应考虑增多。

表 7-2　卸料门数量与处理规模之间的关系

处理规模/(t/d)	卸料门数量/个	处理规模/(t/d)	卸料门数量/个
100～150	3	300～400	6
150～200	4	400～600	8
200～300	5	＞600	大于8

卸料车位前必须考虑指挥车辆的控制灯，必须设置防止车辆跌落的止车坎。卸料门的升启和关闭，必须能在现场操作控制。除此之外，还可以考虑设置一个专门的控制室。有

的现代化垃圾焚烧厂配备了车辆管理系统，即卸料自动控制系统。当垃圾车到达卸料门前时，卸料门自动开启；当垃圾车卸空离开卸料车位时，卸料门自动关闭。在车辆进厂高峰时，系统能根据贮坑中垃圾的堆放情况和平台上的车辆情况，指挥车辆调整，驶入指定的车位。

（3）卸料门的形式　按门的位置可分为垂直式、水平式两类。垂直式为卸料门置于卸料平台与垃圾贮坑之间的墙壁上，常见的垂直式卸料门按结构可分为两折铰链式、两边开启式、卷帘式、滑门式等几种。水平式为卸料门置于卸料平台地面上，常见的水平卸料门按结构可分为圆筒式、旋转门式、平面滑门式等几种。

① 两折铰链式。关闭时呈倾斜状态，门靠其自重压在平台边缘，故密封效果好。门的开闭时间较长。为了避免开启时门部分进入垃圾贮坑而影响垃圾吊车的操作，必须将门设计成两折式。门的开闭采用液压为动力。

② 两边开启式。类似于公交汽车的门，两扇由铰链连接的细长状的门，分别向两边开门的升闭时间较短。同样为了避免升启时影响垃圾吊车的操作，而设计成由铰链连接。门的开闭动力可采用液压、气压、电动。

③ 卷帘式。类似于卷帘门或车库门，优点是占用空间小，结构简单；所用材料要求不高，建设费用低。但密封效果较差。门的开闭动力采用电动。

④ 滑门式。关闭状态类似于卷帘式，开启时不需卷起，而是按两边的轨道滑进卸料区的顶部。密封效果较差。门的开闭动力采用电动。

⑤ 圆筒式。车辆将垃圾卸入圆筒内，然后旋转圆筒，其中的垃圾就沿斜坡落入贮坑内。优点是密封性能较好；缺点是必须一筒一筒地倒垃圾，无法保持连续开启状态，在垃圾车辆集中进厂时不能满足要求；另外，必须占用卸料平台，不够经济。圆筒的转动动力采用电动或液压。

⑥ 旋转门式。优点是密封性能较好，也可以做到连续倾卸垃圾；缺点是开启与关闭时容易卡住垃圾，同样必须占用卸料平台，不够经济。

⑦ 平面滑门式。密封性能较差，也可以做到连续倾卸垃圾。但同样必须占用卸料平台，不够经济。动力采用液压。

4. 垃圾贮坑

垃圾贮坑（图7-3）用于存放进厂后的垃圾，并对垃圾的性质进行调节，如对垃圾进行混合、脱水、发酵等，以利于垃圾的破碎和在炉内的燃烧。垃圾贮坑位于垃圾库内，上部设抓斗，对坑内的垃圾进行抓取作业。

垃圾贮坑的设置原则如下：①垃圾贮坑一般为长方槽形坑，全地下或半地下结构。②垃圾贮坑的有效容积应大于焚烧炉日处理量的2倍，以利于垃圾的脱水和发酵。在计算有效容积时，垃圾的密度宜采用 $0.25 \sim 0.30 t/m^3$。贮坑的宽度一般为抓斗张开后直径的2～3倍。③垃圾贮坑上部设置引风机等通风设备，将垃圾库内的空气作为一次助燃风送入炉膛，保证垃圾库保持微负压，库内臭气不外溢。④坑底地面应具有一定的坡度，并在最低位置设垃圾渗滤液收集池和排放装置，保证垃圾渗滤液顺利排出，进入渗滤液收集池。渗滤液收集后可用水泵、喷头雾化后排入炉膛燃烧。⑤垃圾贮坑应有良好的采光和照

图 7-3　垃圾贮坑现场

明装置，坑壁上设坑深尺寸线，以利于抓斗作业和值班人员掌握坑内的垃圾贮存情况。⑥坑内设消防和防爆装置，坑壁上设检修用钢梯、吊钩等设施。

四、分选系统

垃圾分选牵扯到城市生活垃圾分类的工作。广义的垃圾分类可以包括"市区垃圾分类"与"厂内垃圾分选"两种思路，或者说，两个环节的分类工作前后衔接。可以考虑在市区进行居民生活垃圾分类，即设置街道、小区、公众场合的分类垃圾箱，并采用"三阶段配套"的方案（垃圾箱-垃圾车-垃圾厂三阶段的设置衔接配套），对垃圾实施分类收集与运输。有时也可考虑在城区单独建设"环卫垃圾分选厂"，或在填埋场建设分选车间。但在市区垃圾分类收集不能完善实现的情况下，或者虽然在市区实现了较完善的垃圾分类收集，但其分类收集的目的并非是为垃圾焚烧厂服务，而导致进入垃圾焚烧厂的垃圾成分仍存在二次分选的必要时，均需在垃圾焚烧厂内建设分选车间，对垃圾实施厂内分选。国内大多数垃圾焚烧厂都建有分选车间。

分选系统分为机械分选和人工分选。固体废物分选的目的是便于回收和分类处理处置。分选的方法有筛选、重力分选、磁力分选、电力分选、浮选等，依据物料性质（颗粒粒度、密度、磁性、电性、弹性以及表面润湿情况）进行具体选用（表 7-3）。

表 7-3　分选的方法

分选方法		分选依据
机械分选	筛选（筛分）	粒度差异
	重力分选	密度差异以及粒度差异
	磁力分选	磁性差异
	电力分选（静电分选）	导电性差异
	光电分选	光电性差异
	摩擦分选	摩擦性差异
	弹跳分选	弹性差异
人工分选	完全人工分选	
	半人工分选	

重力分选又可以按照其分选介质的不同，分类如表 7-4 所列。

表 7-4　重力分选的分类

分选方法		分选介质
重力分选	重介质分选	重介质
	跳汰分选	垂直变速的水介质
	风力分选	垂直或水平的气流
	摇床分选	水介质与倾斜床面
	惯性分选	气流

常用于垃圾焚烧厂的机械分选方式有以下几种。

（1）磁选装置　主要去除铁、钴、镍等黑色金属，可以设三级磁选，效果要求粒状物去除率达 90％，粉状物去除率达 70％。垃圾磁选机见图 7-4。

图 7-4　垃圾磁选机

（2）滚筒筛　对垃圾进行筛分，筛下物进入下一级系统，筛上物进入垃圾破碎机，用户可根据需要在滚筒筛入口设两层或三层格栅，用于对垃圾进行初步筛选。垃圾滚筒筛见图 7-5。

图 7-5　垃圾滚筒筛

（3）涡选装置　主要用于去除有色金属，利用涡变磁场可以达到 80％的去除效果。

（4）风力分选　利用水平或垂直气流，对物料根据密度以及粒度的差异进行分离。

采用人工分选可以有效地回收垃圾中的可重复利用物，最大限度地实现垃圾的资源化。可根据现场需要确定分选人数，一般设 4～16 人的人工分选工位。

虽然机械分选可以完成大多数的垃圾分选任务，但人工分选依然具有不可替代的价值。人工分选主要适用于如下场合：①无法用机械法分离的特殊物体；②机械法可能危害到物品的完整性，影响垃圾回收利用的场合；③作为机械法的补充，或起检验的作用。

五、破碎系统

1. 概述

有的垃圾焚烧系统不需要对进炉物料实施破碎，或仅在特定情况下需要破碎。但有的垃圾焚烧系统必须对进炉物料先实施破碎。破碎（crush）包括粉碎与磨碎（粉磨）的概念。破碎可以定义为：固体物质（包括脆性材料、塑性材料）在外力（切力、冲击力、挤压力等）的作用下，突破其强度极限，发生碎裂、变形。通常将粉碎产品的粒度在 5mm 以上的作业称为破碎。粒度小于 5mm 的破碎可称为磨碎。也可将破碎操作等级分为碎、细碎、超细碎几种。

固体废物破碎的目的。

（1）利于运贮　减小体积，便于运输和贮存。若破碎后再送入垃圾贮料坑，则由于已经消除了大的空隙，而且粒度相对均匀，在贮存过程中更易于堆积，能增加有限面积上的容量。

（2）利于处理　破碎不仅减小了固体的外形尺寸，而且可以增加粒度各异物料的均匀度、兼容性，有利于进行下一步的处理，便于回收利用。破碎可以为分选创造必要条件。破碎可以提高比表面积，便于焚烧、热解和熔融、填埋以及堆肥发酵等生物处理。

（3）降低破坏性　破碎可以防止大块、尖锐物料对后续处理设备的破坏或堵塞。各种具体的破碎方法的详细分类见表 7-5。

表 7-5　破碎方法一览表

总分类	详细分类	
机械法	剪切、冲击、挤压、劈碎、折断、磨碎、轧碎	
非机械法	以温度变化作为辅助条件的	低温冷冻破碎 热力破碎
	以水作为辅助条件的	湿式破碎 半湿式破碎
	其他	减压破碎 超声波破碎
综合破碎方法	筛分与破碎工序的结合 压缩与破碎工序的结合	

破碎比是指在破碎过程中原废物粒度与破碎产物粒度的比值。破碎比表示废物粒度在破碎过程中减少的倍数，表征了废物被破碎的程度。破碎机的能量消耗和处理能力都与破

碎比有关。

垃圾破碎机的破碎对象是具有特殊形态的垃圾物料，因此具有自身独特的技术性能，即对物料的破碎方式有剪切、冲击、挤压、摩擦等多种作用。因垃圾的多样性，使得破碎机的种类繁多，按破碎方式可分为剪切式、锤（冲）击式、挤压式、碾磨式和撕碎式以及兼有形式和多功能的破碎机。从世界各国对垃圾破碎机的应用来看，使用较多的是剪切式和锤（冲）击式两种。垃圾的破碎是预处理技术的核心部分。当垃圾用来堆肥时，破碎后的粒度应不大于 50mm；当垃圾用来焚烧或发电时，破碎后的粒度应为 5～15mm。

2. 破碎机的给料设备

大件垃圾破碎机的给料设备是为破碎机服务的，目的是为破碎机定量供应从供料斗或供料履带过来的需要破碎的垃圾。通过给料设备的垃圾应该是符合破碎机正常工作的破碎对象，特殊尺寸的大件垃圾（如大件的家具等）要先进行必要的拆卸，减小尺寸，以便于给料设备的定量供料。应根据破碎机的机型和处理对象的尺寸、形状来选择使用给料设备。

3. 剪切式破碎机

剪切式破碎机是利用可动刀与固定刀或可动刀与可动刀之间的剪切来进行破碎的，根据可动刀的运动方向可分为立式剪切机和卧式剪切机两大类。剪切式破碎机的剪切刀容易受损，不适于处理弹簧垫（席梦思）、带金属（钢）轮胎、金属块、水泥等，但可以处理一些软质物和其他延性物。剪切式破碎机的给料是间歇式的，所以当需要处理的大件物品较多时，应该考虑设置多台破碎机。剪切后的垃圾尺寸相对较大，而且一些形状为板形或棒形的垃圾容易原样排除，所以破碎尺寸不一。但对适应性较强的炉排来讲，还是完全适应的。由于剪切机工作时冲击力较小、振动较轻，所以其基础相对较简单，对于偶尔混入的危险性垃圾，发生爆炸的可能性也较小。在垃圾分选系统的前端，一般都设置有破袋机，将垃圾中的塑料袋破碎，利于去除袋中的金属、玻璃等成分。

4. 大件垃圾破碎机

大件垃圾破碎机的作用是将大件垃圾加以破碎，变成体积较小的垃圾，以便于垃圾的投料和焚烧处理。大件垃圾破碎机所处理的大件垃圾主要包括旧家具、旧家用电器（如电冰箱、洗衣机等）、木头（最大直径 500mm）、废旧轮胎（最大直径 1500mm）等专用机械。对混入生活垃圾中的少量大块建筑垃圾，也应能处理。但对有毒和危险垃圾，如旧蓄电池、油漆桶、废旧钢瓶等不应成为大件垃圾破碎机的处理对象。

一台大件垃圾破碎机占用一个垃圾卸料位及一座卸料门，被安装在卸料平台上，靠近卸料门。大件垃圾被直接卸到大件垃圾破碎机的入口，经过破碎后落入贮坑内。一般一座垃圾焚烧厂内大件垃圾破碎机的数量不超过两台，应该安装在卸料平台两端的卸料门前，这样设置既便于管理，也不会影响普通生活垃圾的正常卸料。大件垃圾破碎机按照其工作原理，可分为剪切式、旋转式两大类，而旋转式又可分为高速旋转式和低速旋转式。选择大件垃圾破碎机时应该注意以下事项：①处理量和处理对象的形状、尺寸；②处理对象中的难处理物；③破碎尺寸（破碎后的尺寸）；④破碎机的破碎特性。

5. 高速旋转破碎机

高速旋转破碎机是在高速旋转的轴上安装锤（或锤状物），利用锤（或锤状物）与固定在外壳上的冲击板或固定刀，将进入的垃圾进行冲击或剪断来进行破碎的。由于是用锤来冲击，所以适合于处理硬且脆的物件（如较大的金属块、水泥块），而不适合于处理软的物质、延性物（如垫子、纤维制品、塑料等）。由于这种类型的破碎机可以大型化，并且可以连续给料，所以适用于较大规模的垃圾焚烧厂。

高速旋转破碎机也有不利的一面，由于其高速旋转以及破碎时的冲击，可能使垃圾与锤之间产生火花，甚至会发生火灾或爆炸。另外，也会产生较多的振动、噪声和灰尘。高速旋转破碎机根据旋转轴的设置方向分为卧式和立式两大类。卧式旋转破碎机又可分为摆锤式和环锤式两种；立式旋转破碎机又可分为摆锤式和磨碎式两种。

6. 低速旋转破碎机

低速旋转破碎机主要是利用低速旋转的旋转刀与固定刀之间的剪切作用来破碎垃圾的，适用于处理软性、柔性物品，但对表面光滑不宜上刀的物件和较大的金属块、石块等很硬的物件，较难处理。此外，处理含玻璃、石头、砖瓦等较多的垃圾时，刀的磨损比较严重。低速旋转破碎机相对于高速旋转式来讲，爆炸、起火的危险要小，灰尘、噪声和振动等危险要轻。一般采用电动，也采用液压作动力。低速旋转破碎机根据旋转轴的数量可分为单轴式和多轴式两种。

六、上料系统

垃圾焚烧厂的上料系统包括吊车、抓斗、上料皮带（上料机）、转接皮带机等。

1. 垃圾吊车及抓斗的组成

垃圾吊车及抓斗是指可以将贮坑内垃圾准确送进垃圾焚烧炉的进料斗，以保证垃圾焚烧炉连续不断补充垃圾的设备。

垃圾吊车由垃圾抓斗、卷起装置、行走装置、配电装置、计量装置以及相应的控制设备组成。由于垃圾吊车的工作环境非常恶劣（温度高、湿度高、灰尘多、腐蚀性气体多），要求其所有部件能在这种环境中连续、有效、满载地工作，在每个工作日内能连续工作，满足处理速率要求且马达及齿轮箱不超过允许温度。因此，垃圾吊车及抓斗必须专门设计，是众多起重设备中的特殊专用设备。

垃圾吊车及抓斗是垃圾焚烧厂前处理及供料系统的核心设备，担负着给垃圾焚烧炉供料的任务。它的工作状况对整个垃圾焚烧厂的运行正常与否起着非常关键的作用。一旦垃圾吊车或抓斗出现故障未能及时弥补，而影响垃圾焚烧炉的进料，将直接使垃圾焚烧厂瘫痪。所以根据垃圾焚烧工艺需要正确选择吊车及抓斗，并保持其良好的运行状态是非常重要的。

垃圾吊车一般安装在垃圾贮坑的上部，在垃圾贮坑上横向行走。抓斗可以到达垃圾贮坑中的每个角落抓取垃圾，并准确地将其送至垃圾焚烧炉进料斗的上方。

2. 垃圾吊车及抓斗的作用

① 给垃圾焚烧炉的进料斗加料。

② 对贮坑中的垃圾进行必要的移动，将靠近卸料门的垃圾运到贮坑的其他地方，以充分利用垃圾贮坑的容量。

③ 将垃圾进行必要的混合并搅拌均匀。垃圾焚烧厂的稳定运行要求垃圾贮坑中的垃圾能充分混合。通过混合，被送入进料斗的垃圾变得更加均匀，含水量等各方面性质保持一定的稳定性，避免炉膛内热负荷的过度波动，使垃圾焚烧炉的燃烧状态更加稳定。

④ 将不慎进入垃圾贮坑中但不宜焚烧处理的物体取出来。

3. 垃圾吊车的数量

垃圾吊车对垃圾焚烧厂的正常运行非常重要，它必须保证24h给连续运行的垃圾焚烧炉不间断地供料。对于一定规模的垃圾焚烧厂，除一台吊车正常工作外，通常还需要一台备用。另外还需考虑所选择的抓斗的容积。当两台以上的吊车同时运行时，应该设置防止吊车相互碰撞的安全措施。为了便于运行、操作和维护，同一个垃圾贮坑内的垃圾抓斗应该是同一型号、大小和材料的产品。一座垃圾焚烧厂设置吊车的数量见表7-6。

表7-6　垃圾焚烧厂设置吊车的数量

垃圾焚烧厂处理规模 /(t/d)	垃圾吊车数量 /台	垃圾焚烧厂处理规模 /(t/d)	垃圾吊车数量 /台
<200	1	>800	3(2用1备)
200~800	2(1用1备)		

4. 垃圾吊车及抓斗的控制

垃圾吊车及抓斗全部动作的操作控制均在专门的操作控制室（图7-6）完成。有些垃圾焚烧厂将垃圾吊车操作控制室与中央控制室布置在一起。垃圾吊车操作控制室面对垃圾贮坑的一面是透明的，便于吊车司机直接观察到垃圾贮坑的全貌，包括垃圾卸料门的开闭状况、贮坑内垃圾的分布情况、吊车及抓斗的运行情况和垃圾焚烧炉进料口的情况。

垃圾焚烧炉的进料口和垃圾贮坑的关键部位，需要设置摄像头，把监视信号传送到吊车操作控制室的监视屏。吊车操作控制室与垃圾贮坑之间必须密封，使吊车操作控制室内保持通风良好，环境舒适。

5. 吊车及抓斗的自动化操作

近年来建造的现代化的垃圾焚烧厂，都考虑设置了吊车及抓斗的自动化操作。但无论如何，都仍需要手动人工操作。自动化操作是附加的系统，自动化操作的设置提高了系统的自动化水平，同时也减轻了吊车司机的劳动强度，尤其是在夜间，甚至可以不设司机

图 7-6　垃圾抓斗操作控制室

（全自动操作）。

吊车及抓斗的自动化操作有半自动和全自动两种方式，见表 7-7。

表 7-7　吊车及抓斗的半自动与全自动操作方式的比较

吊车及抓斗的动作	半自动	全自动	吊车及抓斗的动作	半自动	全自动
等待位置			关闭,抓起垃圾	手动	√
吊车启动(由进料口料位信号定)	手动	√	抓斗卷起(确定进料口号码)	手动	√
选择抓点	手动	√	移向进料口(行走、横移)	√	√
移向抓点(横移、行走)	手动	√	开启,卸料	√	√
抓斗放下(至遇垃圾层信号)	手动	√	移向等待位置	√	√

全自动是指当进料口料位需要供料的信号传来时，吊车即开始自动从等待位置开始，移向抓点、放下、抓起垃圾、卷起、移向进料口、卸料，最后回到等待位置。半自动是指抓取垃圾为手动，给进料口信号后的操作均自动完成。

上面提到的是指供料功能的全自动，有的自动化系统也包括了垃圾搅拌、混合等功能。由于全自动操作时抓斗抓取的垃圾量受垃圾层表面软硬的影响，抓斗插入的深度会发生变化，所以比手动和半自动操作所抓起的量要少。因此设计运行周期要有余量。吊车司机可以利用人工控制器手动，从而越过自动操作过程，中断自动操作，但不会引起任何损坏。

抓斗自动控制系统必须考虑安全方面的自动停车，其中包括：①过载保护，停止提升；②提升用的钢丝绳张力失去，抓斗停止向下移动；③避免与垃圾坑底碰撞，当接近坑底时，抓斗停止移动；④避免与垃圾坑侧墙碰撞，当接近侧墙时，抓斗停止移动；⑤避免与进料口碰撞，抓斗停止向下移动；⑥避免抓斗相互碰撞，抓斗停止移动。

国内常用的桥式抓斗起重机一般安装于垃圾库的顶部，对垃圾贮坑中的垃圾做必要的混合和均布，给垃圾焚烧炉或破碎机、给料机的进料斗进行加料。其抓斗应具有抗腐蚀性和称重功能，在有良好密闭性的控制室对其进行控制。为了抓斗的检修，应在垃圾库内的适当位置设置抓斗检修台。

垃圾上料常用带式输送机。其长度、带宽和出力应根据焚烧炉的处理能力而定。驱动装置和托辊、支腿等零部件应具有良好的防水性能和抗腐蚀性。在布置带式输送机时应注意，抓斗内的料不能通过料斗直接给入皮带机，必须在两者之间设置给料设备，否则对皮带机的冲击破损太大，造成胶带的频繁更换。

第三节 生活垃圾焚烧炉

一、国内外焚烧炉概述

国际上的垃圾焚烧炉种类繁多，分类方法也可以多种多样。

按照规模可分为大型焚烧炉、中型焚烧炉、小型焚烧炉。

按照燃烧室的个数可分为单室焚烧炉、二室焚烧炉、多室焚烧炉。

按照相态分离程度可分为固气混合相焚烧炉、固气分离相焚烧炉。

按照进料颗粒度需求可分为混合颗粒焚烧炉、细料焚烧炉。

按照物料混烧接受度可分为分选型焚烧炉、混烧型焚烧炉。

按照灰渣产出率可分为高渣型焚烧炉、低渣型焚烧炉。

按照能源利用便利度可分为宜发电型焚烧炉、宜热利用型焚烧炉、不宜热利用型焚烧炉。

按照固体废物焚烧时承载体的不同，可以将焚烧炉分为炉排承载型、炉床承载型、流化场承载型等。

炉排承载型一般属于垃圾层燃焚烧工艺。例如，采用水平往复推饲炉排、倾斜往复炉排、滚动炉排等形式。层燃焚烧方式的主要特点是：垃圾不需严格的预处理。滚动炉排和往复炉排的拨火作用强，比较适用于低热值、高灰分的城市垃圾的焚烧。

炉床承载型可以包括"固定炉床"、"活动炉床"等形式。例如：旋转筒式焚烧炉，其特点是将垃圾投入连续、缓慢转动的筒体内焚烧直到燃尽，故能够实现垃圾与空气的良好接触和均匀充分的燃烧。西方国家多将该类焚烧炉用于有毒、有害工业垃圾的处理。

控气式焚烧炉也可归入炉床承载型，如垃圾热解汽化焚烧炉技术。

流化场承载型最典型的是流化床式焚烧系统，其特点是垃圾的悬浮燃烧，空气与垃圾充分接触，燃烧效果好。但是流化床燃烧需要颗粒大小较均匀的燃料，同时也要求燃料给料均匀，故一般难以焚烧大块垃圾，因此流化床式焚烧系统对垃圾的预处理要求严格，由此限制了其在工业废弃物和城市垃圾焚烧领域的发展。

RDF（垃圾衍生燃料）焚烧炉属于流化床焚烧炉，它具有适用容量较大（单座容量 $200\sim750t/d$），余热利用高等优点；但存在造价昂贵，供应商有限，设备构造多且复杂，操作运转技术高，不适合含水率高的垃圾，需全套的前处理设备等缺点。

当前，应用广泛、性能稳定、具有代表性的生活垃圾焚烧炉一般认为包括炉排炉、流化床焚烧炉、旋转窑、控气式焚烧炉等。具体焚烧炉的对比见表7-8和表7-9。

表 7-8　垃圾焚烧炉工艺的优缺点对比

种　类	优　点	缺　点
炉排炉	适用于大容量,未燃分少,公害易处理,燃烧安定;控管容易,余热利用高	造价较高,操作及维修费较高;需连续运转,操作运转技术高
流化床焚烧炉	适用于中容量(单座容量 50～400t/d),燃烧温度(750～850℃)较低,热传导佳,燃烧效率佳,公害低	操作运转技术高,燃料的种类受到限制,进料颗粒较小(约 5cm 以下),单位处理量所需动力高,炉床材料冲蚀损坏,飞灰比例较高,灰量较大
旋转窑	垃圾搅拌及干燥性佳,可适用于中小容量(单座容量 100～400t/d),可高温安全燃烧,残灰颗粒小	连续传动装置复杂,炉内的耐火材料易损坏
控气式焚烧炉	适用于中小容量(单座容量 150t/d),构造简单,装置可移动,机动性大	燃烧效率低,平均建造成本较高

表 7-9　垃圾焚烧炉应用特征

比较项目	机械炉排式	旋转窑式	流化床式
国家地区	欧洲、美国、中国、日本	美国、中国、丹麦	中国、日本
处理容量	>200t/d	>200t/d	10～500t/d
设计制造操作维修	已成熟	供应商有限	供应商有限
前处理设备	除巨大垃圾外不分类破碎	除巨大垃圾外不分类破碎	须分类破碎至 5cm 以下

在焚烧炉设备的技术细节方面,国外大量垃圾焚烧经验表明:①卧式焚烧炉优于立式;②炉排型焚烧炉优于回转窑和流化床焚烧炉;③往复式炉排优于链条式炉排焚烧炉;④明火燃烧方式优于焖火燃烧方式;⑤合金钢炉排优于球墨铸铁炉排。

二、炉排型焚烧炉

（一）分类

炉排型焚烧炉是开发最早的炉型,也是目前在处理生活垃圾中使用最为广泛的焚烧炉。其应用占全世界垃圾焚烧市场总量的 80％以上。该类炉型的最大优势在于技术成熟,运行稳定、可靠,适应性广,维护简单。绝大部分固体垃圾不需要任何预处理可直接进炉燃烧。尤其适用于大规模垃圾集中处理,可使垃圾焚烧发电（或供热）。炉排型焚烧炉型式多样,主要有固定炉排（主要是小型焚烧炉）、链条炉排、滚动炉排、倾斜顺推往复炉排、倾斜逆推往复炉排等。按照炉排的段数,可分为 1 段式、3 段式。炉排的布置方式也有不同,有倾斜布置（15°～26°）的,也有水平布置（炉排倾角为 0°）的。

（二）垃圾在炉排炉内的焚烧过程

垃圾在炉排上的焚烧过程司以分为预热、焚烧、燃尽 3 个阶段,各个阶段之间可以有垂直落差,也可以没有落差。

（1）预热阶段　在此阶段,垃圾接受预热烘烤,实现干燥、脱水、升温。利于高水分、低热值垃圾的焚烧。为了缩短垃圾水分的干燥和烘烤时间,该炉排区域的一次进风均需经过加热（可采用高温烟气或废蒸汽对进炉空气进行加热）,温度一般在 200℃左右。

（2）焚烧阶段　在此阶段，垃圾在炉排上被点燃，开始燃烧。此阶段所需的热量来自于3个方面：①上方的辐射；②烟气对流；③垃圾层内部自有的热能。

（3）燃尽阶段　垃圾经过完全燃烧后变成炉渣，在此阶段温度逐渐降低，炉渣被排出炉外。

（三）炉排型焚烧炉的特点

1. 物料推动与控风

炉排型焚烧炉内垃圾物料的推动，一般依靠炉排的往复运动或滚动，带动垃圾物料实现移动、翻滚、变层。

在炉排上，已着火的垃圾在炉排的作用下，使垃圾层剧烈地翻动和搅动，引起垃圾底部也开始着火，连续地翻动和搅动使垃圾层松动，透气性增强，这有助于垃圾的着火和燃烧。

对于小型炉排炉，可以采用简单的进风方式。但对于中型、大型炉排炉，通常设计有一次、二次进风，或者分层进风方式。配风设计要确保空气在炉排上垃圾层之间均匀分布，并合理使用一次风、二次风。

2. 温度

炉排炉内温度的控制，至少需考虑到4个方面的问题：①垃圾物料的焚烧完成所需的温度；②有毒有害物质在高温下完全分解所需要达到的合理温度；③避免烟气中二次污染物的产生所需的温度范围；④避免异常温度损伤炉排、炉体。根据相关经验，垃圾正常焚烧所需的温度范围在800～1000℃之间，通常炉排上的垃圾在900℃左右的温度实现燃烧。如果垃圾成分复杂，炉温太高时会发生物料熔融结块，炉排、炉壁易烧坏。炉排区域的进风温度应相应低些，以免过高的温度会损害炉排，缩短其使用寿命。炉温太高会产生过多的氮氧化物。炉温太低，烟气滞留时间过短，易造成不完全燃烧，尤其是产生对人体有严重危害的二噁英。

3. 停留时间

停留时间是决定炉体尺寸的重要依据。垃圾焚烧的炉内停留时间有两层含义。其一是指垃圾从进炉到出炉之间在炉排上的停留时间，根据国内常见的垃圾组分、热值、含水率等情况，一般垃圾在炉内的停留时间为1～1.5h。其二是指垃圾焚烧时产生的有毒有害烟气，在炉内处于焚烧条件进一步氧化燃烧，使有害物质变为无害物质所需的时间。一般来说，在850℃以上的温度区域停留时间不少于2s，便能满足垃圾焚烧的工艺要求。

4. 适用范围

垃圾进入炉排炉之后，一般在炉排上焚烧之前先经历预热、烘烤，因此炉排炉能够适应我国很多城市高水分、低热值的垃圾焚烧。但对于含水率特别高的污泥、大件生活垃圾，不适宜直接用炉排型焚烧炉实现焚烧处理，这是机械炉排炉的应用局限。

（四）炉排类型

从基本结构形式来讲，炉排的类型可以分成由炉排块构成的炉排和由一组空心圆筒组成的炉排两类；从炉排的运动形式来看，可分成往复运动和滚动运动两类。

1. 倾斜往复运动炉排

根据炉排运动的方向，倾斜往复运动炉排可以分为倾斜逆推往复炉排、倾斜顺推往复炉排。

（1）倾斜逆推往复运动炉排

逆推往复运动炉排由一排固定炉排和一排活动炉排交替安装构成。炉排的运动方向与垃圾的运动方向相反，其运动速度可以任意调节，以便根据垃圾的性质及燃烧工况调整垃圾在炉排上的停留时间。炉排在炉内约呈 26°倾角。由于倾斜和逆推作用，底层垃圾上行，上层垃圾下行，不断地翻转和搅动，与空气充分接触，因而有较理想的燃烧条件，可实现垃圾的完全燃烧。

倾斜逆推往复炉排的特点如下。

① 燃烧空气从炉底部送入并从炉排块的缝隙（不同的炉排技术使缝隙位置不同，一般位于炉排块前端）中吹出，对炉排有良好的冷却作用。

② 炉排推动时，包括固定炉排均能做到四周呈相对运动状态，每一块炉排约有20mm 的错动动作，可使黏结在炉排通风口上的一些低熔点（铅、铝、塑料、橡胶等）物质吹走，保持良好的通风条件。

③ 由于逆向推动可相应延长垃圾在炉内的停留时间，因此在处理能力相同的情况下，通常炉排面积可小于顺推炉排。

④ 可使来自主焚烧区域的灼热灰渣与干燥引燃区域中的垃圾更加充分地混合，有利于垃圾的引燃，适用于水分高、热值低的垃圾的焚烧。

倾斜逆推往复炉排的典型代表是德国马丁公司的炉排，其与倾斜顺推往复炉排的不同之处在于炉排片的运动方向与垃圾运动方向相反。日本三菱重工 1971 年从德国马丁公司引进此炉排技术后，设计开发了三菱马丁逆推式垃圾焚烧炉，针对亚洲国家城市垃圾进行改进。

（2）倾斜顺推往复炉排

倾斜顺推往复炉排的运动方向与垃圾的运动方向一致，为保证垃圾在炉内有充分的停留时间，通常炉排长度较长，炉排设计成分段阶梯式，且各段均配有独立的运动控制调节系统。炉排的倾角也较逆推的小。垃圾由机械给料装置自动进入炉膛，先后在炉排上经过干燥和引燃区、主焚烧区以及燃尽区，完成整个焚烧过程。垃圾在炉膛内的停留时间一般为 1h。借助于炉排倾角并通过炉排的往复运动，垃圾在向灰斗的运动过程中不断地得到翻动和搅动，拨火作用强。为了适应焚烧量、垃圾种类以及成分的变化，燃烧空气量及其分布均可调节并可分为一次风、二次风或者三次风分别配给。

倾斜顺推往复炉排除了具有逆推炉排前两项特点外，还具有以下特点。

① 垃圾的横向及跌落运动，使垃圾的翻转与搅拌比不分段的炉排和滚动炉排要更加充分，能够保证新进入炉膛的垃圾及未燃烧的垃圾暴露在燃烧空气之中，从而得到充分

燃烧。

② 对于成分复杂、热值随季节变化较大的垃圾，采用对炉排运动的分段调节，对燃烧工况的控制更方便，可以达到完全燃烧的处理效果。

德国 EVT 公司的垃圾焚烧系统是采用顺推倾斜往复炉排的典型例子。其特点在于采用一个链条炉排来保证垃圾的均匀和连续输送。通过对链条炉排传送速度的无级调节使焚烧炉能够对垃圾热值的波动做出灵活的反应，有利于燃烧工况的调节。瑞士 VONROLL 公司开发了冯罗尔正向阶梯摇动式机械炉排焚烧炉，日本日立造船公司于 20 世纪 60 年代引进此技术并加以改进，其炉排除了活动和固定炉排外，还在燃烧段装有切刀，切刀对垃圾进行切割，使垃圾细碎，堆积平整，燃烧更彻底。伟伦正向阶梯反复摇动式机械炉排焚烧炉由丹麦伟伦生态系统公司开发，日本钢管株式会社（简称 NKK）在 1970 年经伟伦公司认可开始生产此型焚烧炉并加以改进以适应日本的生活垃圾。它组装的活动炉排片与固定炉排片纵向交错排列，活动炉排先向斜上方移动。垃圾由活动炉排向固定炉排翻滚掉落，而后活动炉排复原，进而活动炉排向斜下方移动，垃圾由固定炉排向活动炉排翻滚掉落，活动炉排再复位，这样完成了一个运动周期。通过炉排的相对运动，垃圾在炉床上得到搅拌、翻动、充分燃烧，同时向前移动。在燃烧段和后燃烧段上还有一排翻起炉排片，通过它的上下运动，可以有效地搅拌、破碎，疏松垃圾并推动垃圾向前运动。顺推阶梯炉排在我国宁波生活垃圾焚烧工程中有采用，运行指标良好。

2. 水平往复运动炉排

水平式往复炉排（图 7-7）因无倾斜度，焚烧的垃圾无自然下滑的力量，所以都采用逆推的方式。但它与逆推式倾斜往复炉排不同，炉条搁置方向仍为顺向。从长度方向上炉排片向上倾斜放置，呈锯齿状。焚烧垃圾的推进必须克服垃圾自重所产生的下滑力和摩擦力后，靠垃圾自身挤压来传递，因此比顺推式倾斜炉排对垃圾的挤压推力要大得多，即机械动力消耗较大。

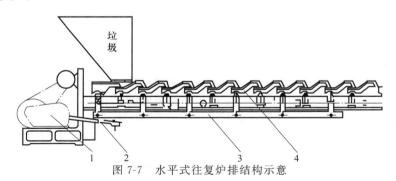

图 7-7　水平式往复炉排结构示意

1—装置；2—偏转机构；3—炉排片推拉；4—炉排片

炉排片头部高度和往复行程也较大，通常设计行程为 150mm，活动炉排向上推动时，固定炉排前部的垃圾层被推落到前面一排活动炉排的后部。当活动炉排往回运动时，头部的垃圾会向下塌落，使得垃圾层得到松动。通过炉排的往复运动，焚烧垃圾得到周期性的挤压、翻落、塌落等过程，焚烧中的垃圾波浪式地自前向后蠕动，其表面形成一个波形面。该炉排的燃烧强度和燃烧率较高，据文献介绍，炉排面积热负荷可达 700×10^3 kcal/

（m²·h），更适用于不同季节垃圾成分差异较大的场合。

水平式往复炉排的特点如下：①成熟的燃烧控制（ACC）能保证稳定的燃烧条件和灰渣的燃尽；②炉排片双向逆动的机械结构使垃圾输送可以控制；③水平结构使燃料向前运动，并且不存在个别大件垃圾从入口处直接滚落到出口处的问题；④紧凑的炉排使整个炉排上的燃烧空气分布均匀；⑤炉排漏灰比例很小；⑥可用率高，操作安全，维修方便。

该炉排技术为 ABB 公司的专利技术。ABB（W+E）双向推动机械炉排焚烧炉由瑞士 Widmer+Ernst 公司开发建造，后来美国布朗特能源公司和日本住友重机株式会社等先后引进了该技术。

3. 滚动式炉排

滚动式炉排，又称为滚筒式炉排，或辊式炉排、旋转圆筒炉排。属于前推式炉排的一种，一般由倾斜布置的一组空心圆滚筒组成（滚筒的数量一般为 5～7 个）。其常见构造为：滚筒组整体与水平方向呈 20°倾斜，自上而下排列。每个滚筒的直径约为 1.5m。滚筒在液压装置的作用下进行旋转，转速为每小时 0.5～12.0 转。相邻圆筒的旋转方向相反。该类焚烧炉炉膛的设计合理地结合了滚动炉排的特性和垃圾焚烧的特点，前面的一组滚筒可设计为垃圾的干燥和燃烧区，能使高水分、低热值的垃圾迅速得到干燥并及时着火。滚动炉排垃圾焚烧炉的特点如下。

（1）适应范围广　每个滚筒都配有一套单独的调速系统，进风可以根据滚筒单独分区，通过调整滚筒转速和进风量，控制垃圾在该阶段的驻留和燃烧。因此，在处理不同种类的垃圾时，适应范围较广。

（2）使用寿命长　滚筒炉排旋转的工作形式，使圆筒处于半周工作、半周冷却的状态，炉排炉条的整体冷却效果优于其他炉排形式。炉排可以用一般的铸铁材料制造，使用寿命相对较长。

（3）故障率较低　受热面上没有移动部件，可以减少磨损和被垃圾中的铁器卡住的现象。

（4）风机能耗较低　进风阻力较小，进风压力较低，节省风机的能耗，同时减少了炉膛出口的飞灰及相应造成的对受热面的磨损。

（5）垃圾燃烧较充分　滚筒上的垃圾在燃烧过程中形成波浪式的运动，垃圾从而得到充分的搅拌，拨火作用强、燃烧充分。低热值的垃圾在前拱高温辐射的作用下形成垃圾焚烧所必需的高温区域，以使垃圾充分燃烧并减少有害物质的产生和排放。在后拱的作用下，火焰和高温烟气直接冲刷后面滚筒燃尽段上的垃圾，促使垃圾进一步燃尽。

该炉排技术的典型代表是德国 DBA 滚筒式机械炉排焚烧炉。其特点是：采用滚动炉排，炉膛采用屋顶形的结构，形成平行流动的火焰行程。主燃烧段产生的高温火焰和烟气向后燃烧段移动，有助于难燃烧物的有效燃烧。在中空的圆柱体表面安装着炉排片，每个炉排片呈弧形，十个炉排片覆盖为一圈，多组圈形成一个滚筒。炉排片之间存在间隙，一次空气通过间隙吹出，在滚筒的整个宽度上均匀喷出。滚筒之间设有挡板防止垃圾和炉灰渣落下。

行业内一般认为滚筒式机械炉排更适用于高热值、低含水率的欧洲国家生活垃圾，遇到高含水率、低热值垃圾物料时，需进行工艺上的进一步改造。

4. 其他改进型炉排及相关设备

王怀彬等的专利技术往复推饲分层供风炉排装置的结构如图 7-8 所示。是为了解决我国城市生活垃圾热值低、夏天水分含量高、地区差别大等特点，避免垃圾在普通炉排上燃烧存在着火条件与拨火条件差，不易燃烧等问题而设计的。具有以下优点：往复推饲分层供风炉排的垃圾具有双面着火的特性，可解决垃圾因发热量低造成垃圾不易着火的问题。

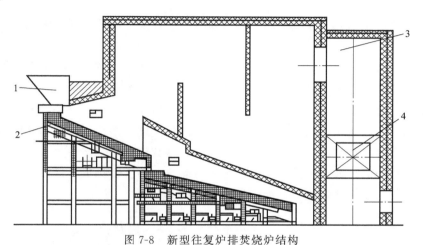

图 7-8　新型往复炉排焚烧炉结构

1—进料斗；2—专利炉排装置；3—烟道；4—空气预热器

在往复推饲分层供风炉排上，活动炉排是往复运动的，在推垃圾运动时，把部分新垃圾推到下一层已燃炽热垃圾层上，而返回时又会把部分已燃的垃圾带回到未燃的垃圾层下面。因而，炉排上的垃圾就具有"下部着火"的因素，同时垃圾层上部吸收来自炉膛高温烟气（火焰）和炉墙炉拱的辐射热，具有"上部着火"的因素。

该焚烧炉在燃烧室中充分贯彻了"3T"原则，即 temperature、time、turbulence 原则，控制了二噁英类有毒有害物质的产生。该焚烧炉对入炉垃圾不需分选、筛选、破碎，可直接入炉焚烧，避免了在人工分选时由垃圾分解析出的二噁英危害。通过垃圾预热、烘干，低而长的后拱，往复推饲分层供风炉排，分级配风等设计组织起了"3T"工况。通过一次风提高焚烧炉的燃烧效率，提高炉内温度，在炉膛内未布置任何受热面，使炉膛温度保持在 800℃ 以上。通过二次风与炉拱的配合，烟气在喉口处形成火焰，保持燃烧气体的停留时间大于 2s；同时扰动燃气，使之形成湍流，促进气体充分混合，实现完全燃烧，抑制 CO 的生成，抑制二噁英类有害物质生成。在烟气进入布袋除尘器前，注入碳粉吸附剩余有害物，最终由布袋除尘器去除飞灰颗粒。

新型链板式生活垃圾连续焚烧炉，采用链条炉排和高温热解分段燃尽技术。高温热解是通过加大垃圾料层厚度，通入适量空气而使垃圾中的有机物发生热解过程，所生成的可燃气体易于和空气混合燃烧，从而使料层内温度高达 1100℃ 左右，做到垃圾的灭菌消毒，实现生活垃圾的无害化处理。

在阶梯式往复炉排焚烧炉技术中，推料机构将垃圾推入一段阶梯式往复炉排上，炉排往复运动，使垃圾逐级向后运动。在这个过程中，炉排下部供热风，对垃圾进行干燥；待垃圾干燥后，随着阶梯炉排的运动，垃圾进入水平往复炉排进行燃烧。将燃烧分为几个阶段，不同阶段供风方式不同，使垃圾充分搅动，燃烧更完全。炉渣由出渣系统排出，尾气经过一燃室、空气预热器、除尘装置后排入大气。

三、流化床焚烧炉

（一）概述

流化床焚烧炉是承载固体废物形式非常独特的一种焚烧工艺，属于流化场承载型垃圾焚烧炉技术。

该技术在 20 世纪 60 年代便已在国际上开发应用，但直到 2000 年前后，才在中国大量用于垃圾焚烧发电厂的建设运行，到 2006 年流化床垃圾焚烧炉得到了迅速发展，甚至中国很多中小城市也采用了流化床焚烧技术。尤其是循环流化床燃烧炉，继承了一般流化床燃烧固有的对燃料适应性强的优点，又提高了流化速度、增加了物料循环回路，得到了良好的口碑。而且与炉排炉显著不同的是，中国大多数流化床焚烧炉主要采用国内技术。

流化床焚烧炉的特征在于其特设的垃圾供给装置、不燃物排出装置、床料循环装置和分选装置。流化床垃圾焚烧炉及其配套设备见图 7-9。

图 7-9　流化床垃圾焚烧炉及其配套设备

大多数的流化床焚烧炉主体是垂直的耐火材料钢制容器。

焚烧炉体内有一定粒径的石英砂，鼓风机从底部引风进层床，气流使料砂悬浮、流化。这时喷入液体燃料并点火预热炉膛和石英砂。加入适量的煤进行掺烧，慢慢使炉膛温度升至预设温度再加入垃圾燃烧，燃烧稳定后，逐步减少煤的掺入量，直到完全靠垃圾连续燃烧。垃圾入炉后即和灼热的石英砂迅速处于完全混合状态，垃圾和石英砂互相摩擦，在剪切力的作用下垃圾被破碎成较小的颗粒物，较小的颗粒物垃圾受到充分加热、干燥、燃烧，细颗粒吹离炉膛后被分离器分离下来送回炉内形成物料循环。焚烧所需风量分两级给入焚烧炉，一次风从流化床焚烧炉底部送入，二次风从焚烧炉中部送入。这种分级给风燃烧方式，可抑制 NO_x 生成，减少氮氧化物等有害物质排放。

流化床焚烧炉的结构见图 7-10。

（二）结构特点

1. 热载体

流化床垃圾焚烧炉的燃烧原理是依托于惰性颗粒的均匀传热与蓄热效果以达到剧烈燃烧的目的，典型的热载体是沙子。通常是采用燃油预热料层，当料层温度达到 600℃ 左右时可以投入垃圾焚烧。

2. 垃圾入料方式

生活垃圾由炉顶或炉侧进入炉内，与高温载热体及气流交换热量而被干燥、破碎并燃烧。

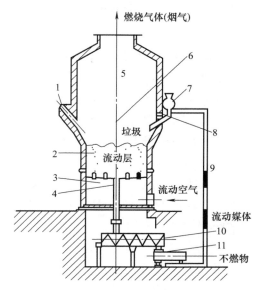

图 7-10 流化床焚烧炉的结构

1—助燃器；2—流动媒体；3—散气板；4—不燃物排出管；5—二次燃烧室；6—流化床炉内；7—供料器；8—二次助燃空气喷射口；9—流动媒体（砂）循环装置；10—不燃物排出装置；11—振动分选

3. 布风系统

在流化床焚烧炉的下部通常安装有气流分布板，板上装有载热的惰性颗粒（沙子）。布风板通常设计成倒锥体结构，风帽为 L 形。一次风经由风帽通过布风板送入流化层，二次风由流化层上部送入。冷态气流断面流速为 2m/s，热态为 3～4m/s。在典型的循环流化床生活垃圾焚烧炉工艺中，一次风率为 70%。正常运行时密相区为湍流床，在这一区域，燃料中大部分热量被释放，未燃尽的成分进入悬浮段。干燥风与二次风形成一个垂直于侧墙的旋转流场。可以设计成从四角布置切向进入的三次风，形成垂直于炉膛顶部的旋转流场。在这两个流场的作用下，空气与未燃尽的可燃物充分混合，最终燃尽。

4. 温度控制

垃圾焚烧后产生的热量被贮存在载热体中，并将气流的温度提高。床内燃烧温度一般控制在 800～900℃，广义的流化床焚烧炉的焚烧温度可为 400～980℃。悬浮段烟温可控制为 950℃。焚烧温度不可太高，否则床层材料会出现粘连现象。在流化床生活垃圾焚烧炉实用中，床温可控制在 850℃ 左右，既有利于石灰石与燃料中的硫发生反应，实现脱硫目的，又营造了低温燃烧环境，降低了 NO_x 的生成量。

5. 残渣分离

焚烧残渣可以在焚烧炉的上部与燃烧废气分离，也可另外设置分离器，分离出的载热体在回炉内循环使用。

6. 出灰

在典型的循环流化床生活垃圾焚烧炉工艺中，可采用干式出灰。灰的排放除了布袋除尘器的收集排放之外，还可以设计在如下部位：密相区侧面的选择性水冷排渣笼；分离器下部的粗灰溢流管；尾部竖井下部的转弯细灰分离器排放口。

布袋除尘器捕集的飞灰中的重金属含量较高，并且可能吸附有 PCDDs 类污染物，不能直接排放。必须按照国家相关规定予以处理。

（三）流化床焚烧炉的优点

① 燃烧效果较完全，对有害物质的破坏较彻底。焚烧炉渣的热灼减率低。一般排出炉外的未燃物均在 1% 左右，是各种焚烧炉中最低的，对环境保护很有利。

② 炉床单位面积处理能力大，炉体积小。

③ 床料的热容量大，启停容易，垃圾热值波动对燃烧的影响较小。

④ 炉内床层的温度均衡，可达 850～900℃，避免了局部过热。

⑤ 可以添加煤为辅助燃料。

⑥ 对垃圾入料分选的要求较低，对垃圾的热值要求不是很高（800kcal/kg）。

⑦ 可以在炉膛内加入脱硫剂（如生石灰），能够在炉膛内脱除 SO_2，对减少 HCl 和 NO_x 也有一定效果。

⑧ 焚烧炉无机械转动部件，不易产生故障。

（四）流化床焚烧炉的缺点

① 流化床焚烧炉对垃圾颗粒度要求很高。为了保证入炉垃圾的充分流化，要求垃圾在入炉前进行系列筛选及粉碎等处理。使其颗粒尺寸均一化。一般破碎粒度不大于150mm，最好小于 50mm，同时要求进料均匀；因此导致垃圾预处理设备的投资成本较高；有时由于流化床焚烧炉对垃圾有严格的预处理要求，会影响其在生活垃圾焚烧上的应用范围。

② 炉内温度较难控制；对操作运行及维护的要求高，运行及维护费用也较高。

③ 燃烧速度快，燃烧空气的平衡较难，容易导致燃烧不完全而引起 CO 比例失调。为使燃烧各种不同垃圾时都保持较合适的温度，必须随时调节空气量和空气温度。

④ 垃圾预处理环节如果管理不善，易造成臭气外逸，产生环境污染。

⑤ 废气中粉尘较其他炉型多，后期处理负担加重。

⑥ 为保证垃圾在炉内呈现沸腾状态，需依赖大风量高风压空气，电耗大。

（五）流化床焚烧炉应用实例

清华大学针对目前我国生活垃圾理化性质现状，开发出了适合我国国情、排放性能良好、处理量为 150t/d 的循环流化床生活垃圾焚烧炉（CFBI），完成了 2×150t/d 生活垃圾焚烧供热厂的示范工程。

图 7-11 为循环流化床生活垃圾焚烧炉焚烧工艺流程。原始垃圾从垃圾转运站运来，通过简单地分选，进入垃圾存放池。垃圾堆放产生的渗滤液排入料池底部的积水池，用水泵抽出。定时喷入炉膛内烧掉。

为弥补城市生活垃圾的成分和热值波动带来的影响，该焚烧炉设置了以煤作为辅助燃

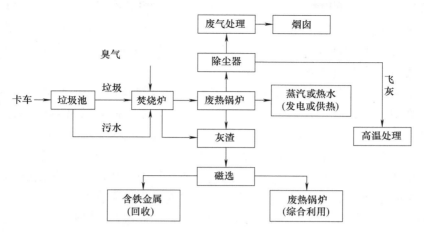

图 7-11　循环流化床生活垃圾焚烧炉焚烧工艺流程

料的助燃系统。整个焚烧炉的垃圾和煤的投入比取决于垃圾成分、热值和蒸发量的要求。从热量平衡上说，无论垃圾热值高低，均可由自动控制系统完成匹配控制，实现焚烧炉在额定炉温 850～950℃工况稳定运行。

　　典型的 150t/d 的 CFBI 系统包括锅炉本体及尾部烟气净化系统。该炉为室内布置，垃圾由前部料斗经曲轴推料器送入干燥床，经倾斜式干燥床受热风及烟气干燥，缓慢落入炉膛密相区，在密相区剧烈燃烧。高温烟气夹带固体粒子经密相区依次向上，在净高 15m 的炉膛内与干燥风、二次风、三次风强烈混合燃烧，经炉膛出口进入水冷旋风分离器。其分离效率为 96%～98%。分离下来的粗灰经料腿进入回料器，在松动风的控制下回送进炉膛，进入下一个循环。粗分离后的高温烟气由旋风筒出口流经顶部烟道、尾部竖井、沸腾式省煤器、热管空预器、铸铁省煤器、布袋除尘器、喷淋洗涤塔，最后由烟囱排放到大气中。

　　该炉的炉膛四壁、水冷旋风分离器、尾部竖井均采用膜式壁。由于流经的烟气特性，燃烧后产生的 HCl、Cl₂ 及重金属化合物等会对管壁产生腐蚀。为防止管壁腐蚀，在烟气侧的膜式壁表面敷设一层耐火材料。循环流化床生活垃圾焚烧炉采用床下点火、分级燃烧。

　　渣坑中的炉渣在冷却后，经磁选回收黑色金属，然后进行浸出毒性检测。若不超标则直接外运填埋或作建材，若重金属含量超标，则送入备用灰水池进行重金属的去除（如络合沉淀），达标后再外运。

　　布袋除尘器的除尘效率达到 99.9% 以上，保证出口粉尘浓度（标准状态下）不大于 30mg/m³。由于布袋除尘器所捕集下来飞灰中的重金属含量较高，并且吸附有 PCDDs 类污染物，不能直接排放，设计安装了飞灰再燃装置。在高温（>1200℃）的条件下处理飞灰，把有机污染物分解燃烧。再燃后的含灰气体仍然进入袋式除尘器前的烟道，混合到焚烧炉排烟中再一次除尘。经除尘后，烟气中的飞灰颗粒再通过喷淋洗涤塔，得到进一步脱除，两级除尘使排放烟气中的烟尘浓度大大低于国家规定。通过对飞灰进行高温熔融处理，消除有机有害物质，并对重金属有害物质进行固化，最大可能地达到了减量化要求。

检测处理后的飞灰浸出毒性等指标符合国家排放标准，可以进行安全排放，这样就有效地避免了垃圾焚烧可能造成的二次污染。垃圾燃烧后的烟气中含有多种有害物质，除飞灰外，还有气态污染物如 HCl、NO_x 和 SO_2 等。烟气净化系统不仅包括布袋除尘器及飞灰再燃装置，还包括喷淋洗涤塔。

对 SO_2 的脱除，采用了 2 种方法同时进行：①在炉膛内加入脱硫剂，即生石灰，除了能够达到在炉膛内就脱除大约 90% 以上的 SO_2 外，对控制 HCl 和 NO_x 的生成也有一定效果；②在除尘器后布置喷淋洗涤塔淋洗烟气，烟气通过喷淋塔时与雾化的碱液（石灰水）混合发生中和反应，能够有效脱除烟气中剩余的上述有害物质，避免二次污染。

集美大学建造了垃圾焚烧实验台，采用流化床焚烧炉。其焚烧炉的无敷设水冷壁管的主燃烧室是废物主要焚烧场所。敷设水冷壁管的二次燃烧室为悬浮段，设计人员采用了瘦高型的炉型，有利于增加悬浮物在炉内的停留时间，燃料停留时间将大于 3～5s。

在悬浮段设置二次风，以补充完全燃烧所需氧量，向下喷入燃烧室会增加炉内气流扰动，延长细燃料在燃烧室内的停留时间有利于未燃烧的悬浮物燃尽，同时实现分段燃烧。主燃烧室可通过高温烟气配给，同时送、引风机以及螺旋输送器等均装设变频器，以利于燃料品种变化或负荷变化时调整，确保在 850～900℃ 范围内燃烧，而悬浮段的温度较低，这样在很大程度上可抑制 NO_x 的生成。

该焚烧炉采用简单而有效的沉降式惯性分离回料器装置。在高温烟气到达省煤器之前，设置二道挡板（由蒸发管构成），使高温烟气经过路线为"W"形状。高温烟气中微粒碰到挡板后，速度骤减，依靠自身重力下降到回料器，并通过带有变频控制的小风量、高压头的罗兹风机使飞灰重新返回到焚烧炉中进行燃烧。通过三道挡板，高温烟气中的可燃物微粒含量将大大减少。

为减少烟气对空气预热器的破坏，焚烧炉采用了热管式空气预热器。热管换热器是一种具有较高换热性能的传热元件，它通过封闭的真空管内液体发生相变传递热能，具有内部热阻小、等温性能良好等特点，因此将其用于此处具有较大的优势：①热管式换热器管壁磨损较小，热管换热器冷、热流体采用纯逆流方式布置，烟气、空气流畅均匀；②依靠管内填充液体的相变进行传热，其壁面温度较高，避开了管子的高腐蚀区，抗腐蚀能力大为增强；③热管换热器壁温度高于烟气酸露点温度，使灰尘不易黏结在肋片和管壁上；④由于热管是单根工作，当一根失效时并不影响其他热管的工作和密封，使用寿命较长。

美国趋向于大型循环流化床技术的应用。近 20 年来，日本的流化床焚烧技术取得长足进展，处理规模在 25～450t/d 范围内，1995 年日本的 FBC 垃圾焚烧炉达 131 台之多。日本的年降雨量大于 1000mm，垃圾水分含量较高，采用流化床焚烧炉有一定的优势。日本的许多公司有自己特色的流化床焚烧炉。

四、回转窑焚烧炉

1. 概述

回转窑是一种成熟的工业焚烧技术，在垃圾焚烧领域也有重要的应用价值。回转窑焚烧技术起源于工业、建材制造业，一般多源于水泥企业的回转窑。利用回转窑焚烧处理城市垃圾、工业垃圾在一定条件下是可行的。回转窑垃圾焚烧炉一般适用于处理成分复杂、含有多种难燃烧的物质，或者含水率变化范围较大的垃圾。用于处理垃圾的回转窑见图 7-12。

图 7-12　用于处理垃圾的回转窑

回转窑温度较高，能分解垃圾焚烧产生的二噁英。回转窑焚烧产生的热量也可再利用，焚烧后的残渣可用于混凝土掺合料和水泥混合材中，或作为免烧制品的生产原料，但需要同时考虑相关的设备改造、成本控制、资源化产品的质量、重金属污染控制等因素。当将回转窑焚烧垃圾与水泥生产同时考虑时，更需要严谨、科学地综合控制各项指标，避免无害化、资源化的失衡。

实际应用时，可以考虑采用如下几种类型的技术方案：①原生垃圾直接与其他物料协同进入回转窑实施处理；②先将生活垃圾制成RDF 燃料，再进入回转窑焚烧；③先将垃圾热解，产生的烟气再进入回转窑焚烧；④在机械炉排炉之后设置回转窑，以提高炉渣的燃尽

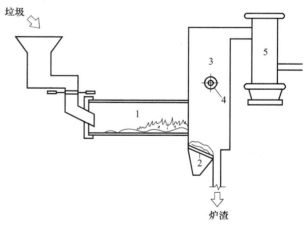

图 7-13　作为干燥和燃烧炉作用的回转窑
1—回转窑；2—燃尽炉排；3—二次燃烧室；
4—助燃器；5—锅炉

率，达到炉渣再利用的质量要求；⑤在机械炉排或热解气化炉之前设置简易回转窑，起到预烘干湿垃圾的作用。

上述技术方案各有利弊，在决策设计应用时均需慎重。作为干燥和燃烧炉作用的回转窑见图 7-13。

2. 结构特点

回转窑焚烧炉技术的燃烧设备主要是一个缓慢旋转的回转窑，其内壁可采用耐火砖砌

筑，也可采用管式水冷壁，用以保护滚筒。回转窑直径为 4～6m，长度为 10～20m，可根据垃圾的焚烧量确定。

它是通过炉本体滚筒连续、缓慢转动，利用内壁耐高温抄板将垃圾由筒体下部在筒体滚动时带到筒体上部，然后靠垃圾自重落下。由于垃圾在筒内翻滚，其与空气得到充分接触。经过着火、燃烧和燃尽三个阶段进行较完全的燃烧。

垃圾由滚筒的一端送入，热烟气对其进行干燥，在达到着火温度后燃烧，随着筒体滚动，垃圾得到翻滚并下滑，直到筒体出口排出灰渣。当垃圾含水量过大时，可在筒体尾部增加一级炉排，用来满足燃尽。

滚筒中排出的烟气进入一个垂直的燃尽室（二次燃烧室）。燃尽室内送入二次风，烟气中的可燃成分在此得到充分燃烧。燃尽室温度一般为 1000～1200℃。其结构如图 7-14 所示。

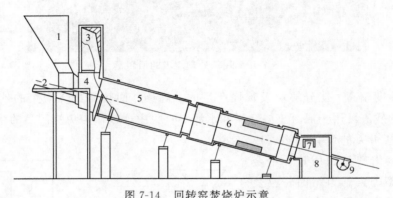

图 7-14　回转窑焚烧炉示意

1—进料斗；2—液压推料机；3—烟气出口；4—前封斗；5—干燥段；
6—燃烧段；7—灰渣筛；8—后封斗；9—点火器

3. 回转窑焚烧炉的优点

① 焚烧能力较强；可以通过转速的改变，调节垃圾在窑中的停留时间，对垃圾物料的适应力较强。

② 设备结构相对简单，控制较简便；维修方便。

③ 炉渣品质较好。可以对垃圾在高温空气及过量氧气中施加较强的机械碰撞，能得到可燃物质及腐败物含量很低的炉渣。

④ 能量回收率较高。

⑤ 能耗相对较低。设备运行费用较低，厂用电耗与其他燃烧方式相比较少。

⑥ 由于冷却水的水冷作用，降低了燃烧温度，抑制了氮氧化物的生成，减轻了炉体受到的腐蚀作用。

4. 回转窑焚烧炉的缺点

① 垃圾处理量不大。

② 飞灰处理相对较难。

③ 燃烧过程不易实现细化控制，难以适应发电的需要，在当前的垃圾焚烧中应用较少。

5. 应用实例

上海浦东国际机场航空港垃圾焚烧工程采用了回转窑焚烧炉。LDHZ 型回转窑式系列垃圾焚烧炉，垃圾处理量为 6～100t/d，可处理含水量高的生活垃圾、含有可燃物的沙土、废渣、油渣、旧塑料残渣、工业可燃危险废物、含有可燃成分的污泥等垃圾。其适用范围为垃圾焚烧场、医院、工厂等场所。上料方式为自动上料，投料方式为连续投料。SGHZL-20 回转式垃圾焚烧炉，由四川科学城神工环保工程有限公司研制开发，主要性能参数为：处理能力为 20t/d，残渣热灼减量 ≤5%，燃烧温度 ≥1050℃，排烟温度 ≤120℃。

五、热解汽化焚烧炉

1. 概述

热解汽化焚烧炉技术，简称为 CAO（controlled air oxidation）技术，即空气氧化控制技术，以控制空气燃烧理论为技术基础，是目前世界各国在垃圾焚烧领域相对先进的技术之一。热解汽化焚烧炉（图 7-15）的燃烧过程可分为热解、汽化和燃尽三个阶段。通常其运行操作的核心内容包括点火，升温，建立正常燃烧工况，调整送风，控制温度、负压、含氧量参数，保持燃烧工况，出渣，烟气处理。

2. 结构特点

热解汽化焚烧炉一般均设有一燃室和二燃室，一燃室通过控制温度和空气过剩系数，使垃圾实现缺氧燃烧，主要是完成热解阶段。在此阶段，垃圾被干燥、加热、分解，水分和可分解组分被释放，不可分解的可燃部分在一燃室中燃烧，为一燃室提供热量。

图 7-15　垃圾热解汽化焚烧炉

垃圾进料一般是间歇的。垃圾在一燃室内的搅动或推进，可依靠布置在炉床下面的推动机构完成，也可设计为旋转搅动机构。

一燃室会产生较多的灰渣。

一燃室中释放的可燃气体进入第二燃室实现完全氧化燃烧。

在沉降室的正上方通常设置旁路烟囱，可在下列紧急情况下使用：CAO 焚烧炉第一、第二燃室严重超温；喷水后仍无法降温；锅炉严重缺水；引风机故障跳闸。

3. 优点

① 与机械炉排焚烧炉相比，在同样的处理能力下，占地面积较小，厂房高度较低。

② 设备结构较机械炉排焚烧炉简单，运动部件少，经久耐用，维修方便，造价较低。

③ 一燃室可能产生的二噁英在二燃室的高温条件下得以分解，此种焚烧炉在满足环保对烟气排放的要求方面有一定的优势。

④ 最终产物主要是完全无害化的灰清作改良土壤用，由于在主燃烧室中维持较低的燃烧温度与供氧量，因此灰渣中的玻璃与金属保持原状，不会在炉排上造成熔堵现象，并可作为有价物资回收。

⑤ 燃烧方式是静态燃烧，没有空气或炉排块的搅动，因此尾气中含灰量比炉排炉低得多，可以延长锅炉使用寿命，简化烟气净化系统。

⑥ 从理论上讲，静态焚烧可以适用各种垃圾。理论上讲，采用 CAO 燃烧系统时，垃圾不用分选就可以充分地分解和燃烧。

4. 缺点

① 该炉适用于热值高的垃圾。二燃烧室在垃圾发热量较低时要加辅助燃料，所以油燃料消耗量比炉排焚烧炉多。CAO 燃烧系统对水分超过 50% 的垃圾，在不投油助燃时不能稳定燃烧。我国城市垃圾成分十分复杂，热值较低、含水率高，而且地区差别大，例如，我国东部地区城市垃圾热值平均为 2900～3200kJ/kg，中部地区为 1800～2600kJ/kg，西部地区为 1200～1900kJ/kg，因此在我国广泛应用垃圾热解汽化焚烧炉技术还有一定困难。

② 燃烧过程是要求严格控制温度和供氧量的"模块化"过程，因此要求较高的自动化程度。

5. 应用实例

加拿大瑞威公司在 20 世纪 90 年代推出 TOPS 垃圾汽化处理系统（图 7-16）。

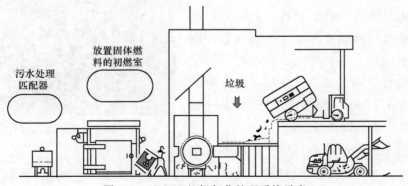

图 7-16　TOPS 垃圾气化处理系统示意

TOPS 系统是以 CAO 理论为基础研制的。TOPS 系统有多个初级燃烧室、一个二次燃烧室，可在反应完成后自动处理灰渣，分离玻璃与金属。在初级燃烧室内维持较低的温度，仅使有机物氧化分解。其主要优点是加热回收能力强、入炉垃圾可以不经分类直接混燃、系统的尾气中烟尘含量较低、热解后灰渣的安定性较好、没有部件在高温状态下移动、占地面积相对较小、自动化性能好等。

CAO 焚烧炉采用的燃烧方式是分级燃烧。通过第一燃室进气受限制，其过量空气系数小于 1，废物缺氧燃烧。第一燃室中释放的可燃气体通过紊流混合区进入第二燃室，进入紊流混合区的助燃气体在氧气充足的条件下使其完全氧化燃烧，烟气停留时间不少于2s。第一燃室的温度控制的目的是调节助燃空气的进气量，当焚烧温度低于设置点，进气量降低；当温度高于设置点，进气量加大。第一燃室的温度控制正好与第二燃室相反。CAO 焚烧炉第一燃室由炉前加料端向炉后出渣口纵向逐级向下有 6 级炉床，分别为加料级、干燥级、燃烧一级、燃烧二级、燃烧三级以及燃尽级（如不算加料级，则为 5 级）。垃圾在第一燃室由前向后地推进，是靠布置在炉床下面的各级液压推床完成的，每级物料向后推动时，靠物料之间的挤压来实现。板式液压推床在正常运行时是退回状态，只有在该级推床设定时间倒计时为零时才推出去，然后立即退出炉膛之外。干燥级及 3 个燃烧级共有 4 级布置配风管。每级炉床横向布置 7 根风管，这些风管穿过活动板式液压推床并作为该级推床的导向装置是静止不动的。正常运行时被物料覆盖。为防止高温烧损变形，风管用水套进行冷却（水走夹层、风走芯管），出风口方向垂直于推床前端面（即纵向正后方）。第一燃室的加料级与厂房零米平齐，后而各级炉床均布置在坑井中（包括各级液托缸）。CAO 焚烧炉第二燃室布置在第一燃室上方，为圆筒状，第一、第二燃室的连通管（喉管）布置在燃烧一级正上方。

CAO 焚烧炉的附属设备主要有烟气沉降室，设置在 CAO 焚烧炉第二燃室的水平段出口（大灰斗）。烟气经此沉降室转向，进入水平过渡烟道，然后进入余热锅炉。辅助系统主要包括以下内容：液压系统，为进料和各级炉床提供动力；冷却水系统，为第一燃室风管及活动推床提供水冷却保护；燃油系统，点火和补充燃烧时用；第一、第二燃室均设有燃烧器，第一燃室燃烧器设置在燃烧一级的右侧，第二燃室燃烧器布置在其前端面纵向中心线上；喷水系统，当第一、第一燃室超温时喷水降温；除渣系统，燃尽级的灰渣推出后掉进布置在尾部的水封渣槽内，由刮板捞渣机将灰渣捞出渣槽。CAO 焚烧炉运行时，通常在点火之前先给第一燃室加 3～4 料斗的垃圾。在前两级将物料铺平，然后打开燃烧器，根据升温曲线分段设定温度值，使燃烧器自动运行。当达到设定值时，燃烧器自动停止运行。当垃圾引燃后逐步接近正常控制燃烧工况时，可以正常进料。火焰未达到该级炉床之前，要将该级炉床风门关闭，避免送入太多冷风，延长升温时间。当第一燃室整个炉床的物料均匀铺满后（一般后两级已燃尽为灰渣时），正常燃烧工况即建立。通过调整送风，可以维持第一、第二燃室不同的燃烧温度。在达到正常运行工况时，只要将温度、负压、含氧量三个参数设定，通过自动控制，第一、第二燃室的配风量会根据燃烧工况来自动调整。第一燃室温度高于设定值时，降低给风量，减弱燃烧强度；低于设定值时增加给风量以加强燃烧。第二燃室则正好相反。但是，由于垃圾成分不断变化，而且因季节的不同垃圾的含水量也发生变化，大多数时间仅靠自动控制来保持和调整燃烧工况并不理想，还需要人工调节。

德国诺尔（NOELL）公司开发了 NOELL 热解汽化技术，于 1993 年投放市场。并对各种垃圾处理提出转换模块框图（图 7-17）。

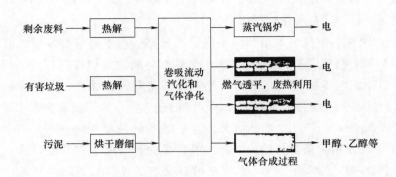

图 7-17　NOELL 高灵活性转换模块框图

　　该系统的垃圾热解处理是将碾碎的垃圾物料在加热温度 550℃ 以上而且隔绝氧气的条件下进行分解的过程。垃圾经干燥，析出 CO、H_2、CH_4、CO_2、焦油以及残剩焦炭或灰渣混杂的半焦类物质。热解过程所需的热量来自外部高温烟气，以传导方式供给，或由固体热载体产生。热解产物进入汽化装置，用氧助燃，炉温维持在约 2000℃，使有机物甚至热稳定性好的甲烷分解成 CO 和 H_2。在高温下矿物被熔化成液体，水淬后形成粒状玻璃渣。可燃气体可作为蒸汽锅炉、燃气轮机的燃料，或作为合成原料，生产甲醇、乙醇等产品。图 7-18 为卷吸流动汽化器。

图 7-18　卷吸流动汽化器

　　近年来我国很多环保设备公司研制了各种新型热解汽化焚烧炉，并已经在众多城市的生活垃圾焚烧厂投产运行。

　　XRF 系列立式旋转热解汽化焚烧炉是深圳市汉氏固体废物处理设备有限公司和清华大学环境科学与工程系共同研制开发、生产制造的，是垃圾焚烧过程中的关键设备。该焚烧炉采用热解汽化焚烧技术，在焚烧炉的主体设计上采用了独特的专利技术，具有显著特点：①燃烧机理先进；②设备制造、运行成本较低；③对国内垃圾适应性强；④垃圾不需要预处理，操作实现全部机械化、自动化；⑤有很好的焚烧处理效果；⑥产生烟气量少、尾气易于处理，二噁英排放几乎为零。

　　南京中船绿洲环保设备工程有限责任公司研制开发了 LRF-0.75 热解汽化焚烧炉，可焚烧生活垃圾、手术废弃物、带病毒的废物及其他可燃固体垃圾。由于进行焚烧的固体垃圾在主燃室处于人为缺氧的状态下干燥、加热、氧化、燃烧，产生的热分解燃气经二燃室和尾燃室充分燃烧，因此，排烟中的烟尘量及烟气成分均符合环保要求。

　　河北省邯郸市春发环保设备有限公司研制的 WRF 型热解焚烧炉，采用热解原理，废物在一级燃烧室燃烧后产生的高分子物质在二级燃烧室和尾燃室再燃烧，烟尘能满足环境排放标准，出灰无菌。CAO 焚烧炉被深圳龙岗垃圾焚烧发电厂采用。

第四节　外围辅助设备

一、助燃系统

垃圾焚烧厂的助燃系统起供风增氧、烘干物料、气流搅拌、抑制调节温度、保护炉排炉墙等作用，其意义不亚于焚烧炉本体。

助燃空气系统所涉及的一次助燃空气、二次助燃空气、辅助燃油所需的空气、炉墙密封冷却空气等，需综合平衡设计。此部分内容在本书的其他章节已有论述，本节不再重复。

二、余热利用系统

现代化的焚烧系统都设有焚烧尾气冷却-废热回收系统，一方面可以调节焚烧尾气的温度，以便进入尾气净化系统（尾气净化处理设备宜在300℃内操作）；另一方面可回收利用废热，降低焚烧处理费用。

小型焚烧设施的热利用形式以通过热交换产生热水为主，而大型焚烧装置则直接发电或以直接利用蒸汽为主。其具体流程如图7-19所示。

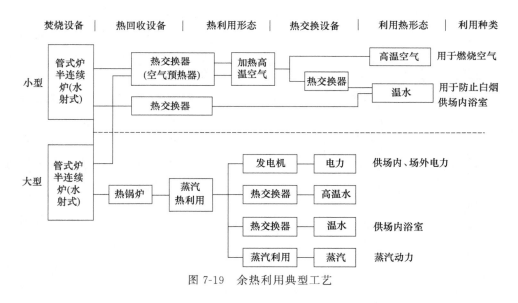

图7-19　余热利用典型工艺

1. 直接热能利用

典型的直接热能利用系统见图7-20。

将焚烧炉产生的烟气热量通过余热锅炉转换为一定压力和温度的热水、蒸汽，一定温度的助燃空气预热则由预热器（换热器）进行。通常，预热器的换热过程包括导热、对流、辐射三种传热方式。对多数预热器来说，主要是对流换热。气体和换热壁面之间的对

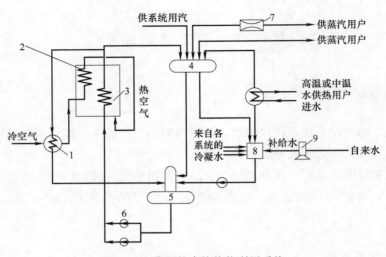

图 7-20　典型的直接热能利用系统

1—空气加热器；2—烟气-空气预热器；3—余热锅炉；4—集汽箱；5—除氧器；

6—给水器；7—减温减压器；8—冷凝水箱；9—化学水处理站

流换热与气体的物理性质、速度、温度和流动空间大小有关，又与壁面温度、形状、大小和放置情况有关，这种形式热利用率高、设备投资省，尤其适合于小规模（日处理量＜100t/d）垃圾焚烧设备和垃圾热值较低的小型垃圾焚烧厂。一方面，足够高温度的助燃热空气能够有效地改善垃圾在焚烧炉中的着火条件；另一方面，热空气带入焚烧炉内的热量还提高了垃圾焚烧炉的有效利用热量，从而也相应提高了燃烧绝热温度。

热水和蒸汽除提供垃圾焚烧厂本身生活和生产需要外，还可以将热力供给附近的浴室或将蒸汽用于附近单位的供热，也可用于附近地区温室供热等。

2. 余热锅炉结构的发展历程

在垃圾焚烧的余热利用中，余热锅炉作为一个重要装置得到了广泛的应用，这里以日本某公司的产品为例，介绍余热锅炉的发展历程。

（1）角管式余热锅炉　图 7-21是 1965 年引进西德技术制造的日本国内第一台垃圾焚烧炉用余热锅炉，此锅炉的主要特点是：在烟气各个

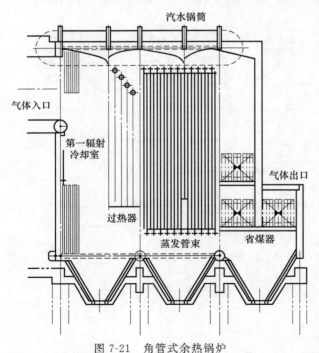

图 7-21　角管式余热锅炉

回路的角部配置有集管、下降管等大直径的连接管，它们在构成循环回路的同时还作为支

撑结构。其规格见表 7-10。

表 7-10　角管式余热锅炉的规格

垃圾处理量	200t/d×2 座
蒸发量	17t/d
蒸汽压力	2.26MPa
蒸汽温度	350℃
发电出力	2700kW

（2）双锅筒余热锅炉　图 7-22 是日本某公司 1976 年开发制造的双锅筒余热锅炉。此锅炉设计有第一、第二辐射冷却室，烟气在进入对流管热面管之前，被充分冷却，使熔灰不会被带入对流管束之间。

随着垃圾处理量的加大和高效率发电必需的蒸汽高温、高压化，双锅筒余热锅炉有下列的明显不足。

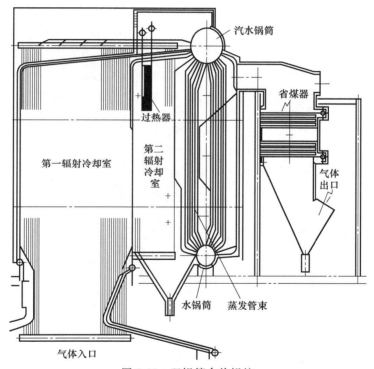

图 7-22　双锅筒余热锅炉

① 结构方面：下部锅筒和蒸发管束的连接部不可避免地要产生灰的堆积。

② 受热面配置方面：过热器设置于辐射冷却室后方，为使熔灰不被带入过热器，辐射冷却室的容积就要足够大，这在锅炉配置上受到一定制约。而且，单纯地加大辐射冷却室，敷设其壁面的冷却传热面积却增加不多，很难协调。

③ 由于采用双锅筒，锅炉重量增加，当装配于焚烧炉上部时需有很大的支撑装置。

④ 通常提高蒸汽温度，必须加大过热器受热面积。但为使后面的管金属壁温度尽可能不上升，可将过热器分成一次、二次、三次，而使各过热器出口温度限定在某一设计

值，并迈过减温调节，抑制管壁温度上升。但双锅筒锅炉从配置上也的确难以进行过热器的分割。

（3）单锅筒余热锅炉 此锅炉的特点是：锅筒安装在烟道之外，没有下部锅筒，不受热下降管支撑。锅炉的烟气流向分成 3 个回路，使烟气作 180°的回转，提高烟气中灰尘的分离效果，加之下部全面开放，不存在灰尘堆积的可能。作为焚烧炉炉壁一部分的水冷壁和第一辐射冷却室，可以在冷却气体的同时，分解二噁英等有害成分，构成确保燃烧条件的结构。后部的第二辐射冷却室，与炉壁面平行的气流以及较宽间隔配置有板状冷却壁面，均使灰尘难以黏附，烟气在进入第三回程的管束前，已被充分冷却，其烟温不足使熔灰黏附于管束上。第三回程设有过热器、蒸发水管，它们能有效地进行热回收，受热面管与热气流向垂直烟气自下而上。从灰磨损影响考虑，烟气流速设计为 6m/s。蒸发水管不采用水平管，而采用上坡一定角度的 V 形管构成的 W 字形，以减少水循环阻力，外部不受热下降管中水和蒸发管中水汽混合物的密度差构成自然循环。因此此锅炉是易启动、可靠性高的结构。蒸汽条件与双锅筒锅炉相同。单锅筒余热锅炉见图 7-23。

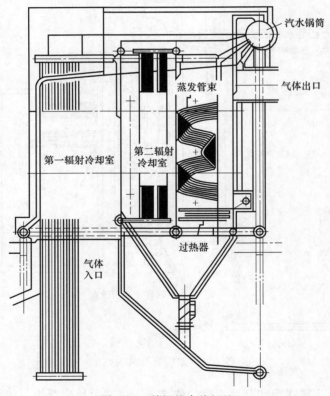

图 7-23 单锅筒余热锅炉

（4）高参数余热锅炉 1990 年以后，在垃圾处理问题上，更加重视能源利用的社会需求，要求锅炉蒸汽高温、高压化，以提高发电效率。结构为单锅筒锅炉，不同的是，将过热器分成一次、二次、三次过热器，中间设置二级减温器的同时，还注意了蒸汽在流动方向上的组合（根据烟气温度区域进行顺流和逆流的组合），形成有效抑制管金属壁温度上升的结构。对过热器管栋则通过腐蚀试验后选用。

高温高压单锅筒余热锅炉结构见图 7-24，其规格见表 7-11。

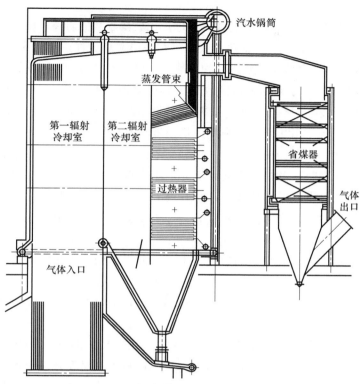

汽水锅筒

蒸发管束

第一辐射冷却室　第二辐射冷却室

省煤器

过热器

气体出口

气体入口

图 7-24　单锅筒余热锅炉（高温高压）

表 7-11　高温高压单锅筒余热锅炉规格

垃圾处理量	110t/d×3 座
蒸发量	19.2t/d
蒸汽压力	3.8MPa
蒸汽温度	400℃
发电出力	7000kW

3. 垃圾焚烧的余热利用及其技术发展方向

垃圾焚烧处理的余热利用要适应社会经济发展。与先进国家相比，垃圾焚烧技术在我国整整落后了 30～50 年。但这也使我国有条件在引进先进技术、学习先进规划的基础上，有方向、有针对性地发展垃圾焚烧和余热利用设备。余热利用的方向为通过各种方式利用余热，同时要提高利用率。主要应进行下述工作。

（1）形成一个供应网络系统　即将多个焚烧设施所产生的蒸汽、电能等连接成网，形成一个互相补充的供应体系。

（2）实现锅炉的高温、高压化　众所周知，锅炉蒸汽的温度与压力越高，蒸汽透平的效率越高。目前欧洲的锅炉蒸气压达 40kgf/cm² （绝对）（约 3922.66kPa），温度达 400℃，而日本的锅炉蒸气压仅 19～24kgf/cm² （绝对），温度为 240～290℃。焚烧垃圾设施的发电率即便采用发电车最高的冷凝水式透平机也只达 10％～18％，而改变蒸汽条件，如压力为 50kgf/cm² （绝对）、温度为 500℃则发电率可达到 30％左右。另外，随着锅炉的高温、高压化，相应附属设备的高温防腐问题也要加以考虑，也就要求新的防腐、耐腐材料出现。

（3）燃烧过程的稳定化　为保证热回收稳定就要使燃烧过程稳定，为此需要采用 AI 技术等新的控制技术以解决焚烧炉燃烧的自控问题。另外，在焚烧前，要保证垃圾的均质化。

（4）提高热回收率　为了提高热回收率。要尽量减少排放空气在降温过程中的热损失，为此可尽量使用废气预热器。此外，从透平机出来的废气经冷凝器处理，凝气时以较多的能量排入大气，可采用热泵对未利用的低温度热气加以利用。

（5）提高热电并用系统的热回收率　根据回收的热能状态，高温、低温的余热利用以导入热电并用系统最有效，此外导入此系统时应事先调查并确定好需要热源的厂家。

（6）加强小型焚烧设施的热回收　小型焚烧处理设施的余热利用与垃圾的质量等因素有关，如果燃烧控制适当，则余热利用率高，如果设置废热锅炉取代水喷射式气体冷却装置有望较大幅度地提高热回收率。

（7）改善热贮存方式，开发新的贮热技术　目前采用的冷暖房的蓄热槽及蒸汽蓄压器等方式，从提高热利用角度出发，在经济上、技术上均有值得商讨的余地。此外蓄热式、比热泵等化学蓄热，利用化学反应的方式比采用热催化剂直贮存的方式更适用于长期、长距离蓄热，是今后技术发展的方向。

（8）合理规划余热利用　在确定采用焚烧技术处理垃圾的同时，要对建厂厂地、运输、清水源和冷却水源、污水排放、发电上网和热用户用热量及用热量的变化情况、供热方式做好周密的规划，在此基础上选择所采用的汽轮机型式，使得在保证垃圾焚烧炉规定垃圾量的前提下，热用户用热基本稳定，或作季节性采用其他燃料的设备调整，做到垃圾焚烧厂内垃圾焚烧设备利用率最大并且供热无浪费。特别是随着焚烧厂建设的加速，政府宜制定一些指导合理规划焚烧垃圾余热利用的法规，使垃圾焚烧系统设备从一开始起就在正确经验的指导下顺利开展，使垃圾焚烧安全化、无害化、技术先进化具备可靠的保证。

三、余热发电和热电联供

随着垃圾量和垃圾热值的提高，直接热能利用受到设备本身和热用户需求量的限制。为了充分利用余热，将其转化为电能是最有效的途径之一。将热能转换为高品位的电能，不仅能远距离传递，而且提供量基本不受用户需求量的限制，垃圾焚烧厂建设也可以相对集中，向大规模、大型化方面发展，从而有利于提高整个设备利用率和降低相对吨垃圾的投资额。垃圾焚烧余热发电机组见图 7-25。

1. 余热发电

典型的垃圾焚烧发展余热利用系统见图 7-26。

采用此利用形式，垃圾焚烧炉和余热锅炉多数为一个组合体。余热锅炉的第一烟道是垃圾焚烧炉炉腔。在余热锅炉中，主要燃料是生活垃圾，转换能量的中间介质为水。垃圾焚烧产生的热量被工质吸收，未饱和水吸收烟气热量成为具一定压力和温度的过热蒸汽，过热蒸汽驱动汽轮发电机组，热能被转换为电能。在垃圾焚烧发电厂中，水、汽主要流程

图 7-25　垃圾焚烧余热发电机组

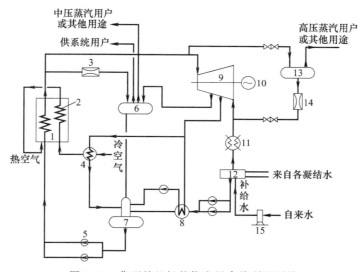

图 7-26　典型的垃圾焚烧发展余热利用系统

1—余热锅炉；2—烟气空气预热器；3—减温减压器；4—空气加热器；5—给水泵；6—中压集汽箱；
7—除氧器；8—低压给水加热器；9—汽轮机；10—发电机；11—凝汽器；12—冷凝水箱；
13—高压集汽箱；14—减温减压装置；15—化学水处理站

见图 7-27；燃料（生活垃圾）-空气-烟气流程见图 7-28。

　　目前世界上采用焚烧发电形式的生活垃圾焚烧厂在数量和规模上都发展较快，而且随着垃圾热值的提高，将越来越被重视。

2. 热电联供

　　在热能转变为电能的过程中，热能损失较大，它取决于垃圾热值、余热锅炉热效率以及汽轮发电机组的热效率。显然，垃圾焚烧厂热效率仅有 13%～22.5%，甚至更低。但如果采用热电联供，将发电-区域性供热和发电-工业供热等结合，则热利用率将大大提高，一般在 50% 左右，甚至可达 70% 以上。这主要是因为蒸汽发电过程中汽轮机、发电机的效率占去较大的份额（62%～67%），而直接供热就相当于把热量全部供给热用户

159

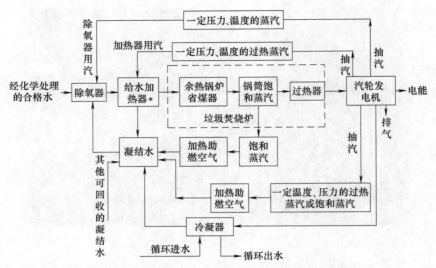

图 7-27　垃圾焚烧厂（纯冷凝式）中水、汽主要流程

（"＊"表示系统中采用时才有）

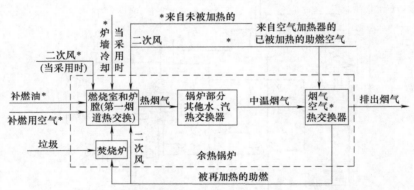

图 7-28　垃圾焚烧厂中燃料-(生活垃圾)-空气-烟气流程

（"＊"表示系统中采用时才有）

（当供热蒸汽不收回时）或只回收返回热电厂低温水的热量（当采用热交换供热时），所以采用直接供热的热利用效率高。可见，在垃圾焚烧厂中，供热比率越大，热利用率越高。

　　常见的热电联供方式有 3 种：①发电＋区域性供热（或供冷）；②发电＋工业和农业供热；③发电＋区域性供热＋工业供热（或供冷）。

　　（1）区域性供热（或供冷）　区域性供热（或供冷）指经合理系统考虑和规划布局，将垃圾焚烧产生的部分热用于某一区域居民、机关、商店进行集中供热或制冷，以及用于该区域生活娱乐公用设施（如浴室，温水游泳馆等训练房，暖房等），这种供热方式的供热量受季节变化影响较大，当供热量减少时要求增加发电量来适应焚烧垃圾量的要求。因此，垃圾焚烧厂发电设备的能力应满足最小供热量时的发电能力。

　　（2）工业和农业供热　工业和农业供热系指存在某一定量的、变化不大的供热需求，如造纸、木柴加工、纺织、染织、食品、制药、化工、建材、园林苗圃暖房等工农业，在加工相生产过程中所需长期的、较稳定的供热量，这种情况对垃圾焚烧厂来说是最经济的，所配设的发电设备可以最小，以满足自身用电和最小供热量为基础来规划发电容量。

（3）发电和各种供热方式的组合　现在的焚烧厂在规划和建造时很难做到有理想的可靠供热用户以及稳定供热单位。因此一个较为可行的方式就是发电和各种供热方式的组合，尽可能按需供热，垃圾焚烧厂以供热为第一满足并以发电作为补充，优先供热以取得最大的经济效益，将多余热量用于发电，使垃圾余热得到最大限度的利用，同时也使垃圾焚烧厂获得最大的经济效益。

3. 余热发电和热电联供系统特点

根据其不同的用途，由余热锅炉送出的蒸汽主要采用以下几种方式送至发电机组（汽轮机）以及各用户供汽站。

（1）纯冷凝式发电　见图7-29。余热锅炉送出的蒸汽全部用于发电。此时，汽轮机往往根据蒸汽压力不同而设1~3个定压、定量抽汽口，供加热助燃空气和进行给水加热，以提高整个垃圾焚烧厂热效率，所抽汽量不大，根据事先计算而定，并且抽汽为非可调性，抽汽用途仅与发电系统有关，所采用的汽轮机为纯冷凝式汽轮机。发电后由冷凝器将蒸汽冷凝，再送往锅炉加热，采用这种方式垃圾焚烧厂的补给水量最小。

（2）抽汽冷凝式发电　见图7-30。在纯冷凝式汽轮机基础上，中间抽取一部分蒸汽供用户使用，所抽取的这部分蒸汽（已做了部分功）的温度和压力已降低至某设计点，抽汽量可调，但调节范围有限，当不需要抽汽时，抽汽口阀门关闭，但汽轮发电机组不会因关闭抽汽阀门而增大发电量，此时则需减少供给汽轮机的蒸汽量（这就意味着减少垃圾焚烧量）。采用这种方式时需要有一个相对较稳定的热用户。

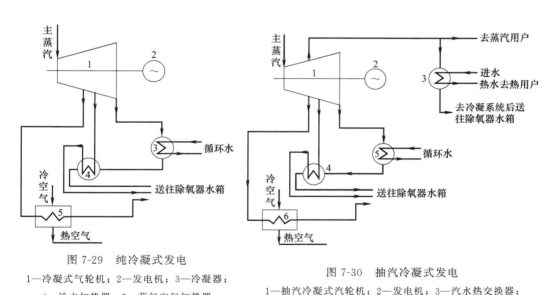

图 7-29　纯冷凝式发电

1—冷凝式气轮机；2—发电机；3—冷凝器；

4—给水加热器；5—蒸气空气加热器

图 7-30　抽汽冷凝式发电

1—抽汽冷凝式汽轮机；2—发电机；3—汽水热交换器；

4—给水加热器；5—冷凝器；6—蒸汽空气加热器

（3）背压式发电　见图7-31。余热锅炉产生的蒸汽首先全部用于驱动汽轮机，发电后的汽轮机背压蒸汽（该蒸汽压力比冷凝式或抽冷式汽机排汽参数高）全部提供给用户使用，使用后的全部或部分蒸汽冷凝回收。采用背压式发电必须要有稳定的热用户。采用背压式发电汽轮发电机组规划余量可以最小，只需要考虑垃圾量和热值的波动。

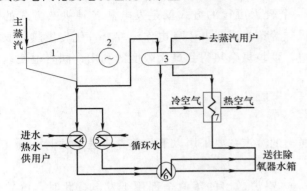

图 7-31　背压式发电

1—背压式汽轮机；2—发电机；3—集气箱；4—热交换器；
5—冷凝器；6—给水加热器；7—蒸汽空气加热器

（4）抽汽背压式发电　见图 7-32。在背压式汽轮机基础上，中间抽出一部分蒸汽，供另一要求较高蒸汽参数的用户使用，与抽汽冷凝机一样，当不需要中间抽汽时要求减少送往汽冷机的蒸汽量。

目前一般燃煤（油）电站（或热电站）通常采用以上四种型式发电和供热形式，对于垃圾焚烧厂，纯冷凝式发电采用较多。在规划较好的国家（日本及欧洲），背压机组也获得一定比例的采用。

在进行热电联供供热设备和系统设计时，应注意尽可能考虑让高温蒸汽的热通过换热设备，将热量传递给供热高温水或其他介质，蒸汽凝结为水之后可以重新作为锅炉用水，经除氧后送入锅炉，这样可以降低发电系统补给水用量以及水处理系统的设备投资。

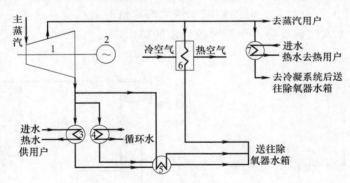

图 7-32　抽汽背压式发电

1—抽汽背压式汽轮机；2—发电机；3,7—热交换器；
4—冷凝器；5—给水加热器；6—蒸汽空气加热器

四、自控监测系统

自动监测与控制系统的设置是为了保证焚烧厂的安全、稳定、高效运行，同时可减轻操作人员的劳动强度，避免人类自身局限性带来的不稳定性。在某种程度上，自控监测系统可以认为是人脑的一部分，或者与人脑共同构成了焚烧厂的大脑。

微机单体、微机系统、可编程控制器、互联网等技术是焚烧厂自控监测系统的技术核心。相关的设备设施的质量、稳定性是其目标实现的保障，相关的软件、程序技术以及管理人员的经验是其灵魂。

1. 集散型控制系统组成

焚烧场内集散型控制系统包括三部分：上级计算机和控制操作台、下级自动控制计算机系统、现场自动控制计算机系统。

上级计算机和控制操作台主要将下级计算机或控制单元的数据汇集、加工、显示，并对下级计算机进行监视和发出指示。上、下级控制计算机及现场控制器之间主要通过网络通信交换数据。

下级自动控制计算机系统主要完成两个功能：一方面负责向中央控制室的上级监控计算机传送数据；另一方面对现场 PLC 进行输入和输出控制并监视其运行工况。

现场自动控制计算机系统的各操作计算机直接对现场设备进行控制，并与现场 PLC 等进行数据交换并监视运行。

2. PCS 系统

DCS 丰富的过程控制软件特别适用于连续生产过程的复杂模拟量控制要求，虽然在这之中也考虑了离散开关量程控或联锁功能，扩充了逻辑编程功能，但连续过程控制功能仍然是其主要特征。所以一般额外地把程控联锁功能用单独的 PLC 来完成，使之与 DCS 进行通信，二者组合成一套完整的控制系统，这样的系统结构比较复杂，且要通过外部通信，因此必须对其处理速度及可靠性进行充分考虑。有些厂家在 PLC 基础上增强了原来不足的模拟量控制功能，产生了所谓 PCS 系统，特别适用于过程控制不复杂而又存在大量开关量处理的垃圾焚烧装置。这是因为基于 PLC 结构的 PCS 不仅具有很强的逻辑程控功能，同时适用生产安全要求的硬件（尤其是输入/输出卡件）具有冗错或冗余结构，保证事故情况下不会影响装置安全运转，且 PCS 内部增强的连续控制软件能与联锁程控软件内部通信，保证了软件系统的可靠性。

某垃圾焚烧厂的全套 PCS 装置约有控制回路 100 个，考虑节能需要，关键流程都设有能量平衡计算软件，这样当操作条件变更时，能及时对相关参数进行变更设定值（SPC）操作，锅炉汽包液位设置三冲量调节回路。

PCS 的输入/输出点数如下。

模拟输入 AI：　　　　253

模拟输出 AO：　　　　164

数字输入 DI：　　　　1352

数字输出 DO：　　　　403

控制回路及重要联锁回路的输入卡件考虑为双重化冗余配置，输入/输出卡件考虑 15％ 备用。PCS 有丰富的人机界面操作监控软件。主要功能为：数据收集、处理及设置；控制报警及事故管理；历史趋势显示；数据记录及动态流程显示；系统状态监控。为了保证生产安全，重要的联锁报警灯及操作开关按钮考虑为硬报警灯及按钮配置在辅助操作面板上。控制室将设置表征全装置生产情况的模拟流程盘以及工业电视。

3. 仪表选型

（1）温度检测仪表　温度检测回路，300℃以下选用铂电阻（Pt100），300℃以上选用热电偶，温度控制回路选用带测温元件一体化温度变送器。

（2）压力检测仪表　就地指示选用普通压力表，集中显示或调节回路选用电动智能式压力变送器。

（3）流量检测仪表　大管道空气流量采用阿牛巴流量检测器，蒸汽流量用孔板测量，石灰液流量用电磁流量计测量，燃油流量采用超声波流量计或质量流量计。

（4）液位或料位检测仪表　液位测量采用智能式差压变送器，固体料位采用超声波料位计。

（5）分析仪表　装置应设置在线烟气分析仪，分析其中 HCl、CO、SO_2 及 NO_2 含量，此外还应设置烟气氧分析仪及含尘量分析仪。

（6）其他

① 在垃圾装卸区及焚烧区设置工业电视探头，为保证焚烧炉可靠运转，必须设置火焰监测安全系统。

② 垃圾装卸区设置电子称重装置，并由远传信号送至中央控制室集中监控系统。

③ 重要联锁系统事故发信处应单独设置压力、流量及液位开关。

④ 如含有强腐蚀性或固体颗粒物料，测量仪表及控制阀必须从结构及材质上予以特殊考虑。

4. 主要控制系统

（1）燃烧主要控制及测量系统　①炉排表面温度调节炉排传动速度；②炉子上部气相温度调节推料机进料速度；③一次空气预热器出口空气温度控制；④垃圾加入量计算；⑤炉膛负压调节；⑥烟气含氧量与一次空气流量串级系统；⑦根据垃圾热值及处理量通过关联式计算出副产蒸汽量、一次空气量及二次空气量，实现设定值控制（SPC）；⑧炉子自动点火及熄火安全停炉装置；⑨垃圾装卸料操作及炉子燃烧情况工业电视监视系统。

（2）锅炉自控及报警系统　①锅炉汽包液位三冲量控制系统及报警；②除氧器液位控制系统及报警；③除氧器压力控制系统及报警；④过热器出口温度控制。

（3）烟气处理部分主要监控系统　①排烟温度控制；②烟气 HCl 浓度控制；③石灰料仓料位控制；④反应剩余物料位控制；⑤石灰液配制槽及分配槽液位控制；⑥滤袋式除尘器旁通阀控制。

（4）汽轮机部分主要监控系统　汽轮机随机提供的以微处理机为基础的数字式电子调节器可在机组运行状态下改变调速器/汽轮机的动态特征，通过 RS-232 接口与 PCS 通信。随机提供的可编程控制器 PLC 完成汽轮机的联锁及保护功能，通过总线与 PCS 通信。

① 主要控制系统：a. 汽轮机进汽压力控制；b. 汽轮机转速控制；c. 蒸汽转换阀、减温减压器温度及压力控制。

② 主要联锁点：a. 润滑油压力低；b. 轴位移及轴振动；c. 轴承温度高；d. 汽轮机超速；e. 入口蒸汽压力低。

5. 上海浦东新区垃圾焚烧厂的自动控制系统

浦东新区垃圾焚烧厂设有中央控制室。厂内所有设备均由回路系统将其信号传送到中央控制室加以监控，当某一设备发生异常现象或故障时，可及时排除，以确保焚烧厂正常运转。

控制系统将保证焚烧单元、锅炉和发电机组保持最佳效率。一些重要监控参数，如过剩空气、烟气温度、蒸汽量和锅炉给水流量及温度，包括各种自动驱动设备的操作都进行充分监控，以减少损失并达到最佳操作状态。主要包括以下一些主要部位。

（1）灰渣输送控制　灰渣输送将由现场的控制盘来控制，所有的输送带和其他设备实行联控。

（2）垃圾桥吊抓斗控制　垃圾桥吊抓斗为半自动控制，抓斗的动作为自动操作。操作人员确定抓斗的去向，按下自动按钮，抓斗可自动将垃圾送到指定的焚烧炉料斗中。

抓斗也可人工操作，当垃圾在坑内需要进行搅拌均匀时，可选择手工操作。

（3）垃圾燃烧和蒸汽产生的控制　焚烧炉-余热锅炉的主要控制是自动控制进料、液压推动炉排的速度和配风，以达到指定的蒸汽量、炉温、燃烧空气、锅炉水位、蒸汽温度、压力和烟气中的氧含量等。

（4）烟气污染源控制　烟气离开锅炉，进入烟气净化系统和引风机，通过烟囱排出。但此烟气必须被监控，并在中央控制室有记录。当某些数据超出设计范围，控制系统将会根据不同的情况采取不同的措施，快速地使其进入正常运行状态。

（5）汽轮发电控制　焚烧厂发电或事故以及停车检修时，控制系统会发出信号。

五、环保设施设备

虽然垃圾焚烧厂本身是环境治理设施，但如果管理不善，其污染风险也不宜忽视。近年来，国内外垃圾焚烧厂曾出现过一些污染事故，更引发了民众对垃圾焚烧厂污染风险的担忧，因此，环保设施设备对垃圾焚烧厂至关重要，在投资建厂时垃圾焚烧厂配套环保设施设备的投入也必须充足考虑。

理论上讲，垃圾焚烧厂的污染物包括气态污染物、液态污染物、固态（半固态）污染物、噪声污染物等。其中较明显的主要是渗滤液、异味、二噁英类尾气污染问题。

针对上述污染物治理的环保设施设备，见表 7-12。

表 7-12　焚烧厂的主要环保设施设备

接受贮存环节	分选环节	焚烧环节	应急环节
集气、除臭、消杀设备；污水收集排出设施；污水处理设备	集气、除臭、消杀设备；降噪设施	出灰、出渣设备；烟气收集设备；烟气冷却、处理设备；飞灰处置设备；残渣处理设备；残渣处置场设备设施	消防废水收集设施；消防废水处理设备

虽然烟气处理技术已有很久的历史，各种相关工艺、设备也都比较成熟了。但是，传统的烟气处理系统一般都是基于相对恒定的烟气成分而设计制造的，生活垃圾成分的不稳定性会引发垃圾焚烧尾气组成的非恒定性，这就增加了废气处理效果的不可控性，也增加了尾气处理设备的负荷。因此在选型、设计、安装、调试垃圾焚烧尾气处理设备设施时，需注意其与垃圾焚烧的适用性。

其他相关内容在本书的其他章节已有论述的，本节不再重复。

第五节　垃圾焚烧厂常见故障疑难

一、垃圾贮存与上料系统常见故障

垃圾贮坑是垃圾焚烧厂中独特的一种大型土工构筑物，看似简单，实则暗藏奥妙。它具有体积大、深度大、排水难、异味大、沼气风险大等特点。大型垃圾贮坑内部见图 7-33。

图 7-33　大型垃圾贮坑内部

1. 臭味问题

垃圾贮坑不仅起到暂存垃圾的作用，有时还要在其中用吊车抓斗实施对垃圾的翻动（移动或搅拌），此时，会搅起大量臭气。抓斗搅拌所引发的剧烈气流激荡，会加剧气体压差的不平衡，促使异味从贮坑墙壁的混凝土间隙孔洞外泄。另一种典型的异味外泄点是吊车抓斗的维修开孔处。因此，应对垃圾贮坑的异味外泄问题，必须重视车间的密闭（抓斗维修开孔处、建筑物伸缩缝处、屋顶接缝处等）、负压抽吸保护、喷药除臭等措施的综合运用。

在垃圾贮坑内设置负压抽吸装置时，需注意负压值是否足够（不能仅仅考虑用于焚烧炉的助燃空气量，而要保证负压抽吸效果），还需注意负压值分布是否均匀。另外也需兼顾吊车抓斗操作室与贮坑之间的连接部位是否防护，防止操作室内被贮坑的异味贯通。

贮坑内沼气聚集易引发爆炸事故，也需引起足够重视。

2. 排水问题

垃圾贮坑内积水问题是垃圾焚烧厂的常见疑难之一。虽然优秀的工程设计师都会在垃圾贮坑底部设计有预留的排水坡度、格栅、集水口、集水坑等构筑物，但坑底排水系统受到堵塞，影响排水效果的情况经常发生。堵塞排水口的原因，一方面是垃圾物料中的异形物体混入集水口，或阻塞格栅间隙；另一方面是常年不移动的垃圾层，或过高的垃圾层导致下层垃圾密度过大，渗水率极低，形成阻水层。

解决坑底排水疑难的方法建议如下。

① 合理设置坑底排水口的位置。此排水口的位置需与吊车抓斗运行时的方位相匹配，例如：对大多数抓斗操作员而言，一般是优先将靠近垃圾车卸料门一侧的垃圾用抓斗挖空，转移至焚烧车间进料口那一侧。这样就导致垃圾车卸料门一侧的垃圾层厚度常年处于低位，而焚烧车间进料口侧的垃圾层厚度常年处于高位。此种情况下，坑底排水口的位置应该设计在靠近垃圾车卸料门一侧的角落处。而不是设计在坑底中心位置，或是在靠近焚烧车间进料口那一侧的角落处。

② 在可能的前提下，定期转移、清理或主动降低坑底排水口及其周边的垃圾层厚度。

③ 经常性地主动移动坑底各个角落、各个侧边的垃圾层，防止形成压实密度过大的垃圾层。

④ 建成足够高的筒状（柱状）进水格栅区，代替仅仅在坑底设置集水口的方案。

⑤ 在集水区与渗出水坑的连接墙上多个高度处开设多个出水格栅，加速滗水效率。

⑥ 在垃圾车向贮坑倾倒垃圾之前，先排除车内的积水，可以在贮坑外先设置泄水区。从垃圾转运车辆类型而言，一般"垃圾立式压缩转运站"所采用的"立式罐"中存贮有较多的渗滤液，而"垃圾水平压缩转运站"会将渗滤液在转运站压出，此时，对"立式罐"垃圾车而言，可以考虑将罐内的渗滤液先行排除，再实施倾倒垃圾进入贮坑的动作。

3. 上料系统

垃圾上料系统的机械设备虽然不复杂，但却经常由于不受重视，疏于检修而导致设备故障，影响上料。如果运转垃圾量过大，超出了上料设备的运行承受能力，或由于某台设备故障，导致另一台设备超负荷运转，会增加设备损坏速率。驱动装置、托辊、支腿等部件长期受污水侵蚀、酸碱物质腐蚀，未能及时清理，会导致支撑机构损坏。

抓斗内的物料误操作而直接落入皮带机，会对皮带机造成冲击，导致胶带的频繁更换。例如：当钢索式抓斗配套装备了四条钢索时，其钢索的同步非常重要，其机件也比较笨重，易于发生故障。抓取垃圾物料作业时，杂物易于黏附在钢索上，如果卷入滑轮内，会造成缠绕，阻碍机构运转。

吊车常见故障：绞车放不下重物，可能是油路堵塞，或制动器故障。制动阀油路堵塞，会导致制动阀打开失误。

控制阀在空档时绞车打滑，可能是处于超负荷工作状态，或摩擦片磨损，或弹簧性能不足，或是单向离合器损坏。若绞车提升能力达不到额定要求，可能是系统压力不足，或滑轮的润滑程度不够，或绞车安装不水平，或是液压油温过高。

二、垃圾焚烧厂的检测问题

生活垃圾成分的不确定性、垃圾焚烧厂工况的复杂性、二次污染危害的严重性，使得垃圾焚烧厂比一般的垃圾处理厂或一般的工业企业更加复杂，更加难于控制。因此检测对垃圾焚烧厂来说至关重要。垃圾焚烧厂的检测可以是就地检测与远程检测相结合，也可以是自动化检测与半自动以及手动检测相结合。

垃圾焚烧厂的检测，应该包括的工作内容有：①核心焚烧设备系统的工况参数检测；②辅助设备系统的工况参数检测；③"四供"系统（供料、供电、供气、供液）的状态参数检测；④环保指标及其相关运行参数的检测。

垃圾焚烧发电厂需要检测的参数包括 4 类变量：① 机械类变量（如位移量、速度量、质量、振动量）；② 热工类变量（如温度、压力、流量、液体物位、固体物位、热值、热灼减率、破坏去除率等）；③ 电工类变量（如电压、电流强度、电功率、频率、相位、电导率、磁性等）；④ 化学类变量（如 pH 值、碱度、离子浓度、气体浓度、有机物含量等）。

垃圾焚烧厂典型的检测项目见表 7-13。

表 7-13 垃圾焚烧厂典型的检测项目

车间	检测项目
焚烧车间	各类蒸汽压力、风压力、液体压力；炉膛负压、各处烟气负压；水温度、各处蒸汽温度、各处风温度、炉膛温度；水位、水流量；燃油压力；各处电机负荷等
发电车间	各处蒸汽压力，各处真空度，各处油压力；水压力；蒸汽温度，水温，蒸汽流量，水流量，水位、油位；机械轴向位移；转速；振动；电动机负荷；发电机功率；频率等
污染物治理环节	各段烟气温度、烟气中的氧气、烟尘浓度、黑度、一氧化碳、氮氧化物、二氧化硫、氯化氢、汞、镉、铅、二噁英类物质浓度；烟气含水量；炉渣性质检测；飞灰浸出毒性检测等
水处理系统	水压力、pH 值、碱度、溶解氧浓度、阳离子浓度、阴离子浓度、气体浓度、有机物含量、电导率等

建议对垃圾焚烧厂采用烟气在线连续检测系统（continuous emission monitoring system，CEMS）实施在线监测，其检测内容一般包括：烟气污染物（粉尘、氯化氢、二氧化硫、氮氧化物、一氧化碳）；过程参数（烟气流速、温度、压力、湿度等）；其他参数（氧或二氧化碳等）。

二噁英类物质的检测非常重要，应该由具有相关检测能力的专业实验室实施。但由于二噁英类物质种类较多，样品的前处理过程与检测过程均比较复杂，测试成本高。依据目前的色谱/质谱检测技术水平对烟气中的二噁英物质进行全面、持续、快速的检测仍然存在困难。有研究者提出采用焚烧烟气中与二噁英浓度相关性好的替代物质辅助检测的方法。目前二噁英的在线检测技术研究主要集中在对其关联物的选择、关联模型研究、关联物的在线检测、前体物在线检测等技术领域。在与二噁英相关的环境风险分析中，可采用数值模拟方法进行辅助判断。

图 7-34 烟囱上的检测监控设备

烟囱上的检测监控设备见图 7-34。

三、垃圾焚烧厂的中控问题

垃圾焚烧厂具有典型的复杂性、风险性，这使得其自动控制、中央控制、报警、应急系统非常重要。垃圾焚烧厂的中控及相关系统既具有一般工业控制系统的普遍规律，又具有其独特之处。

由于生活垃圾的成分、产量具有某种程度上的不确定性，如其热值、含水率的波动，因此提高了焚烧厂自动控制的难度。这种难度如果采用人工方法几乎是不可克服的，必须采用自动化、数字化系统技术才可能保证其焚烧状态的稳定、保证其热能利用的效率、保证其二次污染物的严格受控。

DCS 与 PLC 技术是垃圾焚烧厂的主要控制技术。一般而言，PLC 技术是顺序调度，可靠性好，实时性差；DCS 技术是优先级抢占方式调度，实时性好。

现场配置的探测点、控制点越多，中控室操作管理越方便，也越利于避免形成监控的盲点，降低人工操作的劳动量。但是，现场控制点过多时，会导致 DCS 的软件、硬件配置都过于复杂，需要更高的计算机存储运算能力与之匹配，系统的造价也会更高。

在实际应用中，垃圾焚烧厂的中控设置需要注意其硬件与软件两方面的问题。在软件方面，应该考虑到未来发展的变动，考虑到现场具体情况的变化。如国家以及地方政策的变化，可能会提高相关的环保标准或运行要求，或增加某些新的参数变量，这就需要预先与供应软件程序的厂商拟好协议，对未来的变动提供免费或廉价的程序修改支持。购买软件时，也需要注意厂商所提供的 DCS 软件的易用性，以及软件培训的完整性。另外，在试运行、调试阶段，尽可能外聘有经验的软件工程师来验证建设安装厂商提供的软件的合理性，提早发现其程序漏洞，避免厂家培训完成后的长时间内焚烧厂的中控人员不能掌握程序的要领。焚烧厂内部一定要认真培养自己的 DCS 技术员。另外，各个调试阶段的软件程序运行过程、修改过程最好都能够完整地保存其数据，尽量多地保存系统备份。不同的程序员调试修改软件时，均需保存其动作前后的系统文件备份，以备查验或重新安装系统之用。相关的各种驱动程序、源程序代码一定要整理清晰，保存完好。

相应的硬件也需预先留有发展余地，以免焚烧厂未来安装新的设备、扩增新的功能时难以并入系统。设备采购时，也需注意一次性完整地采购 DCS 维修、调整所需的原厂配件，避免过后高价补充购买。所采购的自控设备的接口、耗材最好是能够与本地的同类设备兼容的。

四、垃圾焚烧厂的报警及应急保护

报警与应急保护是垃圾焚烧厂安全工作的重要一环。焚烧厂的某一个生产环节发生故障时，也可能会影响整个机组的运转，严重的会影响设备安全与人身安全。焚烧厂的工艺保护核心是热工保护。保护有时通过联锁来实现。

垃圾焚烧厂的报警内容主要包括：焚烧炉的报警（蒸汽压力异常、蒸汽温度异常、水位异常、炉膛负压异常、联锁电源消失、风机过负荷异常）；汽机的报警（蒸汽压力异常、蒸汽温度异常、汽机保护失电、各类电源失电等）；发电机报警；供水系统报警；水处理系统报警；辅助系统报警等。

垃圾焚烧厂的保护内容主要包括：机组轴向位移保护，机组超转速保护，机组轴承振动保护，轴承润滑油压低保护，锅炉蒸汽压力高保护，锅炉水位保护，发电机冷却系统故障，抽气防逆流保护，低压缸排气防超温保护，汽轮机防进水保护，汽轮机低真空保护等。

与发电机或汽轮机跳闸相关的故障原因主要有：发电机或汽轮机自身故障，电网系统故障，人为因素。发电机或汽轮机跳闸会导致主蒸汽压力迅速上升，流量下降；主蒸汽温度上升；汽包水位先降后升等问题。

报警与应急保护需贯彻"多点联动、协调灵活"的原则。避免"报警"、"应急保护"造成的负面灾害，避免顾此失彼甚至"保甲害乙"情况的发生。

实现设定焚烧工况的基本手段有两种：进风量控制与进料量控制。当突发停电事故时，烟囱所形成的自然抽风效应理论上仍可保持炉内一定的负压；此时也可以主动（如手动）关闭部分进风口，切断助燃空气通路，抑制燃烧反应，但勿影响废气经由烟囱效应的抽排。此时，炉膛热量仍会使得锅炉继续产生蒸汽，此时报警系统已经引发了多处保护装置的联锁关闭，会导致蒸汽易于积聚在前端管路中，进而造成多处相关蒸汽管路压力的急剧上升。这种情况下，需要依靠蒸汽安全阀、应急柴油发动机等设备实施协调配合处置，化解前述应急保护造成的二次危害。

应急发电机启动后，应先提供焚烧厂的基本重要负载，如应急照明设施、消防设施、电梯、自控安全系统、蓄电池类储备电源。然后，将重要设备按照预定顺序依次启动，如锅炉供水系统、冷却水循环系统、散热风扇、蒸汽冷凝器、凝结水泵、空压机等设备。

五、焚烧炉、余热锅炉常见问题

垃圾厂的焚烧炉与余热锅炉接受的物料不同于普通的炉体，生活垃圾成分的不稳定性会导致垃圾焚烧炉工况比常规焚烧炉更加复杂，继而增加后续工段蒸汽蒸发量的波动性，进而影响涡轮机组运转的稳定度。

垃圾焚烧炉出现异常时，不仅会影响生产秩序，更重要的是可能会危及职工人身安全，危害炉体设备以及相关的全厂设备。当焚烧炉出现异常情况时，需依靠三方面的措施来处置：自控系统的应急保护措施，操作人员迅速按照预定规程进行处置，特殊情况下（如操作规程之外的突发情况）需要操作人员按照经验进行辅助决断。

涉及焚烧炉异常情况紧急处置的人员包括：当班主管领导（或值班长），焚烧炉主操员，焚烧炉副操员，巡检员，其他现场运行职工。

焚烧炉及相关设施故障、异常问题有：给料装置堵塞，炉膛负压异常甚至出现正压，炉排温度下降，蒸汽流量下降。其原因可能是机械故障，或进料量过大，进料异常压缩，大体积或异形物品堵塞，物品缠绕等。处置方法可以是：改变风量，改善炉膛负压；适当减小相关的水流量，启动辅助燃烧器以维持汽温；手动调整给料推杆动作，或人工清除堵料。

液压油温度异常升高，可能是因为周围环境温度异常升高，或液压油被严重污染，或冷油器故障，散热片积灰严重。

与炉排相关的常见问题有：炉排上的垃圾物料堆积厚度过大，导致负荷异常。可以人工改变其厚度，也可增加对应部位的一次风压，以强化燃烧，实现负荷下降。炉排上部烟气超温，炉排各部位膨胀不均匀，引起卡涩，需加强炉排的冷却。导轨变形或存在杂物，小车车轮轴承损坏，润滑情况不良，液压缸内漏，液压驱动缸不同步等问题，需对相关部位进行清理，更换配件，或断电后复位。

炉体内部形状的特异性可能会成为加剧燃烧室内壁腐蚀的原因。例如：若炉体内壁设计有不规则的几何造型，或焊接部位、交界部位呈现非圆顺形状时，炉内烟气微场流经不规则交界处时会促使其质点的旋转角速度矢量发生被动异变，表现为烟气流体质点或流体微团产生涡流扰动。其涂覆的耐火泥的顶部边界区会受到局部缺氧、富氧的交互效应，此类部位的炉内壁易表现出频繁、严重的腐蚀现象。

与炉壁烧结物相关的问题有：焚烧炉下部鼓入的助燃空气会导致未燃尽的碎屑物质飘浮在炉膛内部各处，其中的许多成分会在高温条件下处于半熔融态，其黏性易促使其黏附在炉内壁，积聚成为"烧结附着层"。此烧结物将有 3 种可能的归宿：①以均质薄层态赋存，并可能永久滞留于炉膛内壁上，此时的薄层烧结物也可能是有益无害的；②以欠稳碎结态赋存，易受振动而崩裂，碎裂后混入焚烧炉渣得以排出；③以稳定黏熔态赋存，一般生长于炉内壁相对低的位置，可能弯曲向下碰触到炉床上的行进垃圾，进而干扰正常垃圾行进与焚烧。适时调整一次风分布工况，可能有助于缓解炉壁烧结物的生成。

与锅炉满水相关问题的故障原因主要有：给水自动调节失灵，给水调节装置故障，锅炉负荷增加过快，点火过程处于低负荷状态，排汽泄压调整不当，给水压力突然升高，水位计或各部位流量计指示错误，或操作员对水位监视失误或经验不足。类似的缘由也可能造成锅炉缺水。

与过热器管损坏相关的故障原因主要有：管路材质缺陷、焊接缺陷、安装不当，杂物堵塞；蒸汽品质欠佳，在过热器内结垢，引起管壁温度异常升高；化学水处理系统管理不严；汽水分离结构缺陷；烟气对过热蒸汽管的高温腐蚀，过热器排汽量不足引起过热（点火升压期间）；垃圾或辅助燃料成分改变导致蒸汽温度异常增高。

在周边条件欠佳的县市地区，或经济不发达地区，或仓促建设的垃圾焚烧厂，常缺乏熟练的高级技术人员以及有经验的管理人员，可能会出现比经济发达地区的垃圾焚烧厂更频繁的停炉、故障、检修类问题。诸如点火启动、故障检修、突发停电、保护性停炉、垃圾进厂量长期小于设计量等现实问题，也会加剧焚烧炉、余热锅炉、发电机组工况的控制调节难度。尤其是突发的故障或停电，还会成倍增加尾气异常排放引起的环境事故风险，更会带来生产安全、人身安全事故隐患。

在垃圾焚烧行业快速粗放型投资建设的地区，如果没有高水平、有经验的技术操作人员、自控管理人员、应急处置管理人员，以及配套的设备维护保养、维修、配件提供商保障、自控软件更新保障等措施，便难以建构起垃圾焚烧厂的正常、安全运行体系，更谈不上高效运行以及发电等资源化利用目标。

第八章　危险废物焚烧处理

第一节　危险废物概述

一、危险废物的定义与特性

1. 危险废物的定义

危险废物英文名称为"hazardous wastes"。不同的国家和组织对危险废物的定义表述不同。联合国环境署（UNEP）把危险废物定义为："危险废物是指除放射性以外的废物（固体、污泥、液体和利用容器的气体），由于它的化学反应性、毒性、易爆性、腐蚀性和其他特性引起或可能引起对人体健康或环境的危害。不管它是单独的或与其他废物混在一起，不管是产生的或是被处置的或正在运输中的，在法律上都称危险废物。"而世界卫生组织（WHO）的定义是："危险废物是一种具有物理、化学或生物特性的废物，需要特殊的管理与处置过程，以免引起健康危害或产生其他有害环境的作用。"美国在其《资源保护和回收法》中将危险废物定义为："危险废物是固体废物，由于不适当的处理、贮存、运输、处置或其他管理方面，它能引起或明显地影响各种疾病和死亡，或对人体健康或环境造成显著的威胁。"日本《废物处理法》将："具有爆炸性、毒性或感染性及可能产生对人体健康或环境的危害的物质"定义为"特别管理废物"，相当于通称的"危险废物。"我国在《中华人民共和国固体废物污染环境防治法》中将危险废物规定为："列入国家危险废物名录或者根据国家规定的危险废物鉴别标准和鉴别方法认定的具有危险特性的固体废物。"在《危险废物鉴别标准通则》（GB 5085.7—2007）中，将危险废物进一步明确为"列入国家危险废物名录或者根据国家规定的危险废物鉴别标准和鉴别方法认定的具有腐蚀性、毒性、易燃性、反应性和感染性等一种或一种以上危险特性，以及不排除具有以上危险特性的固体废物"。

2. 危险废物的特性

根据《控制危险废物越境转移及处置巴塞尔公约》，结合美国《资源保护和回收法》（RCRA 法规），危险废物的通常特性包括腐蚀性、毒性、易燃性、反应性和感染性等。

（1）腐蚀性　危险废物的腐蚀性是指危险废物与生物组织接触后，可能由于化学作用而引起严重伤害，或因渗漏，严重损坏或毁坏其他物品或运输工具的物质或废物；它们还可能造成其他伤害。

（2）毒性　毒性包括急性毒性、延迟或慢性毒性和生态毒性等。急性毒性是指如果摄入或吸入体内或由于皮肤接触可使人致命，或严重伤害或损害人类健康；延迟或慢性毒性是指如果摄入或吸入体内或渗入皮肤可能造成延迟或慢性效应，包括致癌的物质或废物；生态毒性是指因生物累积或对生物系统的毒性效应，释放能够或可能对环境产生立即或延迟不利影响的物质或废物。我国对危险废物的毒性使用急性毒性、浸出毒性和毒性物质含量来鉴别。

（3）易燃性　危险废物的易燃性包含了固体以及液体危险废物两种情况。液体和固体的易燃特性是有差异的。在温度不超过 60.5℃ 的封闭条件下，或不超过 65.6℃ 的开放条件下，易燃液体可能会产生易燃气体，或由于摩擦可能引起或助长起火的物品或物质。易燃固体在正常状况下就可能自发生热，或者接触空气后易于生热而起火。

（4）反应性　反应性是指该废物能够通过自动聚合而与空气或水强烈反应，或是对热或冲击不稳定，或易反应释放出有毒烟雾，或是易爆炸，或具有强氧化性能等。

（5）感染性　感染性是指废物含有已知或怀疑可能引起动物或人类疾病的活性微生物毒素。主要是指医疗废物及同类性质的物品。

二、危险废物鉴别方法

我国《危险废物鉴别标准》（GB 5085—2007）中规定了危险废物的鉴别程序和鉴别规则。涵盖腐蚀性、急性毒性、浸出毒性、易燃性、反应性、毒性物质含量等特性鉴别。

1. 鉴别程序

首先，依据《中华人民共和国固体废物污染环境防治法》、《固体废物鉴别导则》判断待鉴别的物品、物质是否属于固体废物，不属于固体废物的，则不属于危险废物。

其次，经判断属于固体废物的，则依据《固体废物危险名录》判断。凡列入《国家危险废物名录》的，属于危险废物，不需要进行危险特性鉴别（感染性废物根据《国家危险废物名录》鉴别）；未列入《国家危险废物名录》的，按规定进行危险特性鉴别。

再次，依据 GB 5085.1～GB 5085.6 鉴别标准进行鉴别，凡具有腐蚀性、毒性、易燃性、反应性等一种或一种以上危险特性的，属于危险废物。

最后，对未列入《国家危险废物名录》或者根据危险废物鉴别标准无法判别，但可能对人体健康或生态环境造成有害影响的固体废物，由国务院环境保护行政主管部门组织专家认定。

2. 腐蚀性鉴别

将固体废物按照《固体废物腐蚀性测定玻璃电极法》（GB/T 15555.12—1995）的规定制备浸出液，当其浸出液 pH≥12.5 或 pH≤2.0 时，属于危险废物。

在 55℃ 条件下，对《优质碳素结构钢》（GB/T 699）中规定的 20 号钢材的腐蚀速率≥6.35mm/a 的固体废物，也属于危险废物。

3. 急性毒性初筛

急性毒性一般用口服毒性半数致死量 LD_{50}、皮肤接触毒性半数致死量 LD_{50}、吸入毒

性半数致死浓度 LC_{50} 来表示。其中，口服毒性半数致死量 LD_{50} 是经过统计学方法得出的一种物质的单一计量；皮肤接触毒性半数致死量 LD_{50} 是使白兔的裸露皮肤持续接触 24h，最可能引起这些试验动物在 14d 内死亡 50％ 的物质剂量；吸入毒性半数致死浓度 LC_{50} 是使雌雄青年白鼠连续吸入 1h，最可能引起这些试验动物在 14d 内死亡 50％ 的蒸气、烟雾或粉尘的浓度。经口摄取固体 $LD_{50} \leqslant 200mg/kg$ 或液体 $LD_{50} \leqslant 500mg/kg$，或经皮肤接触 $LD_{50} \leqslant 1000mg/kg$，或蒸气、烟雾或粉尘吸入 $LC_{50} \leqslant 10mg/L$ 的物质，均认为属于危险废物。

4. 浸出毒性鉴别

按照《固体废物浸出毒性浸出方法硫酸硝酸法》（HJ/T 299）制备的固体废物浸出液中任何一种危害成分含量超过标准中所列的浓度限值，则判定该固体废物是具有浸出毒性特征的危险废物。浸出毒性标准值具体可参见《危险废物鉴别标准浸出毒性鉴别》（GB 5085.3—2007）中表 1。

5. 易燃性鉴别

对于固体废物，凡是在标准温度和压力（25℃，101.3kPa）下因摩擦或自发性燃烧而起火，经点燃后能剧烈而持续燃烧并产生危害的，认为其属于固态易燃性危险废物。对单质液体、混合液体或含有固体物质的液体，其闪点温度低于 60℃（闭杯试验）时，认为属于易燃的液态危险废物。此外还有许多气态易燃性危险废物。

6. 反应性鉴别

反应性危险废物包括爆炸性的、反应后产生危险气体的，以及废弃氧化剂或有机过氧化物。

固体废物的爆炸性质包括：①常温常压下不稳定，在无引爆条件下，易发生剧烈变化；②标准温度和压力（25℃，101.3kPa）下，易发生爆轰或爆炸性分解反应；③受强起爆剂作用或在封闭条件下加热，能发生爆轰或爆炸反应。

固体废物反应后产生危险气体的情况主要是指：①与水混合发生剧烈化学反应，并放出大量易燃气体和热量；②与水混合能产生足以危害人体健康或环境的有毒气体、蒸气或烟雾；③在酸性条件下，每千克含氰化物废物分解产生 $\geqslant 250mg$ 氰化氢气体，或者每千克含硫化物废物分解产生 $\geqslant 500mg$ 硫化氢气体。

废弃氧化剂或有机过氧化物主要是指：极易引起燃烧或爆炸的废弃氧化剂，对热、震动或摩擦极为敏感的含过氧基的废弃有机过氧化物。

7. 毒性物质含量鉴别

根据废物的毒性特征不同，将毒性物质分为剧毒物质、有毒物质、致癌性物质、致突变性物质、生殖毒性物质、持久性有机污染物等。不同毒性物质类型设有相应的含量限值，超过该含量的即为危险废物。具体毒性物质名录及含量限值参见《危险废物鉴别标准毒性物质含量鉴别》（GB 5085.6—2007）。

三、危险废物名录

根据危险废物特性，世界各国都制定了各自的危险废物名录。如联合国环境规划署在《控制危险废物越境转移及其处置巴塞尔公约》中列出了"应加控制的废物类别"共45类，"须加特别考虑的废物类别"共2类，危险废物"危险特性的清单"共14种特性。我国最新版危险废物名录于2016年6月14日发布，2016年8月1日正式实施，共涉及46类废物，根据废物类别和行业来源命名。见表8-1。

表 8-1 危险废物类别

编号	废物类别	行 业 来 源	危险特性
HW01	医疗废物	卫生、非特定行业	感染性、毒性
HW02	医药废物	化学药品原料药制造、化学药品制剂制造、兽用药品制造、生物药品制造	毒性
HW03	废药物、药品	非特定行业	毒性
HW04	农药废物	农药制造、非特定行业	毒性
HW05	木材防腐剂废物	木材加工、专用化学产品制造、非特定行业	毒性
HW06	废有机溶剂与含有机溶剂废物	非特定行业	毒性、易燃性
HW07	热处理含氰废物	金属表面处理及热处理加工	毒性、反应性
HW08	废矿物油与含矿物油废物	石油开采、天然气开采、精炼石油产品制造、非特定行业	毒性、易燃性
HW09	油/水、烃/水混合物或乳化液	非特定行业	毒性
HW10	多氯（溴）联苯类废物	非特定行业	毒性
HW11	精（蒸）馏残渣	精炼石油产品制造、炼焦、燃气生产和供应业、基础化学原料制造、常用有色金属冶炼、环境治理、非特定行业	毒性
HW12	染料、涂料废物	涂料、油墨、颜料及类似产品制造、纸浆制造、非特定行业	毒性、易燃性
HW13	有机树脂类废物	合成材料制造、非特定行业	毒性
HW14	新化学物质废物	非特定行业	毒性、易燃性、反应性、腐蚀性
HW15	爆炸性废物	炸药、火工及焰火产品制造、非特定行业	反应性、毒性
HW16	感光材料废物	专用化学产品制造、印刷、电子元件制造、电影、其他专业技术服务业、非特定行业	毒性
HW17	表面处理废物	金属表面处理及热处理加工	毒性
HW18	焚烧处置残渣	环境治理业	毒性
HW19	含金属羰基化合物废物	非特定行业	毒性
HW20	含铍废物	基础化学原料制造	毒性
HW21	含铬废物	毛皮鞣制及制品加工、基础化学原料制造、铁合金冶炼、金属表面处理及热处理加工、电子元件制造	毒性
HW22	含铜废物	玻璃制造、常用有色金属冶炼、电子元件制造	毒性
HW23	含锌废物	金属表面处理及热处理加工、电池制造、非特定行业	毒性
HW24	含砷废物	基础化学原料制造	毒性

编号	废物类别	行 业 来 源	危险特性
HW25	含硒废物	基础化学原料制造	毒性
HW26	含镉废物	电池制造	毒性
HW27	含锑废物	基础化学原料制造	毒性
HW28	含碲废物	基础化学原料制造	毒性
HW29	含汞废物	天然气开采、常用有色金属矿采选、贵金属矿采选、印刷、基础化学原料制造、合成材料制造、常用有色金属冶炼、电池制造、照明器具制造、通用仪器仪表制造、非特定行业	毒性、腐蚀性
HW30	含铊废物	基础化学原料制造	毒性
HW31	含铅废物	玻璃制造、电子元件制造、炼钢、电池制造、工艺美术品制造、废弃资源综合利用、非特定行业	毒性
HW32	无机氟化物废物	非特定行业	毒性、腐蚀性
HW33	无机氰化物废物	贵金属矿采选、金属表面处理及热处理加工、非特定行业	毒性、反应性
HW34	废酸	精炼石油产品制造、涂料、油墨、颜料及类似产品制造、基础化学原料制造、钢压延加工、金属表面处理及热处理加工、电子元件制造、非特定行业	腐蚀性、毒性
HW35	废碱	精炼石油产品制造、基础化学原料制造、毛皮鞣制及制品加工、纸浆制造、非特定行业	腐蚀性、毒性
HW36	石棉废物	石棉及其他非金属矿采选、基础化学原料制造、石膏、水泥制品及类似制品制造、耐火材料制品制造、汽车零部件及配件制造、船舶及相关装置制造、非特定行业	毒性
HW37	有机磷化合物废物	基础化学原料制造、非特定行业	毒性
HW38	有机氰化物废物	基础化学原料制造	反应性、毒性
HW39	含酚废物	基础化学原料制造	毒性
HW40	含醚废物	基础化学原料制造	毒性
HW45	含有机卤化物废物	基础化学原料制造、非特定行业	毒性
HW46	含镍废物	基础化学原料制造、电池制造、非特定行业	毒性
HW47	含钡废物	基础化学原料制造、金属表面处理及热处理加工	毒性
HW48	有色金属冶炼废物	常用有色金属矿采选、常用有色金属冶炼、稀有稀土金属冶炼	毒性
HW49	其他废物	石墨及其他非金属矿物制品制造、非特定行业	毒性、易燃性、反应性、腐蚀性、感染性
HW50	废催化剂	精炼石油产品制造、基础化学原料制造、农药制造、化学药品原料药制造、兽用药品制造、生物药品制造、环境治理、非特定行业	毒性

　　新版《国家危险废物名录》中，增设了《危险废物豁免管理清单》，列入其中的危险废物，在所列的豁免环节，且满足相应的豁免条件时，可以按照豁免内容的规定实行豁免管理。

第二节 危险废物处理处置原理

一、概述

危险废物处理处置可分为预处理和处置两个环节。其中，预处理是危险废物处置行为前的处理过程，包括物理法、化学法、固化/稳定化等；处置包括焚烧处置、非焚烧处置、安全填埋处置等。危险废物主要处理处置技术见图 8-1。

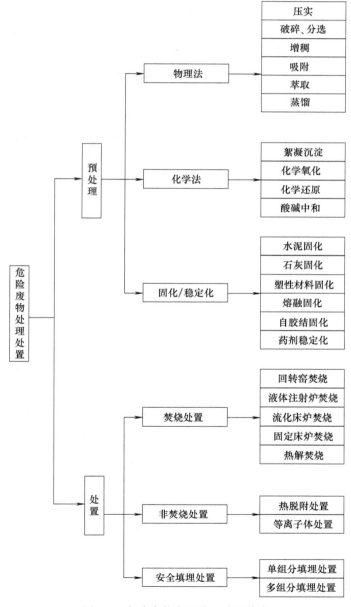

图 8-1 危险废物主要处理处置技术

1. 预处理技术

（1）物理法　物理法是通过相变或浓缩的方式改变危险废物的物理形态，使之成为便于运输、贮存、利用或处置的方法。物理处理技术包括压实、破碎、分选、增稠、吸附、萃取等。由于危险废物的特殊性质，常规物理法只能针对某些特定的危险废物使用。

（2）化学法　化学法是将危险废物分解成无毒气体，或者改变废物的化学性质（如降低水溶性或中和酸碱性）的技术。常用的化学处理技术包括絮凝沉淀、化学氧化、化学还原、酸碱中和等。典型的絮凝剂有明矾、石灰、铁盐等无机絮凝剂，长链、水溶性聚合物（如聚丙烯酰胺）等有机絮凝剂。化学还原如通过硫酸亚铁、亚硫酸钠等还原剂将六价铬还原为毒性较低的三价铬。中和是将酸性或碱性废液的 pH 值调至接近中性的过程。根据危险废物的特性及后续处理要求和用途选择合适的中和方法。提高 pH 值最常用的化学品是石灰，降低 pH 值时最常用的是硫酸。

（3）固化/稳定化　固化/稳定化是使危险废物中的所有污染成分呈现化学惰性或被包容起来，以便运输、利用和处置。一般情况下，稳定化过程是选用某种适当的添加剂与废物混合，以降低废物的毒性，减少污染物向环境中的迁移。目前常用的危险废物固化/稳定化方法有水泥固化、石灰固化、塑性材料固化、熔融固化、自胶结固化、药剂稳定化等。水泥是最常用的危险废物固化/稳定化原料。水泥固化/稳定化技术被大量用来处理电镀污泥。

2. 处置技术

（1）焚烧处置　焚烧处置是将危险废物置于焚烧炉内，在高温和有足够氧气含量的条件下进行氧化反应，分解或降解危险废物的过程。通过高温氧化反应过程，危险废物中的有毒有害成分可以得到氧化处理，绝大多数有机物可经过高温氧化分解除去，细菌病毒可在高温条件下被杀死。经焚烧后，危险废物的体积和质量可大大减少。关于危险废物焚烧处置技术将在本章第三节中详述。

（2）非焚烧处置

① 热脱附技术。热脱附是指在真空条件下或通入载气时，通过直接或间接热交换，将危险废物中的有机污染物加热到足够的温度，以使有机污染物从污染介质中得以挥发或分离，进入气体处理系统的过程。热脱附是将污染物从一相转化为另一相的物理分离过程。热脱附技术适用于处置挥发性、半挥发性及部分难挥发性有机类固态或半固态危险废物，可用于处理含有上述危险废物的土壤、泥浆、沉淀物、滤饼等。

② 等离子体技术。等离子态是物质存在的一种状态，与固体、气态、液态并列，俗称"第四态"，是由大量相互作用但仍处于非束缚状态下的带电离子组成的宏观体系。等离子体的能量密度很高，整个体系的表观温度高达上万摄氏度。等离子体技术适用于处置毒性较高、化学性质稳定，并能长期存在于环境中的危险废物，特别适宜处置垃圾焚烧飞灰、粉碎后的电子垃圾、液态或气态有毒危险废物等。

（3）安全填埋处置　危险废物安全填埋处置是依托安全填埋场的一种处置方式，它是将危险废物封闭起来，控制废物及其代谢物迁移扩散，以免对周边环境造成污染和危害。

对填埋场的建设、运行和监督管理，我国《危险废物填埋污染控制标准》（GB 18598—2001）及 2013 年修改单、《危险废物安全填埋处置工程建设技术要求》（环发〔2004〕75号）中均做了规定。安全填埋处置技术适用于《国家危险废物名录》中，除填埋场衬层不相容废物之外的危险废物的安全处置。性质不稳定的危险废物需经固化/稳定化后方可进行安全填埋处置，但有机危险废物不适宜采用安全填埋处置方式。单组分填埋适用于处置化学形态相同的危险废物；多组分填埋适用于处置两类以上混合后不发生化学反应，或发生非激烈化学反应后性质稳定的危险废物。

二、危险废物焚烧技术原理

1. 概述

对危险废物进行焚烧处理是指将危险废物置于焚烧炉内，在高温和有足够氧气含量的条件下进行氧化反应，分解或降解危险废物的过程。通过该高温氧化反应过程，危险废物中的有害有毒成分可以得到氧化处理，绝大多数有机危险物可经过高温氧化分解而除去，细菌病毒可在高温条件下杀死。经过焚烧以后，危险物体的体积或重量亦可大大减少。

焚烧炉的结构形式与危险废物的种类、性质和燃烧形式等因素有关。不同的焚烧方式有相应的焚烧炉与之相配合。按照处理废物的形态，可将焚烧炉分为液体废物焚烧炉、气体废物焚烧炉和固体废物焚烧炉；按照炉型划分，焚烧炉可分为炉排型焚烧炉、炉床型焚烧炉和沸腾流化床焚烧炉。

通常情况下，大多数危险废物在焚烧过程中会释放大量热能，当涉及大规模废物的焚烧处理时，常常通过配置废热锅炉进行热能回收乃至发电。但对危险废物焚烧处理而言，一般不将热能的资源回收作为主要考虑目标。在进行危险废物焚烧处理时，首要的目标是分解、降解或去除危险废物中的有害有毒成分。对某些无法焚烧的重金属、无机盐成分及其他有毒物质，可以在净化系统中，针对其不同的特性，采用有效的技术措施加以脱除。在危险废物的焚烧过程中，原则上不允许有任何泄漏、扩散或新的有毒有害物质产生或形成（二次污染问题）。危险废物的焚烧过程和净化过程与普通过程相比要复杂、严格和苛刻。

焚烧技术在危险废物方面得到如此广泛的应用，是因为它有许多独特的优点。

①经焚烧处理后，危险废物中的病原体被彻底消灭，燃烧过程中产生的有害气体和烟尘经处理后达到排放要求，无害化程度高；②经过焚烧，危险废物中的可燃成分被高温分解后，一般可减重 80% 和减容 90% 以上，减量效果好，焚烧筛上物效果更好；③危险废物焚烧所产生的高温烟气，其热能被废热锅炉吸收转变为蒸汽，用来供热或发电，危险废物可作为能源来回收利用，还可回收铁磁性金属等资源，可以充分实现垃圾处理的资源化；④焚烧厂占地面积小，尾气经净化处理后污染较小，既节约用地又缩短了垃圾的运输距离，对于经济发达的城市，尤为重要；⑤焚烧处理可全天候操作，不易受天气影响。

当然，焚烧方法也并非完美。首先，焚烧法投资大，占用资金周期长；其次，焚烧对垃圾的热值有一定要求，一般不能低于 3360kJ/kg（800kcal/kg），限制了它的应用范围；最后，焚烧过程中也可能产生较为严重的"二噁英"问题，必须要对烟气投入很大的资金进行处理。

从 20 世纪 70 年代到 90 年代中期的 20 多年间，是垃圾焚烧发展最快的时期，几乎所有的工业发达国家、中等发达国家都建有不同规模、不同数量的垃圾焚烧设施。而且，在部分发展中国家也已经建成或正在积极筹备建设垃圾焚烧厂，垃圾焚烧事业发展方兴未艾。最近几年，国内对危险废物的危害性越来越重视，危险废物的焚烧也顺应了这种需求。

2. 危险废物焚烧技术指标

在对危险废物进行焚烧处理过程中，常用到许多有关能量、质量、效率以及其他热力参数，为了统一概念和定义，以下分别对减量比、热灼减率、燃烧效率、烟气有害物质排放浓度指标等基本参数进行叙述和介绍。

(1) 减量比 q_{mc}（%） 经过焚烧处理之后，危险废物的残渣及飞灰质量与初始投入焚烧炉的物质总量的百分比，定义式为：

$$q_{mc} = \frac{m_b - m_a + m_f}{m_b - m_c} \times 100\% \tag{8-1}$$

式中，m_b 为初始投入的废物总质量，kg；m_a 为残渣的质量，kg；m_c 为 m_b 中不能焚烧的物质的质量，kg；m_f 为飞灰的质量，kg。

(2) 热灼减率 m_r 根据国家标准，该参数定义为残渣在 600℃±25℃下，经过 3h 焚烧后减少的质量占原焚烧残渣的百分数，其计算式如下：

$$m_r = \frac{m_a - m_d}{m_a} \times 100\% \tag{8-2}$$

式中，m_a 为焚烧残渣在室温时的质量；m_d 为残渣在 600℃±25℃下经 3h 灼烧后，冷却到室温时的质量。

(3) 燃烧效率 η 燃烧效率是指可燃危险废物在进行焚烧过程中排放烟气中 CO 的浓度与 CO_2 之间对比关系的参数，定义式如下：

$$\eta = \frac{[CO_2]}{[CO_2] + [CO]} \times 100\% \tag{8-3}$$

式中，[CO] 和 [CO_2] 分别表示焚烧处理后排放的烟气中 CO 和 CO_2 的体积浓度百分比的数值。

在危险废物的处理过程中，常常还要求对某些特别有害的物质进行评价，其评价可以用净化脱除率或分解百分率 η_{dr} 来表示，定义如下：

$$\eta_{dr} = \frac{W_{in} - W_{out}}{W_{in}} \times 100\% \tag{8-4}$$

式中，W_{in} 为初始进入焚烧炉进行焚烧处理时的有害物质质量流量，kg/s；W_{out} 为焚烧结束时排出焚烧炉的有害物质的质量流量，kg/s。

式（8-4）中必须注意污染成分重新生成或还原生成的影响，一般简单起见，不计算烟道中重新生成或还原生成的影响。

(4) 烟气有害物质排放浓度指标 危险废物在经过焚烧处理后，大量烟气排出焚烧室，其中主要成分为 CO_2、H_2O 和 NO_x。虽然有害成分仅是其中的少部分成分，但是其危害性可能非常巨大，因此需要对其进行监测、分析和控制，并在净化系统中进行净化处理。常见危险废物在经过焚烧处理后产生的污染或有害物质可能有如下几类：①烟气的颗粒尺度和含量；②酸性气体 SO_x、HCl、HF、H_2S、CO、NO_x 等；③重金属及其化合物（如 Cd、Pb、Ni、Cr、As 等）；④有机毒物，如二噁英、多氯联苯、呋喃、苯酚等物质。

危险废物通过焚烧处理后，可以实现较为有效的有毒有害物质的氧化分解和降解，同时可以最大限度地减少体积和重量。根据我国《危险废物焚烧污染标准》的规定，为确保焚烧危险废物，在焚烧过程中必须具备以下技术条件：① 焚烧炉内温度应不低于 110℃；② 烟气在炉内停留时间大于 2s；③ 燃烧效率大于 99.99%；④ 焚毁去除率大于 99.99%；⑤ 灰渣的热灼减率小于 5%；⑥ 配备净化系统；⑦ 配备应急和警报系统；⑧ 配备安全保护系统或装置。

焚烧过程产生的废灰、废渣、废水以及净化处理废物必须按危险废物的规定条例进行处理，一般不能随意排放。

3. 危险废物焚烧控制参数

在危险废物焚烧过程中，有影响作用的参数很多。在设计焚烧炉及其操作管理过程中，需要进行综合分析和对比，并根据当地的政策或法规，选出主要的控制参数进行设计或使用。复杂的参数可以有危险废物的物理化学性质（密度、成分、热值、元素分析）、燃烧特性、传热特性、灰渣物化特性等，焚烧炉的机械结构、进风分布规律、燃烧室布置以及进出料方式等。在这些参数中最重要的参数有 4 个，即焚烧过程的温度、焚烧反应的时间、氧化剂的配比和焚烧过程物料与氧化剂的接触方式。其中的氧化剂一般取为空气。

（1）焚烧过程的温度 焚烧过程的温度，简称焚烧温度。是危险废物在焚烧室中进行焚烧时，焚烧室中各部位温度的平均值。在通常情况下，焚烧火焰的最高温度可能达到 1500℃以上。但是，在远离火焰的区域，烟气的温度可能很低，达到 500℃甚至更低。焚烧温度是危险废物在焚烧室中进行干燥、蒸发、热解和焚烧过程的最重要参数。对反应的速度、反应生成的物质以及污染物的生成控制均起着十分重要的作用。

通常，焚烧炉中的焚烧温度是一个随着燃烧的进行波动变化的参数。在炉内各处的分布也常常是不均匀的，燃烧火焰处的温度最高，有冷却布置的炉壁处的温度可能最低，在两处之间，温度以一定的函数规律变化。当遇到含水分较高的物料时，其首先要进行蒸发干燥，此时炉内温度将因蒸发而降低。在燃烧区域，由于燃烧放热，一般所在的区域将出现明显的升温现象。在逆流式机械炉排焚烧炉中，物料先预热干燥然后热解和燃烧，而焚烧产生的烟气则逆向流动加热物料，焚烧区域因为连续送入经过预热的物料而使焚烧温度保持相对稳定。

据文献报道，对于危险废物，焚烧区域炉温达到 850～1150℃，焚烧时间达到 2s 以上时，如果给予充足的氧气，则绝大多数的臭气、有毒有机物以及其他有害物质均可以被分解或除去（99.9%）。颗粒直径小于 $0.5\mu m$ 的燃料颗粒均可以被完全焚烧掉。但是，当焚烧温度过高时，NO_x 的排放浓度可能会增大，某些灰熔点较低的物质将会因熔化而损坏焚烧炉的炉排、炉墙以及炉底设备。有报道指出，有效分解剧毒有机物，如呋喃、苯酚、二噁英等物质（PCDD/PCDFs、TCDDs 等）的温度至少为 950℃，焚烧时间大于 1s，空气过剩系数为 1.15。

（2）接触性能 同其他可燃物质的燃烧过程一样，在危险废物焚烧过程中也必须保证维持稳定的燃烧温度和足够的空气，在空气与欲焚烧处理的废物材料有足够时间的接触时，才有可能进行焚烧。接触性能越好，焚烧处理就可能越完全。当然，有些条件下，即使没有任何氧化剂，焚烧炉内也能通过热解或干馏部分地实现废物的分解和处理，但是作为焚烧处理技术，要实现焚烧的基本条件除了适当的温度和足够的氧化剂之外，必须使废物和氧化剂能够良好地接触，否则将无法完成限定时间内的焚烧处理目标。

根据燃烧化学反应的动力学理论可知，反应的速度与接触面积直接有关，较大的接触面积可以使焚烧过程中的扩散燃烧得以显著改善。同时，也可以使得某些毒性有机难分解物质增加直接与氧化剂接触焚烧的比率，使其分解率得到提高。

接触性能的提高和改善可以通过炉内气流分布、机械翻滚或扰动、焚烧前预先破碎以及机械炉排送料翻料和推料等方式实现。其中最好的焚烧方式是将废物破碎成细小颗粒然后投入流化床焚烧炉进行焚烧，通过良好的气流翻滚扰动，可以实现最好的反应接触，达到最完善的焚烧处理目标。对液体或气体危险废物，可以采用机械预混、介质雾化、乳化等方式与辅助燃料一起混合后进行焚烧。

（3）反应时间 在危险废物进行焚烧过程中，由于其中尺寸大小不一的废物的燃尽时间不同，因此需要确定一个较为合理的确保全部废物燃烧分解的时间参数。燃烧反应燃尽的时间与温度、燃料颗粒程度、物理化学特性、炉排结构、送风方式及配比有关。一般情况下，在其他条件一定下，燃烧反应的时间越长，则有机废物分解的效率也就越高。但是由于化学反应的曲线具有饱和的特性，因此，反应到达一定程度时，反应的速度将减慢，所以，在工程上一般需要选定一个恰当的燃烧反应时间。例如，固体颗粒尺度为 2mm 左右时，燃烧温度为 1000℃，空气过剩系数为 1.15，要求燃烧效率为 η 为 98% 时，燃烧时间必须大于 15s；对于干燥有机颗粒，所有参数均相同时，燃烧时间必须大于 10s。

由于反应时间也是危险废物在焚烧炉内分解或去除有毒有机物的关键参数，不同的有机物成分，分解时间应该有所不同。对于具体的危险废物，应该针对其特性进行反应时间的控制和管理。

在危险废物焚烧过程中，要区分废物焚烧反应时间和炉内滞留时间，不应该将在炉内的滞留时间当作反应时间，二者应该予以区别。废物在炉内的整个焚烧过程中包括预热升温、干燥、焚烧、出渣 4 个时间，焚烧反应时间仅指进行焚烧并且有化学反应的那部分过程的时间，热解和干馏是物质的化学分解和分馏过程，属于焚烧反应过程，但是其特点是，单独的热解和干馏过程往往没有燃烧火焰。而其余 3 个过程的时间不应该计入反应时间。通常整个滞留时间可能比焚烧反应时间要长。对机械移动炉排焚烧炉，它的预热升温、干燥、焚烧、出渣 4 个时间可以很清楚地区分和调控。但对单室焚烧炉、流化床焚烧炉以及直接投料助燃式焚烧炉等，难以简单区分上述 4 个时间，还是需要将炉内反应时间进行修正，以确保危险废物能够有效地被分解或脱除。

（4）空气过剩系数 危险废物焚烧过程中，一般先进行废物焚烧，然后对烟气进行高温焚烧处理，其目的是彻底分解危险废物中的有毒有害物质，使排放的烟气的污染指标尽可能降低。所以，其焚烧所需的空气量一般也高于普通燃烧过程。所需空气量常按理想条件下的燃烧化学反应方程式进行分析计算，得出理想条件下的燃烧空气量，然后加上多余的空气量得到总空气量。完成理想焚烧反应所需的空气量称为理论燃烧空气量，用 V_0 表示，单位：m^3/s 或 m^3/h。实际用于进行焚烧过程的总空气量用 V 表示，单位与 V_0 相同。实际焚烧使用空气量与理想燃烧过程所需空气量之比称为空气过剩系数，定义式如下：

$$\alpha = (V/V_0) \times 100\% \tag{8-5}$$

剩余空气量系数：$\alpha_e = \alpha - 1$

焚烧进行过程中实际送入的氧化剂为空气，其中的含氧量的体积浓度仅为 21% 左右，在污染控制过程中含氧量有着非常重要的作用。如采用氧量作为过剩参量，则可以表示为：

$$\alpha_{O_2} = 21\%(1 - 1/\alpha) = 21\%\alpha_e/\alpha \tag{8-6}$$

由大量的燃烧经验得知，对废气焚烧，一般空气过剩系数 α 为 1.01～1.10；对废液焚烧，空气过剩系数为 1.05～1.25；而对固体废物及其混合物，空气过剩系数为 1.2～2.0。对某些难以焚烧的废物，则其空气过剩系数可以进一步增大。

空气过剩系数的大小直接影响焚烧化学反应过程的温度、反应的速度以及生成物质及其浓度。空气及其布置会对气流流场、气流与焚烧物料的接触性能以及燃尽时间均有很大影响。因此，空气过剩系数必须按工程实际需要严格选用，同时，还应该结合流动特性、反应过程、炉排结构特性和污染物的排放要求进行统一考虑和安排。

4. 危险废物焚烧过程

危险废物的焚烧过程通常需要借助于自身可燃物质或辅助燃料进行，调节适当的空气输入，可以在适当的高温范围内和时间内，实现较高的焚毁率、较低的热灼减率，最大限度地降解或分解其中有毒有害有机物和杀死病毒病菌，同时实现较低的污染排放指标。由于焚烧过程的进行与危险废物的组成、形态和物化特性有密切关系，也与燃烧过程的化学反应过程、流场、热力特性有关，因此实际焚烧过程非常复杂。

与普通废弃物或城市生活垃圾的焚烧过程不同的是，危险废物焚烧过程的最主要目的是焚毁有害有毒有机物质，杀死和去除病毒病菌，除去有毒重金属物质和酸性气体，其次是确保不产生二次污染，做到烟气的排放完全清洁和干净。而热能回收或其他资源回收不是最重要的内容，某些条件下甚至完全可以不考虑。

（1）固体危险废物焚烧过程　固体废物的燃烧过程一般是指其中固体可燃成分的焚烧分解和高温气化处理全部组成的过程，由于通常含有水分、灰分和金属及无机物类成分，故焚烧过程中需视其组成特性进行烘干、着火及稳定燃烧等技术控制。由于某些物质的温度分解特性和燃烧时间特性的不同，故在焚烧过程中需对温度范围和时间长短进行严格的调节和控制，以确保焚烧过程能达到预定目标。

危险废物混合物进入焚烧炉之后，一般先进行受热升温。当温度达到一定数值后，某些低沸点物质首先蒸发和气化，然后水分蒸发汽化，蒸发汽化的有机物可能先着火燃烧，如酒精、醚类及其他石蜡类废物在 85℃ 以下即会蒸发汽化，并极易着火燃烧。在此过程结束后，某些物质（有机物）继续升温开始出现热解和干馏，产生气（汽）和油类物质，如塑料橡胶等，其中产生的气（汽）体一般均为可燃物质并极易着火，由此可以加速加热过程和促进焚烧更快进行。

在热解和干馏过程结束后，剩余的物质一般为碳化物，其燃烧过程要求温度高，时间长。该过程一般发热量较大，如果成分百分比数较大时，其燃烧放热量足以保证焚烧过程进行。除碳之外，热解干馏结束之后进行燃烧的物质还有磷、硫等混合于碳化物中的可燃物。当碳化物燃烧结束后，全部危险废物的焚烧过程的第一阶段结束。对危险废物的焚烧过程而言，还需进行烟气高温燃烧，以确保其中少量的毒气和毒质的完全分解。通常采用的二次高温焚烧需要助燃燃料辅助燃烧才能进行。

对大部分危险废物的焚烧过程而言，危险废物的预热、升温、干燥和热解、干馏和碳化燃烧都混合在一起同时进行。即同时有传热蒸发及火焰燃烧过程发生，除同时有放热吸热之外，还有光、声以及复杂的气流，整个过程非常复杂。例如，流化床焚烧工况即属于非常复杂的焚烧工况，同时进行预热、升温干燥、热解干馏、碳化和燃烧各过程，流动传热和化学反应相互混合，同时进行。而机械移动炉排顺流式焚烧则为较简单，基本上按照上述简单的步骤进行焚烧。

由于焚烧过程的结果直接受化学反应过程特性、进风分配布置、废物的物理化学特性、焚烧温度和时间等众多因素的影响，因此一个良好的焚烧过程必须在设计中考虑到各种变化因素，运行过程中能进行调节和控制。

碳化物的燃烧一般为扩散燃烧，受接触面积、扩散特性和气氛条件影响很大，故该阶段焚烧一般需要进行翻滚、气流冲刷或机械扰动，或者升高反应温度和增加焚烧时间。

图 8-2 为物料焚烧过程机理简图。

（2）液体危险废物焚烧过程　液体危险废物一般可以分为油性、水性或混合性物质。按其特性，一般需在焚烧前进行预热和蒸发，随后进行焚烧，对大部分液体危险废物而言，需要加入可燃油料或燃气进行助燃焚烧。在焚烧过程中，燃烧的进行与加热特性、蒸发接触面积、气氛以及催化剂有关，也与射流流场特性有关。据液体燃烧理论知，危险液体废物也可以处理成细滴喷射或雾化边蒸发边燃烧，在合理配置氧化剂（空气）下可以得到良好的燃烧结果。当上述过程控制不合理时常常会出现黑烟、析碳、结焦等不良现象，也使焚烧过程不能完善地进行。液体物质在燃烧过程中大部分会进行蒸发燃烧的过程，会吸收大量潜热，对燃烧温度稳定影响很大，甚至可能出现因过度蒸发产生温度急剧下降造成"熄火"的现象。液体危险废物的另一种焚烧方式是使用燃料油将其"包裹"乳化，成雾状喷射焚烧，该方面已有不少学者进行过研发并有公开报道。

对液体危险废物焚烧过程的问题归纳为蒸发对温度的影响、焚烧中的均匀接触以及焚烧气氛和时间的控制，后者是该类物质焚烧过程较关键的问题。液体危险废物焚烧的一般过程可用框图 8-3 表示。

在液体危险废物中常常含有大量有严重危害的重金属离子及剧毒有机物，其在焚烧过程中常常会随飞灰排出甚至形成新的更毒的物质，因此在液体危险废物的焚烧过程中虽然表面上看焚烧过程进行得相当完善，但其污染特性可能十分危险，因此需要认真对待，严格管理和控制。

（3）气体危险废物焚烧过程　与固体和液体危险废物相比，气体危险废物的焚烧处理要容易一些。但是，气体危险废物在焚烧过程中极易发生泄漏污染、中毒和爆炸，或者因为燃烧过程中的其他因素造成二次危害。

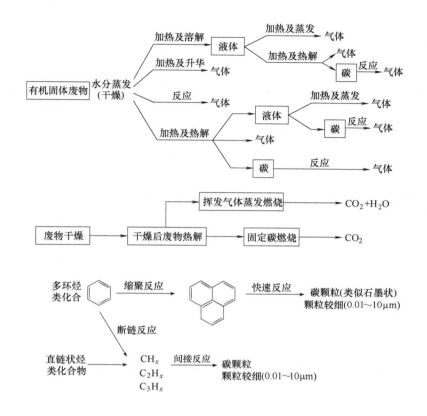

图 8-2 物料焚烧过程机理简图

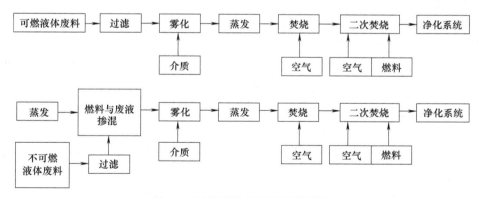

图 8-3 液体废物的焚烧原理框图

按照气体物质燃烧的一般原理，气体危险废物的焚烧处理可以选择适当的助燃燃料与之混合，然后配置恰当的氧化剂进行燃烧，即可实现危险气体的焚毁。其中的可燃燃料可以是雾化燃油或乳化燃油、可燃气体或者固体粉尘燃料（如粉煤灰）等燃料。由于在燃烧过程中危险气体的物理化学性能对燃烧过程有着很大的作用，因此，对具体的废气危险物焚烧处理过程必须进行仔细和认真的设计以及严格的操作管理，以确保焚烧过程的进行能够安全和可靠。常见的危险气体废物的燃烧方式如下。

① 掺混气体燃料的预混燃烧焚烧法。该方法是将危险废物与可燃气体进行适当比例的混合后再预混空气进行燃烧，可燃气体燃料和空气的混合比例可以按照具体焚烧处理的要求进行设计和调控。从理论上分析，这种方法的焚烧焚毁彻底、完善，后续污染物产生少，焚烧速度也比较快。

② 不掺混气体燃料的焚烧法。这种方法是可燃气体与危险气体废物不进行预混，燃料气体单独预混空气燃烧。气体危险废物不预混可燃气体，而是通过可燃气体的火焰卷吸或旋流，进入燃烧区被焚烧处理。其特点是危险气体和可燃气体的控制都比较安全和平稳。缺点是容易产生混合不均而引起燃烧焚毁不完善、不彻底，从而造成后续烟气中污染物总浓度指标的上升。

③ 掺混液体燃料的混合燃烧处理法。该种方法的特点是将危险气体直接掺混到燃油中进行雾化燃烧焚毁。掺混的危险气体与可燃气体的比例可以调节。实际上，其与燃油的雾化燃烧特性有关。缺点是可掺混的气体量一般较小，不足以进行大规模的危险废气焚烧处理。优点是可以建立极高燃烧温度区域，进行某些高温有机毒物的有效焚烧分解。

5. 焚烧技术布置

危险废物在焚烧炉中进行焚烧时，按流动和燃烧的进行方式，可以分为多种类型，按氧化剂（一般为空气）与燃料的接触特点，也可以分为多种分级燃烧类型。在不同的注入布置下，焚烧过程又可分为多种不同的化学反应阶段，在实际焚烧过程中，在不同的条件下，对不同的危险废物，这些焚烧类型都可以起到非常重要的作用。实际废物的焚烧需要根据废物的物理和化学特性以及处理要求进行具体设计或选用。

（1）按气流流动特性分类　送入空气与焚烧的废料接触进行燃烧，气流的流动方向可以与焚烧废物的进料方向同向、反向或交叉或混合方向，不同的流动布置方式会对焚烧的过程产生很大的影响。

（2）按燃烧级数分类　按燃烧的级数，可以将焚烧分为单级焚烧、二级焚烧和多级焚烧三种类型。单级焚烧是指只在单一区域或同一空间一次进行和完成全部焚烧的过程。在这样的焚烧过程中，危险废物要在同一地点进行升温、蒸发、热解和干馏以及气体燃烧和碳化物扩散燃烧等所有过程，因此，焚烧的温度就可能因为蒸发而下降，可能因为碳化物扩散燃烧的化学反应的缓慢而不能得到充分燃尽。通常采用延长焚烧时间的方法和增加辅助燃料的方式进行焚烧，但是，均难以对燃烧污染物进行有效控制。同时，因烟气流量的大幅度增加，给后续的净化系统增加很大的负荷。

二级以及二级以上的燃烧，是指在一级燃烧完成以后再进行一次或一次以上焚烧的过程。其中包括对焚烧烟气的再焚烧或对焚烧炉渣再焚烧等的复合焚烧过程。这种方法具有的优点是可以克服单级焚烧时焚烧不彻底或不完全、焚烧温度不高而且有波动等缺点。同时也可以有效地控制污染物质的生产。但是由于多级焚烧需要配置相应的焚烧设备，因此势必会大大增加焚烧炉的设备投资和复杂性，焚烧过程的运行效率必定会大大降低，给设备的运行管理以及经济效益带来较多的问题。

（3）按燃烧过程氧化剂的分配分类　在焚烧过程中按不同的比例进行氧化剂的分配输

入，焚烧炉内的过程可以分为多种不同的种类，氧化剂与废物在焚烧过程中的比例对焚烧过程的进行有着十分重要的作用。

① 过氧燃烧。通常危险废物焚烧的总过程总是在有充足的氧化剂或多余的空气的条件下进行的，以确保废物能够被完全焚烧掉。过氧的概念即指超过理论上完全燃烧所需氧量及相应空气量。输入空气太多容易降低焚烧的炉温，输入空气量太少容易造成不完全燃烧。

② 热解和焚烧相结合。在某些焚烧过程中常常设计一种先单独干燥、蒸发和热解的过程，然后再输入空气进行高温焚烧，由此可以实现危险废物中有机物的二次分解，使废物的焚烧更加彻底和完善。其中，前部分的过程需要的热量必须通过后一阶段焚烧提供或者采用辅助燃料加热提供。

③ 气化分解焚烧。气化分解是指在缺氧的条件下进行有机物分解或经过化学反应转化为可燃烧气体然后进行焚烧的过程。这是一种非常特殊的焚烧过程，其可以实现在一处气化然后输送到另一处再进行焚烧的目标。通过高温气化，可以将废物中的有机物直接转化为无害可燃气体，本身就能去处危险废物中的有毒有害物质，同时进一步控制气体的燃烧即可以实现无污染烟气排放。

④ 缺氧焚烧。在缺氧的条件下一般难以进行正常的焚烧过程，更难以保证焚烧的彻底和完善。在该阶段会有大量浓烟冒出。除非进行气化过程，否则单一的缺氧过程是无法实现废物的焚毁目标的，同时还会造成大量的新的污染。因此，这种燃烧一般应该尽量避免。

6. 危险废物焚烧过程污染物的形成

在危险废物焚烧过程中，由于流动、传热、化学反应以及其他多方面的复杂因素的影响，焚烧结束后会有大量有污染物的烟气产生，其中包括灰尘、一氧化碳、氮氧化物、重金属、酸性气体以及有毒有机物，这些物质的产生与焚烧过程有关。

(1) 灰渣　危险废物经过焚烧处理以后，产生的固体物质可以分为两类：即随烟气流动的灰尘和炉底排出的炉渣。灰尘是固体，有时也称为飞灰，其颗粒直径一般较小，在1mm以下。炉渣的尺寸较大，一般可以达到几十毫米，有些焚烧炉上的灰渣也有以熔融的液态形式排出。

(2) 飞灰污染物　废物经过焚烧产生大量的烟气，其中含有灰尘。在一定流速带动下，随烟气流出焚烧室。由于焚烧室内焚烧过程的温度、焚烧物料的焚烧方式、气流分布及其数值、焚烧的时间以及物料本身的物理化学性质的不同，产生的烟气中的灰尘的颗粒直径分布和排放量都会发生变化。此外，焚烧过程结束后，危险废物中的某些重金属也会附着于灰尘颗粒上一起飞出，其尺度一般为 $0.5 \sim 1000 \mu m$。飞灰中还存在一些未及燃尽的废物颗粒和燃烧过程析出的炭粒子，其混杂在正常飞灰中也随烟气一起流动，其尺度为 $0.1 \sim 100 \mu m$。

(3) 炉渣　炉渣是指在焚烧炉中焚烧结束以后，从炉底排出的固体残余物质或液体参与物质。通常危险废物经过焚烧处理以后，其炉渣可以包括金属及其氧化物、无机盐、残余可燃质、玻璃等物质，其中重金属是炉渣中最危险的成分，其可以以元素态存在，也可以以化合物形式存在，种类有汞、砷、铬、镉、铅、铜、镍和锌等。在炉渣中，各种成分及其含量分布与焚烧过程以及废物本身的物理化学特性有密切的关系。

在烟气流动过程中，当温度较高时，某些重金属会以气态方式随之流动。遇到冷却时，会团聚凝结成颗粒，有时会直接吸附到微小的颗粒上，或有时在烟道中与其他物质再次反应形成新的有害有毒物质。

（4）氮氧化物　危险废物在焚烧过程中会产生多种形式的氮氧化物。常见的氮氧化物有 N_2O、NO、NO_2、N_2O_5、N_2O_3、N_2O_4 等，其中 NO 和 NO_2 对大气和人类环境危害影响最大。NO 能对呼吸道产生强烈的刺激，能与血红蛋白结合生成巨硝酸血红蛋白而使人中毒。由于其比 CO 和血红蛋白的结合力大得多，更易使呼吸器官造成慢性中毒，使呼吸器官的功能逐渐衰减。氮氧化物用通式 NO_x 来表示或称呼。

① NO_x 的形成机理。NO_x 的形成或产生有两大方式：一为外界 N_2 在燃烧过程中经过化学反应生成 NO_x；二为矿物燃料中的含氮有机物在燃烧过程中生成 NO_x。

与外界 N_2 进行化学反应生成的 NO_x 可以分成热力 NO_x、快速 NO_x 和燃料 NO_x 三种。

1）Bowman 在 1975 年提出 NO 生成速率的研究结果。

$$d[NO]/dt = 2k_1[O][N_2]\frac{1-[NO]^2/K[O_2][N_2]}{1+k_{-1}[NO]/[k_2[O]+k_3[OH]]} \tag{8-7}$$

式中，k_{-1}、k_1、k_2、k_3、K 是不同燃烧过程的反应速率常数（详见表 8-2）。$K=(k_1/k_{-1})(k_2/k_{-2})$ 是 $N_2+O_2 \rightleftharpoons 2NO$ 的平衡常数。特殊情况下，式（8-7）可以转化为：

$$d[NO]/dt = 6\times10^{16}T_b^{-1/2}\exp(0.009T_b)[O_2]^{1/2}[N_2]$$
$$[NO_x] \propto \exp(0.009T_b) \tag{8-8}$$

式中，T_b 为燃烧化学过程平衡温度。

表 8-2　反应速率常数取值及其使用范围

k_i	反应方程式	反应速率常数/[cm³/(mol·s)]	温度范围/K
$i=1$	$O+N \longrightarrow NO$	$7.6\times10^{13}\exp(-38000/T)$	2000~5000
-1	$N+NO \longrightarrow N_2+O$	1.6×10^{13}	300~5000
2	$N+O_2 \longrightarrow NO+O$	$6.4\times10^9 T\exp(-3150/T)$	300~3000
-2	$O+NO \longrightarrow O_2+N$	$1.5\times10^9 T\exp(-19500/T)$	1000~3000
3	$N+OH \longrightarrow NO+H$	1.0×10^{13}	300~2500
-3	$H+NO \longrightarrow OH+N$	$2.0\times10^{14}\exp(-23650/T)$	2200~4500

2）Miller 等在 1989 年提出了快速生成 NO 的途径。

$$N_2 \xrightarrow{CH} HCN \xrightarrow{+O} NCO \xrightarrow{+H} NH \xrightarrow{+H} N \longrightarrow N_2$$

主要为化学反应区附近快速生成 NO，其是通过燃料中产生的 CH 原子团与 N_2 反应生成 CN 的化合物，随后生成 NO，其特点是生成量一般较少。

② 燃料 NO_x。燃料中的杂环含氮有机物在高温条件下发生热分解，并和氧结合生成 NO_x，特点是中间有 HCN 和 NH_3 形成，它们对 NO_x 生成的总浓度起着重要作用。主要

化学反应途径如下所示。

在高温下，N_2 和 O_2 反应时成生 NO_x，其动力学平衡关系式为：

$$HCN \xrightarrow{+O} NCO \xrightarrow{+H} NH \xrightarrow{+H} N \begin{array}{c} \xrightarrow{+NO} N_2 \\ \downarrow{+O_2} \quad \downarrow{+H} \\ \xrightarrow{+OH} NO \end{array}$$

$$NH_3 \overset{+OH}{\underset{+H}{\xrightarrow{\quad\quad}}} \xrightarrow{+O} NH_2 \xrightarrow{+O} HNO \overset{+OH}{\underset{+NH_2}{\xrightarrow{\quad}}} NO \overset{+O_2}{\underset{+OH}{\xrightarrow{\quad}}} N$$

$$K_p = [NO]^2/[N_2]/[O_2] = 21.9\exp[(-43400/(RT)]] \tag{8-9}$$

在燃料或废物中，由于自身成分而转化形成的 NO_x 的比率为：

$$y = \left[\cfrac{2}{\cfrac{1}{y} - \cfrac{25000}{T\exp\left(-\cfrac{31500}{T}\right)} \times \cfrac{N_{fo}}{[O_2]}} \right]^{-1} \tag{8-10}$$

式中，N_{fo} 为转化为 NO 的浓度，mg/L；$[O_2]$ 为烟气中残余 O_2 的浓度，mg/L；T 为反应时的温度，K。

③ 毒性有机物。与城市生活垃圾相比，危险废物中可能含有更多的毒性有机物。其中除了一般的塑料、尼龙、橡胶和其他有机材料外，还可能含有杀虫剂、除草剂和染色材料等剧毒有机成分。其特点是含有大量氯成分。这些含氯成分的化学物质在进行高温焚烧时，如果反应的气氛条件和温度条件适当，在某些物质同时存在时，就会形成大量的剧毒有机物，如呋喃、苯酚、二噁英等物质（PCDDs/PCDFs、TCDDs 等）。这些剧毒物质的毒性一般常用毒性的当量值表示，单位为：ng/m^3 或者 ng/kg。

根据目前的研究报道，这些毒性物质的形成大致有 3 种途径。

1）废物成分形成的有毒物质。指由废物内部本身所有的成分在焚烧过程中形成毒性物质。危险废物中的含氯有毒物质如杀虫剂、除草剂、防腐剂和染色材料等物质在进行高温焚烧时，经过复杂的分解化学反应形成大量的剧毒有机物，如呋喃、苯酚、二噁英等物质，同时也会产生大量的 NO_x 污染物。

2）炉内反应生成的有毒物质。指在炉内给定的条件下，在一定的温度、压力和介质气氛条件下，含氯物质热分解产生的中间物质经过化学反应，可以产生有剧毒有机物，如呋喃、苯酚、二噁英等物质。

3）炉外重新生成有毒物质。指已经排出燃烧室的烟气，到达烟道后在一定的温度范围内原来已经分解的毒物重新生成的有毒物质。国内外有学者认为，上述有机毒物可以在高温条件（大于 950℃）下得到较高效率的分解，但是急冷到 500℃ 左右时会重新合成。因此建议急冷的温度应该低于 350℃。

第三节 危险废物焚烧处理技术

危险废物焚烧可实现危险废物的减量化和无害化，并可回收利用其余热。焚烧处置适用于不宜回收利用其有用组分、具有一定热值的危险废物。易爆废物不宜进行焚烧处置。焚烧设施的建设、运营和污染控制管理应遵循《危险废物焚烧污染控制标准》及其他有关规定。

一、危险废物收运系统

由于危险废物的反应性、毒性、易燃性、腐蚀性、感染性等特性，可导致对人类健康或环境产生危害，因此在其收集、存贮及运输期间必须注意进行不同于一般废物的特殊管理。

（1）产生 危险废物产生于工业、农业、商业各生产部门及人类家庭生活，其来源甚为广泛。危险废物的产生部门、单位或个人，都必须备有安全存放装置，一旦它们被产生出来，迅即将其妥善地放进此装置内，并加以保管，直到运出产地做进一步贮存、处理或处置。

盛装危险废物的容器装置可以是钢圆桶、钢罐或塑料制品。所有装满废物待运走的容器或贮罐都应清楚地表明内盛物的类别与危害说明，以及数量和装进日期。危险废物的包装应足够安全，并经过周密检查，严防在装载、搬移或运输途中出现渗漏、溢出、抛洒或挥发等情况。否则，将引发所在地区大面积的环境污染。

根据危险废物的性质和形态，可采用不同大小和不同材质的容器进行包装。以下是可供选用的包装装置和适宜于盛装的废物种类。

① 带塞钢圆桶或钢圆罐（图 8-4）。$V=200L$，可供盛装废油和废溶剂。

② 带卡箍盖钢圆桶（图 8-5）。$V=200L$，可供盛装固态或半固态有机物。

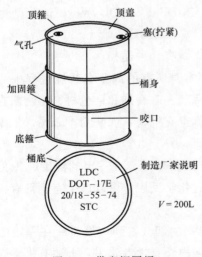

图 8-4 带塞钢圆桶

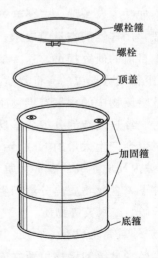

图 8-5 带卡箍盖钢圆桶

③ 塑料桶或聚乙烯罐。$V=30L$、$45L$ 或 $200L$，可供盛装无机盐液。

④ 带卡箍盖钢圆桶或塑料桶。$V=200L$，可供盛装散装的固态或半固态危险废物。

⑤ 贮罐。其外形与大小尺寸可根据需要设计，加工要求坚固结实，并应便于检查渗漏或溢出等事故的发生。此装置适宜于贮存可通过管线、皮带等输送方式送进或输出的散装液态危险废物。

（2）收集与贮存　放置在场内的桶或袋装危险废物可由产出者直接运往场外的收集中心或回收站，也可以通过地方主管部门配备的专用运输车辆按规定的路线运往指定的地点贮存或做进一步处理。具体如图 8-6、图 8-7 所示。

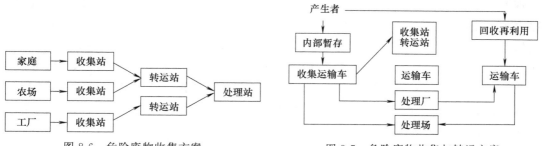

图 8-6　危险废物收集方案　　　　图 8-7　危险废物收集与转运方案

典型的收集站由砌筑的防火墙及铺设有混凝土地面的若干库房式构筑物所组成，贮存废物的库房室内应保证空气流通，以防具有毒性和爆炸性的气体积聚，产生危险。收进的废物应翔实记载其类型和数量，并应按不同性质分别妥善存放。

转运站的位置宜选择在交通路网便利的附近，由设有隔离带或埋于地下的液态危险废物贮罐、油分离系统及盛装有废物的桶或罐等库房群组成。站内工作人员应负责办理废物的交接手续，按时将所收存的危险废物如数装进运往处理场的运输车厢，并责成运输者负责途中安全。危险废物转运站内部运行系统如图 8-8 所示。

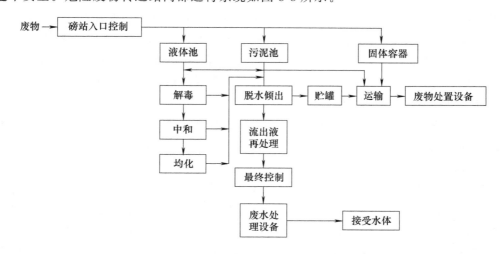

图 8-8　危险废物转运站内部运行系统

公路运输是危险废物的主要运输方式，载重汽车的装卸作业是造成危险废物污染环境的重要环节。除此之外，负责运输的汽车司机必然担负着不可推卸的重大责任。在此套系统中，符合要求的控制方法包括以下几种。

① 危险废物的运输车辆须经过主管单位检查，并持有有关单位签发的许可证，负责运输的司机应通过培训，持有证明文件。

② 承载危险废物的车辆须有明显的标志或适当的危险符号，以引起关注。

③ 载有危险废物的车辆在公路上行驶时，需持有运输许可证，其上应注明废物来源、性质和运往地点。此外，在必要时需有专门单位人员负责押运工作。

④ 组织危险废物运输的单位，在事先需做出周密的运输计划和行驶路线，其中包括有效的废物泄漏情况下的应急措施。

根据《危险废物转移联单管理办法》，危险废物产生单位在转移危险废物前，须按照国家有关规定报批危险废物转移计划；经批准后，产生单位应向移出地环保主管部门申请领取联单。跨界转移的需获得危险废物接受地环保主管部门的许可。我国危险废物转运实行五联单制度，第一联由产生单位自留存档，第二联副联由产生单位报送环保主管部门，接受单位将第三联交付运输单位存档，第四联由接受单位存档，第五联由危险废物接受单位报送至接受地环保主管部门。联单上需写明危险废物的名称、数量、特性、形态、包装方式等信息。

二、危险废物进料系统

危险废物的形态大致可分为液态、浆状态、污泥状与固态四种，为顾及整体输送与燃烧状况，此四种形态的废物各有不同的设计系统。

（1）液态进料系统　一般液态废物的进料方式以喷雾进料为主，通过雾化喷嘴将液态废物转化成微细雾滴，增加与空气接触的表面积。液态废物进料过程牵涉液态废物贮槽、输送管路与喷雾装置。贮存槽应选择与废液能相容的材质，不得发生反应、腐蚀等现象。在输送管路方面，则必须考虑废液的黏滞性、流动性、固体物含量，避免造成输送管路浸蚀、腐蚀、阻塞。若黏滞性太高，可通过升温降低黏滞性，其一般黏滞性在 $10^{-3} \mathrm{m^2/s}$ 时才能够输送。若废液中含固体颗粒，最好在喷雾前过滤去除，以避免阻塞喷嘴。

（2）浆状物与污泥进料系统　浆状物与污泥进料系统的设计应考虑浆状物或污泥的热值与含水率。若含水率高且热值低，应考虑先将其干燥，再进炉内焚烧；若含水率低且热值高，则可以直接进入炉内焚烧。

其次是考虑输送系统。含水率在 85% 以下的污泥，可使用输送带输送；含水率在 85% 以上的浆状物，可使用螺旋式输送机、离心式泵、级进式腔泵等输送器直接打入干燥或焚烧设施内。

在污泥贮存槽方面，为避免污泥分层现象，可装设搅拌装置加以克服。整体进料系统配置流程如图 8-9 所示。其中为节省污泥干燥所耗费的燃料与能源，可利用燃烧室的高温废气来干燥污泥，再将干燥后的污泥送入一燃室焚烧，而干燥设施所产生的臭味气体则送入第二燃烧室高温脱臭。一种方法是将第二燃烧室产生的高温废气与新鲜空气进行热交换，预热次冷空气成热空气，来提升自第一燃烧室进入的空气，以节省燃料。

（3）固体废物进料系统　一般按固体废物的形态可分为粉状、大块状、膨松状、小块状，在进入焚烧炉前必须先经过破碎与减容成小块状，若为粉状废物，可利用螺旋式输送机送入炉内焚烧。已经破碎成小块状的废弃物，可利用二段式进料门的进料推杆，此种装

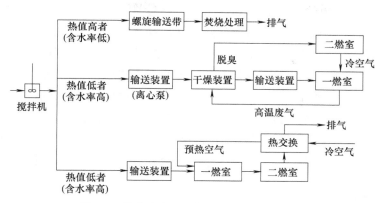

图 8-9　浆状物与泥状物进料系统配置流程

置具有气密性，可减少进料时大量空气进入炉内，造成燃烧不稳定的现象。进料炉门有两道，第一道为开启门，第二道为闸门，又称为火门。一般进料时。开启门打开，将废弃物送入进料槽内，当进料结束时，关上开启门，打开第二道闸门，推杆将废弃物推入炉内，而后闸门关合，推杆还原。开启门打开，开始进料。

三、危险废物焚烧系统

1. 概述

危险废物的焚烧系统与普通工业垃圾、城市生活垃圾、农作物废弃生物质的焚烧系统不同。危险废物的焚烧系统必须按照国家的有关法规和政策、危险废物的特性、技术的成熟程度、使用和管理的要求以及现有地方技术经济的条件等方面的要素进行设计。由于危险废物的种类繁多、来源复杂和多变，危险废物一般不会完全相同。所以，实际危险废物的处理技术的设备或系统很难设计或生产成为通用型产品。

根据我国危险废物处理技术的有关规定，对危险废物的处理必须确保在处理过程中无泄漏、焚烧彻底、净化达标、无二次污染等内容。基本处理思想的原理如图 8-10 所示。实际设计时可以按照其思路，再进行设备和附件的配置。

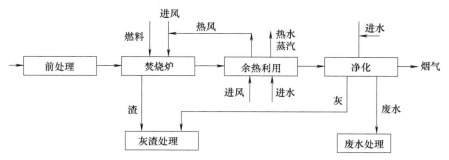

图 8-10　典型危险废物处理系统原理

危险废物焚烧处理与普通垃圾的焚烧处理有明显的不同，其主要为通过焚烧，最大限度地降解和去除危险废物中的有毒有害物质，实现排放的物质无任何污染性。其次是通过焚烧反应来减少危险废物的容积或体积或数量，最后是充分利用焚烧过程中的热能资源。危险废物的焚烧过程不应该将经济效益和热能利用效益作为主要考核指标。

针对不同的危险废物以及处理要求，设计的焚烧炉及其运行管理应该有特殊的处理功能或专门的适应性。通常，危险废物涉及的重要指标有毒性分解指标、重金属去除指标、环境污染指标、安全管理指标。其次，才可以考虑焚烧过程的下述指标：减容或减量的指标、热能回收指标、资源回收指标、热能利用指标、经济效益、其他热经济技术指标。

在很多场合下，已经习惯使用的工业锅炉或工业焚烧炉的热工技术，在危险废物焚烧过程中，需要给予特别的重视。尤其是其指导思想和主要目的必须时时加以注意。

2. 危险废物焚烧处理工艺过程

危险废物的焚烧处理过程中，焚烧处理的物料数量可以按炉型进行分类。按照焚烧炉的结构和处理量大小，可以分类如下：①小型处理系统，一般处理量在 1t/d 以下；②中型处理系统，1～100t/d 之间；③大型处理系统，大于 100t/d；④专用系统，按照给定的处理要求进行设计。

对不同的危险废物，焚烧处理时需要配置不同的炉窑设备及其辅助系统，由此焚烧过程和其运行特点均不同。

焚烧的炉型可以有固定床式、机械移动炉排式、转窑式、流化床式、热解焚烧式和熔渣式焚烧炉等炉型。当根据不同的净化要求配置净化系统后，整体的焚烧处理系统之间就会有很大的差别。传统的焚烧处理炉的系统一般可以划分为如下七个系统：前处理系统、炉内加热和焚烧系统、烟气净化系统、热能利用系统、灰渣处理系统、废水处理系统、控制管理系统。

（1）前处理系统 对危险废物进行前处理的工艺过程与普通垃圾前处理有所不同。首先，不能采用敞开式、自然堆放式、人手接触式以及设备混用式的前处理工艺。在运送、计量、处理以及堆放等所有过程，不允许有任何的泄漏或二次污染的现象存在，在上述操作过程中一般以包装袋或包装箱为基本单元，中间不打开和不混合。所以，其前处理过程反而显得简单方便。

但是，为了防止来料的包装外层的破碎或泄漏，造成污染或危害，在进行前处理工作时，要对包装体进行严格的检查和防护，以确保前处理及其后续过程无任何污染扩散的现象发生。前处理的原理如图 8-11 所示。

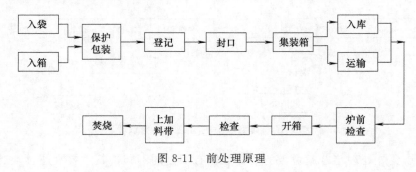

图 8-11　前处理原理

除此之外，前处理系统还应该配置一个自动化程度较高的储放仓库，物料的堆放以单元包装箱（也称为集装箱）为单位，进行有序堆放。在存放和取出的过程中，不能有任何泄漏，运送过程也应该采用全自动的机构进行装卸，尽可能避免人手接触，引起污染扩散。

（2）炉内加热和焚烧系统　危险废物的焚烧过程一般均需在封闭的焚烧炉内进行。一个焚烧炉至少应该含有两个或两个以上的焚烧室，通过多次焚烧，实现危险废物的有毒有害物质的去除和分解，同时控制烟气中污染物的排放浓度。根据我国现有危险废物焚烧处理技术的有关规定，要求炉内焚烧过程中焚烧的温度不低于850℃，实际焚烧的有效时间大于2s，焚烧焚毁率大于99.99%，热灼减率低于5%，另外其他的重金属及污染气体的排放也有明确的规定。

对危险废物的处理过程而言，其焚烧过程可以采用强制焚烧技术，即外加燃烧进行焚烧。而且在任何条件下，如果有必要，总是可以采用多次外加燃料焚烧的方法对前阶段未燃尽物质进行进一步的焚烧分解，以达到彻底焚毁有毒有害物质的目的。这种做法不仅可以大大减轻后续净化工艺过程的工作负荷，使排放烟气的污染指标大大下降，而且也可以使后续过程的运行成本大大下降。

（3）烟气净化系统　在该部分系统，主要对焚烧烟气进行净化处理。主要任务是尽可能多地除去飞灰颗粒，分解、吸附或洗除有毒有机气体，脱除 H_2S、HCl、SO_2、SO_3 和 NO_x 等无机气体，使排放的烟气中污染物的各项浓度排放指标达到规定的数值。

对二噁英类剧毒有机物，最好的方法是在焚烧以前剔除或选除可以导致生成二噁英的物质，但是实际上很难做到。较好的办法是对烟气增加辅助燃烧或高温强辐射，充分分解残余的这类物质。在净化系统中采用吸附脱除的方法再进一步降低此类污染物的排放。

在危险废物焚烧处理过程中，常常有一些低沸点重金属会在焚烧过程中蒸发，混杂在高温烟气中，如水银、铅和砷等物质。其在除尘、脱除有毒有害气体中一般难以去除，需要采用有效的吸附或洗涤方式进行专门的脱除。

据此，烟气的净化系统应该具有四个方面的净化功能：除尘；脱除 H_2S、HCl、SO_2、SO_3 和 NO_x 等无机气体；脱除有剧毒的二噁英类有机物；脱除重金属气体。

（4）热能利用系统　在危险废物焚烧过程中，由于焚烧的燃料加热以及废物本身的焚烧发热效应，会有大量的热量被释放出来，因此焚烧产生的烟气温度很高。在条件许可的情况下，可以进行热能的回收利用，如产生蒸汽、热水、预加热燃烧用空气等，甚至外接热电系统或制冷系统等设备。当不进行热能回收利用时，由于排放的烟气温度很高，不进行降温直接将高温烟气引入后续净化系统时，会烧坏后续的净化设备，或者破坏后续工艺过程的稳定工作状态。此外，直接排放也会对周围环境带来热污染。而如果采用冷却水进行冷却，则会消耗大量冷却用水。

焚烧排放的烟气的温度在850℃左右，后续净化系统的允许温度在250℃左右，因此有将近600℃温差的热能可供使用。但是，对于微型或小型焚烧炉，因其排放烟气的总热焓量较小，故进行热能利用的价值不大。对此，完全可以采用冷却水喷淋法直接冷却后进入后续净化系统。

进行热能回收可以通过热水热能回收、蒸汽热能回收、预热空气热能回收等几种基本方式，常用的工艺流程如图 8-12 所示。

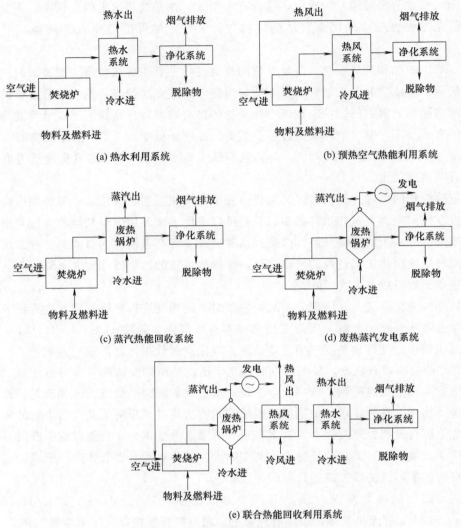

图 8-12 烟气热能回收工艺流程

在常压热水利用系统中，一般可以将常温水加热到 90℃ 左右，而烟气可以冷却到 350℃ 左右。由于热水在低温下的能量品位较低，故从热能回收效率角度看，常压热水利用的作用主要是将烟气温度降温，而未能起到回收热能并加以有效利用的目的。

热风热能利用系统是将燃烧用的空气通过预热换热器进行加热，一般可以加热到的温度在 150～350℃ 之间，可以将烟气温度降到 450℃ 左右。但是，如果高温烟气全部用空气进行冷却，那么，就需要非常庞大的气气换热器。由于供燃烧使用的空气仅仅只占一小部分，因此大量热空气将被浪费掉。

较好的热能回收系统是采用蒸汽废热锅炉产生蒸汽进行热能回收，然后进行发电的系统。采用蒸汽发生进行热能回收利用时，因蒸汽蒸发的温度稳定，因此，烟气被冷却后出口的温度可以调节而且容易维持稳定。同时因为采用废热锅炉热能回收，回收的热能可以达到较高的品位。除此之外，废热锅炉本身还可以同时输出中压蒸汽（1.2～2.5MPa）、热水（95℃）和热风（150～350℃）。其总体热力性能最为完善。

最后，应该指出的是，对危险废物焚烧过程来说，烟气的热能回收过程仅是整个系统进行过程中的一部分，而且，该部分的热能能量回收的热经济性不是整个系统设计、运行和管理过程的主要内容。这种能量利用的措施通常对大型焚烧炉有效，而对于中小型焚烧炉，如果增加热能回收设备，则必将增加投资和焚烧设备的复杂性，对整个系统的运行和管理都会增加负担。

（5）废水处理系统 危险废物焚烧处理过程中，只有很少的净化过程无废水产生，大多数净化过程需要用大量的水溶液进行洗涤、脱除或降温，由此会产生大量的废水。这些废水的组成和特性常常随焚烧的危险废物的不同而变化。

从工艺过程看，废水可以从喷淋水的净化处理过程中来，也可以从前处理泄漏或送料口的清洗过程来，或者从废弃处理机械及储存容器等清洗过程来。根据废水的特性不同，可以分为如下几种：①含重金属废水，危害很大；②含有毒有害有机物废水，危害严重；③含有毒病原废水，危害严重；④含有灰尘颗粒废水，危害不大；⑤常规污染废水，危害一般。

在实际焚烧系统中，产生的废水常常是上述数种废水的混合废水，难以分离开来进行单独处理。所以，水处理过程的设计及其设备的选用会变得非常困难，运行和操作管理时，各种参数和条件也会非常苛刻。

水处理的一般流程如图8-13所示。

图 8-13　水处理的一般流程

去除病毒：通常可以采用高温（100～250℃）和高压（1～3MPa）进行病毒的杀灭。处理时将废水送入高温高压处理塔内，利用高温蒸汽加热，使温度和压力达到预定要求。温度和压力越高，则杀灭或去除病毒的效果越好。但是，必须注意处理塔的承压能力以及经济情况。

过滤：经过病毒杀灭以后即可以进行加压过滤或常压过滤，实现灰尘污物以及其他颗粒物质的去除。

有机毒物去除：可以采用化学反应法形成沉淀物除去有机毒物，也可以采用吸附和分解等方法脱除有机毒物。

重金属脱除：脱除重金属的过程比较难，常用的方法有化学反应后沉淀法、置换反应法、电泳法以及吸附法。

常规水处理的方法按照常规的水处理方法和步骤进行处理（此略）。

（6）灰渣处理系统 危险废物焚烧处理的最终产物之一是固体物质，即灰尘和炉渣。其中炉渣由焚烧炉的底部排出，灰尘由净化过程中的除尘设备收集，或者在烟气洗涤过程中清洗下来，并经沉淀、过滤或脱水后得到。

不同成分的危险废物，其在焚烧处理过程中产生的炉渣和灰尘的特性就会不同。灰渣中常常存在非常危险的重金属成分以及吸附着有毒有机物。其中危害最大的是重金属，其可以在有水的场合下游离出来。根据我国危险废物焚烧处理的一般原则规定，危险废物焚烧处理产生的灰渣不能直接排放或直接填埋，而必须采用专门的方法和措施，由专业管理人员负责填埋或保存。

随着对危险废物灰渣的特性的认识，国内外一些学者提出了冷/热固化的处理方法。其可能成为未来的大规模处理方向。危险废物灰渣冷/热固化的处理方法的处理原理如图8-14 所示。

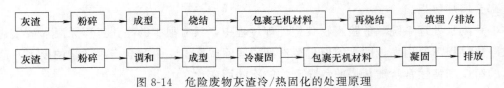

图 8-14　危险废物灰渣冷/热固化的处理原理

在上述处理方法中，最终的排放措施是填埋或无害化利用。而利用的设想虽然至尽尚有很大的争议，但是得到许多研究者和工程师们的支持。在利用过程中包裹外壳的破碎会引起二次污染，这的确是一个需要认真考虑的问题。

（7）控制管理系统　危险废物焚烧系统及其配套设备的安全可靠运行必须依靠控制系统。在危险废物的焚烧过程中，有毒有害物质的焚毁控制、净化过程的控制、燃烧过程温度的控制、突发事故的紧急控制和安全保护等均离不开自动控制系统。

一般情况下，控制系统可以按照分系统进行检测和总系统集成控制。危险废物焚烧的大系统可以分成下列分系统：① 焚烧过程进料与进风和排烟的检测和调节控制系统；② 炉内焚烧温度和排烟的温度的检测和调节控制系统；③ 进水和蒸汽的温度、压力和流量的检测和调节控制系统；④ 烟气污染排放检测和调节控制系统；⑤ 安全保护控制系统。

危险废物的焚烧处理过程最主要的目标是焚毁危险废物中的有毒有害物质，焚烧过程要确保焚毁的效率、分解的效率以及尽量减少焚烧过程新污染物质的生成，使确保在经过净化系统后，烟气能够达到规定的排放指标。在焚烧进行的时候，必须对加入的危险废物的量进行严格的控制和调节，相应地调节进风量及其分布、调节加料量。调整进风量时，要确保燃烧过程中燃料和空气的充分接触，要保证焚烧炉内的流动基本要求，例如，风量调节时必须注意一次、二次和三次风量之间的配比的合理性。

在炉内焚烧过程中，温度的高低变化有十分重要的影响。温度的高低对焚烧反应的速度起决定性作用，温度越高，焚烧反应的进行越完善彻底。但是，温度过高会影响后续净化设备的正常工作，甚至烧坏焚烧炉的有关部件和净化设备。因此，监测炉内温度并随时进行焚烧的调节和控制是非常必要的。焚烧炉中温度一般可以采用热电偶温度仪、红外测温仪、激光干涉仪等仪表测得。

进水和蒸汽的控制可以通过进水平衡以及热量信号变化来进行调节和控制。在净化过程中，一定量的处理水在工作过程中会消耗散失，为了维持净化系统的正常净化功能，就必须随时测量水量信号并随时进行调节和控制。当焚烧过程产生温度变化时马上会引起出口烟气的温度变化，此时需要立即进行水量调节，以调整由于燃烧引起的温度变化。

污染排放指标的达标是焚烧系统运行的重要内容。焚烧结束以后，烟气进入净化系统进行净化处理。在稳定的设计工况下，净化系统会自动地完成净化的各项任务，最后将干净的烟气排放出去。当焚烧的物质发生变化、燃烧的温度发生波动或者由于意外原因引起焚烧化学反应变化时，可能出现净化的最终的烟气中某些参数超标。因此需要有监测的仪器或仪表，测出变化的参数并先进行净化系统的调节，然后进行总系统的调节和控制，使净化系统的净化的烟气达标。

安全防护控制是危险废物焚烧控制系统中必不可少的组成部分。在危险废物的焚烧处理全过程中，必须确保危险废物无泄漏和无二次污染。在焚烧的操作管理过程中，也不能出现对现场人员的任何不安全现象。安全和防护的控制应该具备如下内容：发生任何意外或紧急情况，系统可以自动安全地关闭，并保证不泄漏；超温、超压等超过设计安全参数的情况出现时，自动警报，并延时停止工作；污染排放指标超标时，自动警报并记录结果；出现临时停电或断电，以及其他运行意外时，自动报警，并延时停止工作。

四、危险废物焚烧炉设备

1. 固体危险废物焚烧炉

固体危险废物是指各种固体物料和大量液体废物的混合物，其中可以包含许多常用废弃物料和有毒有害物料，在有些废弃物中还可能包含危害性很大的病毒或病原。对这些危险固体废物进行处理时应该按照实际可焚烧的物质的特性和危险物质的具体组成进行焚烧设计和运行管理。固体废物的焚烧炉可分为炉排式、流化床式和回转窑式3种。炉排式焚烧炉又可分为固定炉排和移动炉排两种，主要适宜焚烧体积不规则的城市固体废物。流化床式焚烧炉由于对进料的粒径要求比较严格，危险废物的焚烧很少应用。危险废物焚烧应用最多的焚烧炉是回转窑式焚烧炉，在美国，75%的危险废物焚烧是采用回转窑式焚烧炉。

（1）炉排式焚烧炉　炉排式焚烧炉是一种将危险废物置于炉排或支架上进行处理的焚烧炉，有时支架也被简称为炉排。焚烧过程的特点是物料在上，空气由下而上，焚烧在物料的上部进行，下部进风的同时可以起到冷却炉排和促进扩散燃烧过程的作用。按照过程的热力性质，炉排上的热力过程可以分为预热过程、烘干过程、干馏过程以及燃烧过程等部分。按照炉排的运动特性可以有固定炉排型、活动炉排型。常见的炉排结构如图8-15所示。

对于固定炉排焚烧炉，由于在主燃烧室内的温度很难控制，温度过高会损坏炉排，所以固定炉排焚烧炉通常不适用于处理危险废物。活动炉排焚烧炉又称为为机械炉排焚烧炉，很少处理工业废物，多是用于处理城市生活垃圾。但红外线焚烧炉例外，它采用合金制造的传输带在辐射电炉内往复移动进行焚烧，该焚烧炉后面一般连接一个二次燃烧室，通过补充空气和热量使第一阶段不能完全燃烧的有害气体完全燃烧。

（2）流化床式焚烧炉　流化床式焚烧炉利用覆盖着沙介质及铝土的流动炉床来燃烧垃圾。沙床就好似一个多孔的表面。气体速度超过极限速度时，气体和沙粒会激烈互相碰撞混合，沙粒被气体带着飞散。气体速度较小时，流化床上的沙粒保持静止。流化床炉不能处理液态废物、污泥及大颗粒的固态废物。流化床中气体温度到达垃圾的燃烧温度后，垃圾开始在炉床上燃烧。大部分灰渣留在炉床上，而炉中产生的气体进入大气污染控制系统再行处理。收集炉中随废气排出的热量于锅炉中，用于预热燃烧空气。

（3）回转窑式焚烧炉　回转窑式焚烧炉可处理固体、液体、气体及污泥、污水。从全

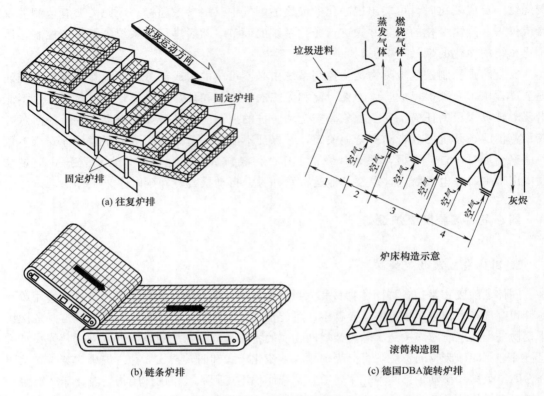

图 8-15　常见焚烧炉炉排结构示意

世界看来，与其他焚烧炉相比，回转窑焚烧炉更加适用于危险固体废物处理。这里将重点介绍回转窑炉的类型及它们之间的区别。

① 窑炉系统。回转窑式焚烧炉系统由垃圾进料斗、助燃器、炉体、后燃室以及灰渣收集系统组成。后燃室中产生的废气直接进入废气控制系统。在控制系统中，引风机将窑炉中的废气送入工艺流程中经处理后再排入大气中。

设备中很多部位可能发生渗漏，进料口是不可能完全封闭的；密封窑也存在潜在的渗漏部位。出渣系统通常用水封，但当收集干的灰分时仍会发生渗漏。为了保证整个工艺不发生渗漏，且废气不会从窑炉中泄漏进入大气中，由反向的压力保护窑炉。引风机提供了系统中所需的负压，防止窑炉中渗漏的发生。

② 窑炉的运用。回转窑炉能够焚烧各类垃圾，然而，它的应用还是有局限性。回转窑式焚烧炉的优缺点概括如下。

优点：能焚烧各类废液，减轻废物预处理量，可直接处理桶装废物，能同时焚烧各类废物（固体、液体、污泥等），可使用各类加料装置（加料杆、旋转或直接加料等），自动控制废物在窑炉中的停留时间、提高湍流度，使废物在窑炉中与空气充分接触。

缺点：有相当多的粒子剩余物进入气体流，单独的二燃室通常用来去除挥发性物质，窑炉的尺寸很难确定，要求较高的过剩空气量，理论过剩空气系数维持在 1.1～1.5 之间；难以实现完全密封；排灰时损失了大量的热量，熔融式处理无机废物或桶装垃圾时，对焚烧炉维护的要求很高。

③ 典型回转窑炉。典型的回转窑炉是带耐火材料的水平圆筒绕着其纵轴旋转。从一端投入危险废物，当废物到达另一端时已被燃尽成炉渣。窑炉的旋转速度可调，一般 $0.75 \sim 2.5 r/min$。

大多数回转窑炉内部设计为平滑结构。但有些设计，尤其是处理颗粒状废物（粉尘和污泥）时，会在炉内设置翼板、桨状搅拌器以促进废物的前进、搅拌和混合。设置各种栅板时要小心谨慎。对于某些物质的浓度，如含水量为 $10\% \sim 20\%$ 的土壤，栅板会限制它们在窑炉中的运动。

回转窑炉是由两个以上的支撑轴轮来支持的。一个或过多的支撑轴轮是无效的。由动力支撑轴轮，窑炉由周围环绕着的齿轮驱动，或由环绕着炉体的链条驱动链轮，来带动窑炉旋转。

回转窑炉的支撑轴轮在垂直方向上是可以调节的。通常回转窑炉在水平方向上有些倾斜。在窑炉进料口端会相对高点，倾斜角一般为 $2\% \sim 4\%$ ［对应每英尺的长度为 $0.25 \sim 0.5 in$（$1 in = 0.0254 m$）］。但也有完全水平或倾斜角极小的回转窑，在进料口及排灰端设凸缘。在熔融炉工艺处理过程中，炉内会设置存放熔渣的池子。

热量提供了窑炉正常运行所需的温度，并且在有废料进入焚烧炉后维持炉的温度不变。当气体燃料燃尽后，补足燃料一般通过常规焚烧室或环状焚烧室进入窑炉中。

回转窑炉可分为以下几类：顺流及逆流炉、熔融炉及非熔融炉、带耐火材料炉及不带耐火材料炉。最常用的回转窑炉是顺流式且带耐火材料炉的非熔融炉。

④ 回转窑操作运行。垃圾在窑炉中的停留时间是变化的。它取决于窑炉的形状、旋转速度，见式（8-11）：

$$T = 2.28 \times (L/D)/(SN) \tag{8-11}$$

式中，T 为停留时间，min；L/D 为内径与半径的比值；N 为转速，r/m；S 为窑炉的倾斜角，in/ft 长度。

如果给定 L/D 的比值和倾斜角，危险废物停留时间与窑炉的转速成反比。转速增加 1 倍，停留时间就减少 1/2。

（4）典型结构焚烧炉选择　不同特性的危险废物在进行焚烧处理时，应该按照其物理化学特性和危害的主要指标选用合适的焚烧方式及其配套设备。对危险废物焚烧而言，通常选用的几点重要原则有：采用二燃室，焚烧温度在 $850 \sim 1200 ℃$ 之间，焚烧的时间大于 2s，焚烧过程必须处于氧化状态，从而确保彻底氧化分解有毒有害物质。对于某些物质，如果不能用多次焚烧或延长焚烧时间的方法清除其危害性或将其分解，应该考虑选用或附加其他物理或化学措施进行处理。例如，高浓度的重金属含量、高浓度氮氧化物含量以及微量有毒有机物等物质，含有这些物质的危险废物焚烧处理时，一般的二次焚烧、高温以及焚烧时间均不能有效地将其去除，此时应该考虑采用后续净化工艺去除。工程上常见的典型焚烧炉有多炉膛旋转炉排焚烧炉、熔渣式焚烧炉、固定炉排焚烧炉、带预热转窑焚烧炉、转窑式焚烧炉、循环流化床焚烧炉等。

2. 液体危险废物焚烧炉

焚烧液体危险废物时焚烧炉的结构应该与危险废物的种类、物理化学性质以及处理要求结合起来考虑。按危险废物可燃的性质，其可以分为自燃焚烧、辅助焚烧和混合焚烧3种。按焚烧过程中流动特性和反应容积特性，焚烧炉可以分为立式喷射雾化焚烧、卧式喷射雾化焚烧、乳化焚烧以及蒸发焚烧等焚烧炉类型。不论何种焚烧炉或焚烧方式，液体焚烧过程均需要将液体细化成为微细颗粒进行快速汽化燃烧。而将液体细化为微细颗粒的方法通常使用的最多的是雾化技术和乳化技术。对于液体危险废物焚烧以后的烟气，一般需要进行二次焚烧，即通过采用外加辅助燃料，在设定的温度和气氛条件下，进行强制性焚烧，目的是确保彻底焚毁残余的污染物。液体危险废物焚烧炉的结构如图8-16所示。

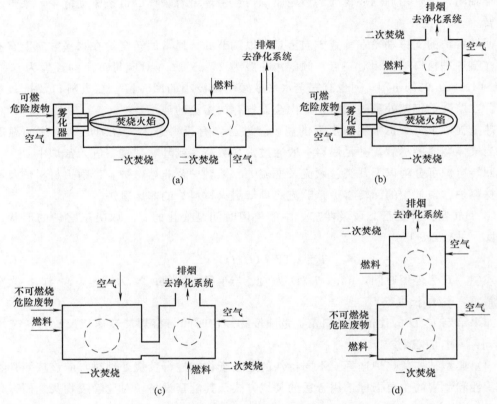

图 8-16　液体危险废物焚烧炉结构示意

图8-16（a）是采用雾化燃烧对危险废物进行焚烧处理的卧式二次焚烧炉。在雾化过程中可以预混部分可燃燃料（如重油）进行焚烧处理。图8-16（b）是立式液体二次焚烧式焚烧炉，液体危险废物在下部经过雾化和预混燃料后与空气混合进行焚烧，然后再进入二次焚烧室进行第二次焚烧，在第二次焚烧过程中，一般需要加入辅助材料通过强制的方式进行焚烧。图8-16（c）是液体不可燃危险废物的立式焚烧炉，在下部将不可燃液体进行雾化以后进入燃烧室与燃料燃烧火焰混合，不可燃液体的雾化气流可以布置成为流动助燃型分布，推动燃烧流动过程的旋流的进行。在二次焚烧室再进行辅助燃料强制焚烧，以保证彻底焚毁残余危险物质。图8-16（d）为可燃液体废物自身雾化或乳化燃烧，然后进行强化焚烧处理的立式焚烧炉。二次燃烧室中的流动与燃烧结构原理相同。

（1）雾化设备　废物雾化设备或喷嘴是液体喷射焚烧炉的核心，其燃烧情况的好坏与所选用的喷嘴型式有关。一般液体焚烧炉的放热速率在 $3.8\times10^5\sim1.14\times10^6\,kJ/(m^3\cdot h)$ 之间，配置漩涡式燃烧器的焚烧炉为 $1.5\times10^6\sim3.8\times10^6\,kJ/(m^3\cdot h)$。这是因为在常规燃烧喷嘴中，液体废物不能有效地被氧化。为了完全燃烧液体废物，必须使用释放热量高的涡流型燃烧喷嘴。燃烧喷嘴的安装必须防止火焰对炉壁的冲击。当设有多个燃烧喷嘴时，还要防止它们彼此之间的干扰。在设有一个通风装置而有多个喷嘴时，会使运行性能受到损失。

① 杯式机械雾化废液喷嘴。转杯式废液喷嘴是从转杯式燃油烧嘴中引用过来的，靠转杯的高速旋转产生的离心力将废液雾化，燃烧用空气由喷嘴风扇叶片送入，部分空气可由炉子与喷嘴的安装间隙依炉内负压抽吸而入。该喷嘴不需雾化介质，对废液压力要求低，甚至可用高位槽将废液送入喷嘴，因此，炉前管路系统简单，并可装在支架上自由移动，装卸方便，安装检修容易。转杯式废液烧嘴对废液量有较大的调节范围，便于适应操作负荷的变化，其处理的废液量一般在 200kg/h 以下，最大不超过 1000kg/h。

② 加压机械雾化片式废液喷嘴。该喷嘴是从机械雾化燃油喷嘴中引用过来的，所要求的废液压力一般为 $1.5\sim2.5MPa$，适用于不含固体及聚合其他物质的低黏度废液或废油，该喷嘴对废液黏度要求为 $(1.2\sim3.5)\times10^{-5}\,m^2/s$（即 $12\sim35cSt$）。机械雾化片式喷嘴有简单压力式和中心回流式两种型式。简单压力式喷嘴流量的调节是通过变化液体自身压力来实现的，而降低压力要影响废液雾化质量，因此，调节范围小，只适宜于废液能量变化不大的场合。中心回流式喷嘴的流量，可由回流的废液量予以调节，因不会降低废液压力，所以不影响废液的雾化质量。

③ 旋流式废液喷嘴。旋流式喷嘴利用废液自身的压力流经喷嘴内的旋流芯，废液在芯中高速旋转，再由喷嘴中心小孔喷出，使废液呈细雾状旋转流股喷入炉内，与空气混合进行燃烧。它实际上是压力机械雾化的一种，只是它的旋流芯与一般雾化片不大一样，流道尺寸较大，处理废液量大，且允许处理略含细微杂质的废液。这种喷嘴的废液喷出扩散角小，流股狭长，适宜于细长（或细高）的炉型。

④ 蝶形旋流式废液喷嘴。蝶形旋流式废液喷嘴是一种较简单的喷淋式废液喷嘴，废液从切线进入喷嘴腔内，依液体自身压力在腔内产生旋流，经喷嘴头部小孔使废液沿蝶形帽喷洒除去，喷洒面积较大，可与燃烧空气充分接触进行焚烧。该喷嘴的雾化性能较差，液滴较大。蝶形旋流式废液喷嘴可用在废碱液焚烧炉上。

⑤ 蒸汽雾化废液喷嘴。蒸汽雾化废液喷嘴采用有压力的蒸汽作为雾化介质，在喷嘴内靠多段高速的蒸汽流将废液打碎，使之雾化，废液的液滴雾化得越细小，则与空气接触表面积越大，燃烧条件越好。由于蒸汽具有较高的动能，所以用它作为雾化介质可以处理黏度较高的废液，需处理的废液黏度范围为 $(5\sim20)\times10^{-5}\,m^2/s$，甚至可高达 $4\times10^{-4}\,m^2/s$。缺点是要消耗蒸汽（一般蒸汽耗量为 0.2～0.6kg/kg），而且蒸汽在炉内也要吸热，消耗能量；对低沸点的废液或废油会产生气化问题而影响雾化。

⑥ 低压空气雾化式废液喷嘴。低压雾化废液喷嘴是从低压燃油喷嘴引用过来的，雾化介质是助燃空气，所需空气压力较低，动能小，但雾化能力也差，所适应的黏度范围是 $(2.5\sim9)\times10^{-5}\,m^2/s$，比机械雾化适用范围大。用它来燃烧废油等黏度相近的可燃有机

废液是较适宜的，但不适用于黏度大的废液，也不能用于含有固体微粒及有聚合物废液的焚烧。这种废液喷嘴的处理能力较小，一般用于 100kg/h 以下的场合，最大处理量不超过 300kg/h。

⑦ 高压空气雾化式废液喷嘴。这类喷嘴亦是从高压空气雾化燃油烧嘴中借鉴而来的，有外混式和内混式两种，一般采用内混式结构。采用高压空气雾化喷嘴，要求废液的黏度为 $(5\sim15)\times10^{-5}\,m^2/s$，雾化空气压力一般要大于 0.3MPa，雾化空气量为理论空气用量的 10%～40%。这种型式的喷嘴流量有较大的调节范围（13%～100%），对废物的处理量可由每小时几十公斤到两吨。高压空气雾化喷嘴也可以用在各种废液焚烧炉上，喷嘴对炉型并没有太特别的要求。

⑧ 组合式废液喷嘴。所谓组合式喷嘴，是指废液喷嘴和补充的燃料喷嘴合为一体，即用一个喷嘴可同时喷出废液和燃料。这样的组合喷嘴结构紧凑，便于在炉子上布置。组合式喷嘴所焚烧的废液要具有较高的热值，只需补充少量的燃料；不适宜焚烧低热值废液。

（2）工艺应用　液体焚烧炉可以处理任何黏度低于的 $2\times10^{-3}\,m^2/s$（即 2000cSt）的可燃液体废物及污泥。重金属及水分含量高的废物、无机卤液及惰性液体则不适于送入此种炉中焚烧，因为燃烧无法去除此类废物中的有害物质。

液体喷射焚烧炉对废物的组成、流量的变化是极其灵敏的。因此，有必要采用贮存器和混合器，保证物料的稳定和均匀。液体焚烧炉工作的温度范围为 1000～1650℃，停留时间为 0.5～2s。对时间、温度和过量空气的要求在很大程度上由混合系统的设计、选用的燃烧喷嘴和废物的特性来确定。一般的规律是：在相同的温度下，应用短火焰燃烧喷嘴比应用长火焰燃烧喷嘴所需要的时间要短些，废物完全燃烧所需要的过量空气也少些。大多数常规设备的燃烧室释放的热量近似为 $9.3\times10^5\,kJ/(m^3\cdot h)$，但涡流型焚烧炉释放的热量约为 $3.7\times10^6\,kJ/(m^3\cdot h)$。

要确定所需要的工艺设计参数，有必要对废物进行中间规模的试验。通常大规模的液体喷射焚烧炉设备的性能较好，因为设计小型的混合系统更为困难。

（3）优缺点　优点：可焚毁各种不同成分的液体危险废物，处理量调整幅度大，温度调节速率快，炉内中空，无移动的机械组件，维护费用和投资费用低。

缺点：无法处理难以雾化的液体废物；必须配置不同喷雾方式的燃烧器及喷雾器，以处理各种黏度及固体悬浮物含量不同的废液。

3. 气体危险废物焚烧炉

气体危险废物的焚烧炉的结构较为简单，通常认为，当危险气体具备足够的热值以后，才能进行正常的稳定着火、焚烧和净化工艺，如：一般要求低位发热值 Q_{dw}（标准状态下）$>750kcal/m^3$，或相当于 $3000kJ/m^3$。热值较低时，预混部分可燃料（液体或气体），然后进行燃烧；热值较高时，则可以与空气混合进行焚烧。此外，必须注意的是，危险废物与可燃气体进行混合时，经常发生爆燃事件，对焚烧过程以及设备和人员的安全造成威胁，因此对易爆危险物必须进行严格的检查和控制。气体危险废物的焚烧过程有时也类似于液体或固体焚烧炉中的二次焚烧室，有时甚至可以引入液体或固体焚烧炉中充当二次焚烧的辅助气体。由于气体焚烧时燃烧工况易于调节和控制，一般焚烧焚毁的效果比较好。

在实际生产中，因废物中常有废液、废气和废渣，所以在可能的情况下，常将废气与其他废物在同一炉内焚烧，而单独焚烧废气的炉子不多。有的则是将经过一次焚烧尚未彻底焚毁的烟气再次焚烧，相当于某焚烧炉的二次燃烧室。单独焚烧废气的炉子主要包括催化焚烧炉和辅助焚烧炉等，当气体危险废物中的热值偏低时，可以采用催化燃烧或添加辅助燃料的方式进行燃烧，当热值较高时可以采取和空气混合燃烧的方式。

废气焚烧炉的炉子结构比较简单，主要有以下几种。

（1）通道式废气焚烧炉　这是一种最简单、类似管道式的废气焚烧炉。它将辅助燃料的烧嘴插入废气通道中，靠燃烧的高温气流将废气中有害的组分焚毁。燃料燃烧后的高温气流经一分布板使之铺开到通道截面上，废气逆流通过燃烧气流时，自身所含的有机可燃物也一起燃烧。这种方式对含有的微粒焚烧不够彻底。为了使燃料燃烧后的高温气流与废气充分接触，可用线性气体烧嘴的通道式焚烧炉，该通道可设计成方形，也可设计成圆形的。

（2）扩散式烧嘴型废气焚烧炉　这是一种具有普通燃烧室的气体燃烧炉。废气与燃烧空气进入炉膛气焚烧炉后，气体互相扩散进行混合、燃烧。当废气热值不够，补充辅助燃料时，燃烧烧嘴与废气烧嘴需分别设置。由于废气焚烧后的烟气较为干净，故大多数场合设置废热锅炉，回收热量。为了改善燃烧条件，常在炉膛内砌一层花格砖的蓄热墙，使得炉膛有一个高温区、燃烧稳定，并有利于熄火后再次点火。

（3）旋风式废气焚烧炉　旋风式焚烧炉是一个圆柱形的内壁衬有耐火材料的炉子。燃烧空气通过一个沿着焚烧炉壁的主管成切线方向引入炉体，注入的空气产生一个火焰柱体，盘旋着从炉体中排出；废物也通过炉壁经一个或多个喷嘴注入炉内。辅助燃料可以随着废物一起注入，也可以根据需要使用单独的喷嘴，或一个辅助燃烧器注入炉体。

这种结构的焚烧炉改善了废气与高温燃烧气体的混合，废气沿炉身切线方向进入炉内，旋转的废气与燃烧后的高温气流充分接触，激烈搅动，迅速发生氧化反应。由于气体在炉内的涡流延长了废气在炉内的停留时间，因此焚烧完全、彻底，炉子结构紧凑，应用广泛。直径很小的旋风焚烧设备的燃烧强度可以等于涡旋型燃烧喷嘴的燃烧强度 $[3.7 \times 10^7 \, kJ/(m^3 \cdot h)]$。较大的旋风焚烧设备的燃烧强度估计为 $3.7 \times 10^6 \, kJ/(m^3 \cdot h)$。

（4）催化焚烧炉　当废气中的有机质含量低、热值低、不能正常燃烧时，可以采取催化燃烧的方式。催化燃烧方式可以使废气和空气的混合气体在催化剂的表面上进行，这样可以大大减少热损失，从而降低辅助燃料的添加量；同时由于催化剂的使用，可以大大降低燃烧的温度。经常使用的催化剂有钯和铂，催化剂载体主要使用蜂窝状的铝土化合物，这主要是考虑它可以承受高温和容易加工成型的特点。

催化焚烧炉燃烧充分，可以彻底地破坏有毒有害的物质，应用比较广泛，但要求气体的组成比较稳定，否则气体中可燃物成分的突然增加会导致温度骤升，从而使催化剂及其载体遭到破坏。

五、尾气处理技术与设备

1. 概述

危险废物经过焚烧处理后会产生大量的烟气，主要包括灰尘、酸性气体、有机有毒气体、无机有害污染物以及重金属等，这些物质视其数量和性质对环境都有不同程度的危害。根据我国的焚烧烟气排放的有关规定，危险废物的焚烧烟气必须经过净化处理，且各项排放指标达到规定数值以后才能排放。焚烧烟气中污染物的种类和浓度受燃烧物质的组成与燃烧条件等多种因素的影响，高效的焚烧烟气净化技术和运行管理是防止危险废物燃烧二次污染的关键。我国危险废物焚烧烟气污染排放标准中的有关污染排放控制指标的内容见表 8-3。

表 8-3 危险废物焚烧炉大气污染物排放限值[①]

序号	污染物	不同焚烧容量时的最高允许排放浓度限值/(mg/m³)		
		≤300kg/h	300~2500kg/h	≥2500kg/h
1	烟气黑度	林格曼 1 级		
2	烟尘	100	80	65
3	一氧化碳(CO)	100	80	80
4	二氧化硫(SO₂)	400	300	200
5	氟化氢(HF)	9.0	7.0	5.0
6	氯化氢(HCl)	100	70	60
7	氮氧化物(以 NO₂ 计)	500		
8	汞及其化合物(以 Hg 计)	0.1		
9	镉及其化合物(以 Cd 计)	0.1		
10	砷、镍及其化合物(以 As＋Ni 计)[②]	1.0		
11	铅及其化合物(以 Pb 计)	1.0		
12	铬、锡、锑、铜、锰及其化合物[③]	4.0		
13	二噁英类	0.5ngTEQ/m³		

① 测试计算过程中，以 11％O₂（干气）作为换算基准。换算公式为：

$$c = 10/(21 - O_s) \times C_s \tag{8-12}$$

式中，c 为标准状态下被测污染物经换算后的浓度，mg/m³；O_s 为排气中氧气的浓度，％；C_s 为标准状态下被测污染物的浓度，mg/m³。

② 镍的总量。

③ 指铬、锡、锑、铜和锰的总量。

如表 8-3 所列，危险废物处理过程产生的烟气中常见的污染物可以按照其物理化学性质分类如下：灰粒（即灰尘）；酸性气体（NO_x，HCl，H_2S，SO_2，SO_3，HF，HBr 等）；重金属污染物；不完全燃烧产物（CO，C，$C_m H_n O_i Cl_j N_k$ 等）；有毒有机物（PCDDs，PCDFs，TCDDs 等）。

2. 焚烧尾气的废热利用系统

焚烧过程中产生的大量废热使焚烧炉燃烧室产生烟气温度高达 850～1000℃，现代化的焚烧系统通常设有焚烧尾气冷却/废物利用系统，其功能如下。①调节焚烧尾气温度，使之冷却到 220～300℃之间，以便进入尾气净化系统。一般尾气净化处理设备仅适于在 300℃内的温度操作，故如焚烧炉所排放的高温气体尾气调节或操作不当，会降低尾气处理设备的效率及寿命，造成焚烧炉处理量的减少，甚至还会导致焚烧炉被迫停炉。②回收废热，通过各种方式利用废热，降低焚烧处理费用。

3. 尾气净化

（1）处理的基本方式　危险废物焚烧烟气的净化处理系统一般按照危险废物焚烧时产生的烟气中污染物质的组成特性以及具体的净化处理要求进行设计。对于微型或小型危险废物焚烧炉的烟气净化处理，由于其烟气产量较小，不适宜采用大规模的净化处理设备进行处理，其可以有针对性地采用某些特殊用途的净化装置进行直接综合处理，而不必采用全部种类的净化设备一步一步地处理。对于大中型烟气净化系统，则应该严格按照处理的要求，仔细设计。

按照产生废水的特性，其可以分为干式、湿式和半干式三类净化处理方法。

① 湿式处理流程。典型处理流程包括文氏洗气器或静电除尘器与湿式洗气塔的组合，以文氏洗气器或湿式电离洗涤器去除粉尘，填料吸收塔去除酸气；其特点是污染物净化效率较高，排放达到的指标较好。但是，其工艺过程较为复杂，投资费用较高。

② 干式处理流程。典型处理流程由干式洗气塔与静电除尘器或布袋除尘器相互组合而成，以干式洗气塔去除酸气，布袋除尘器或静电除尘器去除粉尘；其特点是工艺过程相对比较简单，投资费用和运行费用均较低，不需废水处理系统。但是，这种组合净化效率较低，达到污染控制指标要求的性能较差，对烟气变化时的适应性也较差。

③ 半干式处理流程。典型处理流程由半干式洗气塔与静电除尘器或布袋除尘器相互组合而成，以半干式洗气塔去除酸气，布袋除尘器或静电除尘器去除粉尘；其同时具备净化效率高、投资费用低、运行管理费少等优点。但是，这种组合净化处理方法的技术要求高，操作控制和管理的过程参数较为苛刻。

上述三种处理方法对一般污染物质的净化处理效果较好，如对灰尘脱除、酸性气体的洗脱、大部分重金属污染物的去除均有较高的效率，但是对氮氧化物、二噁英以及其他一些微量有机气体，脱除的效果较差。如果要对这些物质进行净化脱除，则必须在后续工艺中添加其他设备进行净化处理。另外，某些低蒸发点的重金属也比较难以用现有方法脱除，也需要附加净化设备进行脱除。

表 8-4 是危险废物焚烧后产生的大气污染物及处理方法。

（2）烟气中灰尘的控制技术　焚烧烟气中的灰尘的化学成分常常十分复杂，其中有危险废物焚烧结束后固有的灰分，也同时包含混合、吸附及黏结重金属、无机盐类、未燃尽物质，如碳和有机物等物质，其含量在 $450～22500mg/m^3$ 之间，视运转条件、废物种类及焚烧炉型式而异。灰尘的颗粒分布与焚烧过程的流动结构、化学反应特性、物料的

表 8-4　危险废物焚烧后产生的大气污染物质及处理方法

危险废物成分	污染物	处理设备			
		急冷喷凝塔	文氏洗涤器	布袋或静电除尘器	填料吸收塔
有机污染物					
碳、氢、氧	氮氧化物（NO_x）	—	—	—	√
氯	氯化氢（HCl）	√	√	—	√
溴	溴化氢及溴（HBr,Br_2）	√	√	—	√
氟	氟化氢（HF）	√	√	—	√
硫	硫氧化物（SO_x）	—	√	—	√
磷	五氧化二磷（P_2O_5）	—	√	—	√
氮	氮氧化物	—	—	—	—
无机化合物					
1. 不具毒性（铝、钙、钠、硅等）	粉尘	√	√	√	√
2. 有毒金属（铅、砷、锑、铬、镉、钼等）	粉尘	√	√	√	√
	挥发性蒸气	—	√	√	√

物理化学特性以及焚烧炉炉排结构均有关。对一般危险废物焚烧炉而言，颗粒的直径分布范围在 $0.1\sim1000\mu m$ 之间，但是有 35% 以上的灰尘的直径小于 $10\mu m$，有 90% 以上的灰尘的直径小于 $100\mu m$。由于大量小粒径灰粒的存在，要达到较高的除尘效率比较困难。

　　当前比较成熟的除尘设备有喷淋塔、旋风除尘器、文丘里洗涤器、布袋除尘器、静电除尘器等设备。表 8-5 是关于上述除尘设备的综合技术性能指标的比较。

表 8-5　除尘设备技术性能比较

种类	有效去除粒径/μm	压差/cmH_2O	处理单位气体需要水量/（L/m^3）	体积	受气体流量变化影响否		运转温度/℃	特性
					压力	效率		
文氏洗涤器	0.5	1000～2540	0.9～1.3	小	是	是	70～90	构造简单，投资及护理费用低，耗能大，废水需处理
水音式洗涤器	0.1	915	0.9～1.3	小	是	是	70～90	能耗最高，去除效率高，废水需处理
静电除尘器	0.25	13～25	0	大	否	是		受粉尘含量、成分、气体流量变化影响大，去除率随使用时间下降
湿式电离洗涤塔	0.15	75～205	0.5～11	大	是	否		效率高，产生废水需处理
布袋除尘器　传统型　反转喷射型	0.4　0.25	75～150　75～150	0　0	大　大	是　是	否　否	100～250	受气体温度影响大，布袋选择为主要设计参数，如选择不当，维护费用高

　　（3）烟气中酸性气体控制技术　危险废物焚烧烟气中也常常含有大量的酸性气体以及有毒有机物，经过除尘设备将灰尘进行脱除以及洗涤吸收一些酸性气体以后，仍会有过量浓度的酸性气体存在。因而为了保证达到污染排放允许的浓度数值，在除尘和吸收脱除工艺过程以后，再使用专门的酸性气体脱除技术及配套设备，进行烟气中酸性气体的脱除。

　　目前，用于控制焚烧厂烟气中酸性气体的比较成熟的技术有湿式、干式及半干式洗气三种方法。

① 湿式洗气法。焚烧烟气处理系统中最常用的湿式洗气塔是对流操作的填料吸收塔。酸性气体湿式洗气法的原理是经静电除尘器或布袋除尘器去除颗粒物的烟气由填料塔下部进入，在填料塔中由上向下喷入碱性洗涤液，与向下流动的碱性溶液不断地在填料空隙及表面接触，并反应，经过酸碱中和反应，使烟气中的污染气体有效地被吸收，分解和脱除酸性气体。酸性洗气法的关键部分是填料结构、碱性溶液性能以及烟气中酸性气体特性。

常用的碱性物质有 NaOH、Ca(OH)$_2$、石灰水溶液等，采用循环吸收的工作原理进行酸性气体分解脱除。

② 干式洗气法。干式洗气法是用压缩空气将碱性固体粉末（消石灰或碳酸氢钠）直接喷入烟管或烟管上某段反应器内，使碱性消石灰粉与酸性废气充分接触和反应，从而达到中和废气中的酸性气体并加以去除的目的。

目前，为提高干式洗气法对难以去除的一些污染物质的去除效率，有用硫化钠（Na$_2$S）及活性炭粉末混合石灰粉末一起喷入的方法，不仅可以更有效地脱除酸性气体，还可以有效地吸收气态汞及二噁英。其化学反应式为：

$$2Hg + 2H_2SO_4 \longrightarrow Hg_2SO_4 + 2H_2O + SO_2 \tag{8-13}$$

$$Hg_2SO_4 + 2H_2SO_4 \longrightarrow 2HgSO_4 + 2H_2O + SO_2 \tag{8-14}$$

③ 半干式洗气法。半干式洗气法的原理是：利用高效雾化器将消石灰泥浆从塔底向上或从塔顶向下喷入干燥吸收塔中。烟气与喷入的泥浆可成通向流或逆向流的方式充分接触并产生中和作用。从而达到去除酸性气体的效果。喷入的雾化介质再通过洗气塔填料中的蒸发，形成气态流出。在洗气法脱除酸性气体的过程中，不产生或形成废水流出洗气塔。

（4）重金属控制技术　废物中所含重金属物质，高温焚烧后除部分残留于灰渣中之外，部分则会在高温下气化挥发进入烟气。部分金属物在炉中参与反应生成的氧化物或氯化物，比原金属元素更易气化挥发。这些氧化物及氯化物因挥发、热解、还原及氧化等作用，可能进一步发生复杂的化学反应，最终产物包括元素态重金属、重金属氧化物及重金属氯化物等。元素态重金属、重金属氧化物及重金属氯化物在烟气中将以特定的平衡状态存在，且因其浓度各不相同，各自的饱和温度亦不相同，遂构成了复杂的连锁关系。元素态重金属挥发与残留的比例与各种重金属物质的饱和温度有关，饱和温度越高，则越易凝结，残留在灰渣内的比例亦随之增高。

高温挥发进入烟气中的重金属物质随烟气温度降低，部分饱和温度较高的元素态重金属（如汞等）会因达到饱和而凝结成均匀的小粒状物或凝结于烟气中的烟尘上。饱和温度较低的重金属元素无法充分凝结，但飞灰表面的催化作用会使其形成饱和温度较高且较易凝结的氧化物或氯化物，或因吸附作用易附着在烟尘表面。仍以气态存在的重金属物质，也有部分会被吸附于烟尘上。重金属本身凝结而成的小粒状物粒径都在 $1\mu m$ 以下，而重金属凝结或吸附在烟尘表面也多发生在比表面积大的小粒状物上，因此小粒状物上的金属浓度比大颗粒要高，从焚烧烟气中收集下来的飞灰通常被视为危险废物。

① 烟气中重金属污染物质的去除机理。

1）重金属降温达到饱和，凝结成粒状物后被除尘设备收集去除。

2）饱和温度较低的重金属元素无法充分凝结，但飞灰表面的催化作用会形成饱和温度较高且较易凝结的氧化物或氯化物，而易被除尘设备收集去除。

3）仍以气态存在的重金属物质，因吸附于飞灰上或喷入的活性炭粉末上而被除尘设备一并收集去除。

4）部分重金属的氯化物为水溶性，即使无法在上述的凝结及吸附作用中去除，也可利用其溶于水的特性，由湿式洗气塔的洗涤液自尾气中吸收下来。

② 烟气中重金属污染物质的控制技术。

1）降低烟气温度，使蒸发的重金属气体重新凝结或团聚到灰尘的颗粒上，然后通过除尘器收集灰尘，去除重金属。采用这种方法时，通常是通过洗涤除尘同时进行降温和除尘。但是实际上，对于重金属汞，要达到其蒸汽的凝结，要将温度降到很低，约 50℃，显然，这是不可能的。因为到达该温度点时，许多酸性气体都将出现凝结，势必造成严重的酸性副腐蚀。因此，一般而言，这种方法仅仅适用于在 250℃左右能凝结和团聚的重金属气体。

2）采用活性炭吸附法，先吸附到活性炭上，然后随即将活性炭的重金属混合物一起通过布袋除尘器脱除。

3）采用催化作用，使其与其他物质反应生成溶于水的溶液，在洗涤塔中通过清洗将重金属的化合物去除。

4）设法形成某种饱和温度较高的化合物，在温降不大的前提条件下，进行凝结、收集和脱除重金属的各个分过程。除了最常见的重金属元素汞，其他还有 Cr、Pb、Mn 以及各价离子。常见可以采用的药剂有氯化钠、硫化钠、活性炭和氯化铜等物质。在使用降温法进行重金属去除时，会引起严重腐蚀而使应用受到影响或限制。而采用硫化钠和活性炭进行重金属脱除法相对较为安全，但是费用成本较高。

（5）NO$_x$ 控制技术　在危险废物焚烧烟气中脱除 NO$_x$ 的工业应用技术均不够成熟。常用的技术措施是控制焚烧过程，控制来源和避免二次生成污染成分。

控制来源是指对危险废物进行成分来源的监控，对含有 NO$_x$ 物质的废物予以分离，然后进行焚烧处理。或者将易于在化学反应中产生这类物质的废物进行剔除，从而减少焚烧过程中上述污染物的生成。但是实际上这种方法很难实现。

焚烧的过程控制一般是指控制输入焚烧炉进行焚烧的空气布置和输入流量，使焚烧反应能够处于尽可能少产生有害气体的反应环境中。例如，采用多级或分级输入空气焚烧的方法，可以大幅度地减少 NO$_x$ 的生成。

在进行适当进风布置过程后，通过控制焚烧化学反应的空气接触，可以大幅度地减少 NO$_x$ 的生成。采用高温和长停留时间，会明显增加 NO$_x$ 的浓度；过低的焚烧温度和过短的焚烧分解时间可以抑制 NO$_x$ 的生产，但焚烧过程中焚烧化学反应进行不彻底。因此，焚烧过程中对于温度和时间参数，要在最小综合污染指标下，确定一套优化参数值。

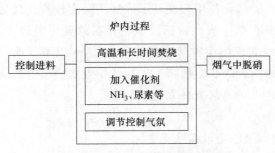

图 8-17　控制和脱除 NO$_x$ 的工艺

图 8-17 为控制和脱除 NO$_x$ 的工艺。

（6）二噁英控制技术　危险废物中含有氯源、有机质及重金属是很普遍的，因此在垃圾焚烧产物中常含 PCDDs 及 PCDFs。

控制焚烧厂产生 PCDDs/PCDFs，可从控制来源、减少炉内形成、避免炉外低温区再合成及去除四方面来着手。

① 控制来源就是对含 PCDDs/PCDFs 物质及含氯成分高的物质（如 PVC 塑料等）进行分离。

② 焚烧炉燃烧室应保持足够的燃烧温度（不低于 850℃）及气体停留时间（不少于 2s），确保废气中具有适当的氧含量（最好在 6%～12%之间），以分解破坏垃圾内含有的 PCDDs/PCDFs，避免产生氯苯及氯酚等物质。

③ PCDDs/PCDFs 炉外再合成现象多发生在锅炉内（尤其是节热器的部位）或在粒状污染物控制设备前。有些研究指出，主要的生成机制为铜或铁的化合物在悬浮微粒的表面催化了二噁英的先驱物质，并遇 300～500℃ 的温度环境，因此应缩短烟气在处理和排放过程中处于 300～500℃ 温度域的时间。

④ 近年来，工程上普遍采用半干式洗气塔与布袋除尘器搭配的方式。在干式处理流程中，最简单的方法为喷入活性炭粉或焦炭粉，以吸附及去除烟气中的 PCDDs/PCDFs。

六、焚烧灰渣处理技术

1. 灰渣的种类

焚烧灰渣是从危险废物焚烧炉的炉排下和烟气除尘器、余热锅炉等收集下来的排出物，主要是不可燃的无机物以及部分未燃尽的可燃有机物。灰渣的主要成分是金属或非金属的氧化物，即俗称的矿物质。

灰渣中含有一定量的有害物质，特别是重金属，若未经处理直接排放，将会污染土壤和地下水，对环境造成危害。另一方面，由于灰渣中含有一定数量的铁、铝等金属物质，有回收利用价值，故又可作为一种资源开发利用。焚烧灰渣的处理是危险废物焚烧工艺的一个必不可少的组成部分。

危险废物焚烧产生的灰渣一般可分为下列 4 种。

（1）底灰　底灰系焚烧后由炉床尾端排出的残余物，主要含有焚烧后的灰分及不完全燃烧的残余物，一般经水冷却后再送出。

（2）细渣　细渣由炉床上炉条间的细缝落下，经集灰斗槽收集，一般可并入底灰，其成分有玻璃碎片、熔融的铝锭和其他金属。

（3）飞灰　飞灰是指由空气污染控制设备中所收集的细微颗粒，一般系经旋风除尘器、静电除尘器或布袋除尘器所收集的中和反应物（如 $CaCl_2$、$CaSO_4$ 等）及未完全反应的碱剂［如 $Ca(OH)_2$］。

（4）锅炉灰　锅炉灰是废气中悬浮颗粒被锅炉管阻挡而掉落于集灰斗中，亦有沾于炉管上再被吹灰器吹落的，可单独收集，或并入飞灰一起收集。

一般而言，焚烧灰渣由底灰及飞灰共同组成。各种灰渣中都含有重金属，特别是焚烧飞灰，其重金属含量特别高，在对其进行最终处置之前必须先经过稳定化处理。

2. 灰渣的固化/稳定化技术

固化/稳定化技术是处理重金属废物和其他非金属危险废物的重要手段。危险废物固化/稳定化处理的目的，是使危险废物中的所有污染组分呈现化学惰性或被包容起来，以便运输、利用和处置。在一般情况下，稳定化过程是选用某种适当的添加剂与废物混合，以降低废物的毒性和减少污染物自废物到生态圈的迁移率。因而它是一种将污染物全部或部分地固定于支持介质、黏结剂上的方法。固化过程是一种利用添加剂改变废物的工程特性（如渗透性、可压缩性和强度等）的过程。固化可以看作是一种特定的稳定化过程，可以理解为稳定化的一个部分。但从概念上它们又有所区别。无论是稳定化还是固化，其目的都是减小废物的毒性和可迁移性，同时改善被处理对象的工程性质。

固化/稳定化作为危险废物最终处置的预处理技术在国内外已得到广泛应用，它主要被应用于下述方面。

① 对具有毒性或强反应性等危险性质的废物进行处理，使得满足填埋处置的要求。

② 处理其他处理过程所产生的残渣，如焚烧产生的灰渣的无害化处理，其目的是对其进行最终处置。

③ 在大量土壤被有害污染物所污染的情况下对土壤进行去污。在大量土壤被有机或者无机废物所污染时，需要借助稳定化技术进行去污或者其他方式使土壤得以恢复。

3. 药剂稳定化处理技术

常规的稳定化/固化技术存在着一些不可忽视的问题，如废物经固化处理后其体积都有不同程度的提高，有的会成倍增加，并且随着对固化体提高稳定性和降低浸出率的要求，在处理废物时会需要使用更多的凝结剂，这不仅会提高稳定化/固化技术的处理费用，而且将进一步增大处理后固化体的体积；另一个重要问题是废物的长期稳定性问题，很多研究都表明此项技术稳定废物成分的主要机理是废物和凝结剂间的化学键合力、凝结剂对废物的物理包胶及凝结剂水合产物对废物的吸附等共同作用。近来，也有学者认为物理包胶是普通水泥/粉煤灰系统稳定化/固化处理电镀污泥的主要机理。然而，对确切的包胶机理以及对固化体在不同化学环境中的长期行为的认识还很不够，特别是包胶机理，因为当包胶体破裂后，废物会重新进入环境，造成不可预见的影响。此外，对固化体中的微观化学变化也没有找到合适的监测方法，对固化试样的长期化学浸出行为和物理完整性还没有客观的评价，这些都会影响稳定化/固化技术在未来危险废物处理中的进一步应用。

针对这些问题，近年来国际上提出采用高效的化学稳定化药剂进行无害化处理的概念，并已成为重金属废物无害化处理领域的研究热点。药剂稳定化是利用化学药剂，通过化学反应使有毒有害物质转变为低溶解性、低迁移性及低毒性物质的过程。

用药剂稳定化技术处理危险废物，可以在实现废物无害化的同时，达到废物少增容或不增容的目的，从而提高危险废物处理处置系统的总体效率和经济性。同时，还可以通过改进螯合剂的结构和性能使其与废物中危险成分之间的化学螯合作用得到强化，进而提高稳定化产物的长期稳定性，减少最终处置过程中稳定化产物对环境的影响。

用药剂稳定化来处理危险废物，根据废物中所含重金属种类，可以采用的稳定化药剂有石膏、漂白粉、硫代硫酸钠、硫化钠和高分子有机稳定剂。药剂稳定化处理技术的最大特点是危险废物经过处理后，其增容比远远低于常规的稳定化/固化方法。相对来说，药剂稳定化处理技术的增容比约为1，在某些情况下，还有可能小于1。这就极大地降低了后续的运输、贮存和处置的费用，并可以大大减少处置库容。另外，药剂稳定化技术是通过药剂和重金属间的化学键合力的作用形成稳定的螯合物沉淀，其稳定化产物在填埋场环境下不会浸出。

药剂稳定化技术以处理重金属废物为主，到目前为止已发展了许多重金属稳定化技术，包括：①重金属废物的药剂稳定化技术，其中包括pH值控制技术、氧化/还原电势控制技术、沉淀技术；②吸附技术；③离子交换技术；④其他技术。

第四节　医疗废物焚烧处理工艺

医疗废物焚烧系统必须按照《医疗废物集中焚烧处置工程建设技术规范》等国家有关法规政策、医疗废物产生量和成分特点、焚烧技术适用性、医疗废物收运体系特点、经济发展条件、有关规划等方面要素进行设计，这与普通生活垃圾焚烧系统有很大的区别。医疗废物处理技术设备或系统很难设计或生产成为通用型产品。医疗废物焚烧处理与普通垃圾焚烧处理的另一点显著不同是，其主要目的为通过焚烧，最大限度地降解和去除医疗废物中的有毒有害物质及病原微生物。医疗废物焚烧过程不应将热能利用效益或经济效益作为主要考核指标。

一、进料系统

由人工将盒装或筒装的封闭医疗废物搬送至输送上料机的输送带上，输送上料机将封闭的盒、筒运至进料斗前上部，操作控制室根据焚烧实际情况，按需定时地将废物盒、筒卸入料仓并进入微倾斜、具一定高度的溜槽。设于上料机一边的扫描记录机对医疗废物包装上的条形码再次进行扫描，确认医疗废物被处理前的最终信息，记录在案并反馈至厂计算机中心。上料机水平段一旁设置一台放射性探测仪以不使放射性物入炉。落料溜槽有一定高度并且内设双闸门密闭连锁控制，第一道为密封封板门，两道封板门交错开、闭，将医疗废物落至液压推料机前。推料机应根据燃料要求向炉内供料，配置可调节供应量的计量装置，实现定量投料。关闭最下面的封板门后，医疗废物被推入焚烧炉。

进料系统每天每班进行场地灭毒和灭菌处理，搬运工人也必须穿专用防护服及手套，以保证环境和人员不被污染。进料系统应处于负压状态，防止有害气体逸出。

二、焚烧系统

1. 焚烧过程

医疗废物的焚烧过程通常需要借助于自身可燃物质或在辅助燃料下进行，调节适当的空气输入，可以在适当的高温范围和时间内，实现较高的焚毁率、较低的热灼减率，最大限度地降解或分解其中有毒有害有机污染物和杀死病毒病菌，同时实现较低的污染排放指标。由于焚烧过程与医疗废物组成、形态和物化特性有密切关系，也与燃烧过程的化学反应过程、流场、热力特性有关，因此实际焚烧过程非常复杂。

与普通废物或生活垃圾焚烧过程不同的是，医疗废物焚烧过程的最主要目的是焚毁有害有毒有机污染物，杀死和去除病毒病菌，除去有毒重金属物质和酸性气体；其次是减少二次污染，做到烟气排放清洁达标。而热能回收或其他资源回收不是最重要的内容，某些条件下甚至完全可以不考虑。

固态可燃性物质的燃烧过程比较复杂，通常由热分解、熔融、蒸发和化学反应等传热、传质过程所组成。一般根据不同可燃物质的种类，有 3 种不同的燃烧方式：①蒸发燃烧，废物受热熔化成液体，继而蒸发变成蒸气，与空气扩散混合而燃烧，蜡的燃烧属这一类；②分解燃烧，废物受热后首先分解，轻的烃类化合物挥发，留下固定碳及惰性物，挥发分与空气扩散混合而燃烧，固定碳的表面与空气接触进行表面燃烧，木材和纸的燃烧属这一类；③表面燃烧，如木炭、焦炭等固体受热后不发生融化、蒸发和分解等过程，而是在固体表面与空气反应进行燃烧。在焚烧过程中需对温度范围和时间长短进行严格的调节和控制。大部分医疗废物的预热、升温、干燥和热解、干馏和碳化燃烧都混合在一起同时进行。

医疗废物中液体、气体物质的焚烧过程类似于常规危险废物。医疗废物中的气态废物较少，但对其处理需要严格看待。

2. 焚烧炉炉型分类

在医疗废物焚烧处理过程中，焚烧处理的物料数量可以按炉型进行分类。按照焚烧炉的结构和处理量大小，可以分类如下：小型处理系统，一般处理量在 1t/d 以下；中型处理系统，1～100t/d 之间；大型处理系统，大于 100t/d；专用系统，按照给定的处理要求进行设计。对不同的医疗废物，焚烧处理时需要配置不同的炉窑设备及其辅助系统，由此焚烧过程和其运行特点均不同。

在医疗废物处理前，应该根据医疗废物的危害特性或危害程度，有针对性地设计或选用不同结构、功能或者工艺要求的焚烧炉，以保证实现最佳的焚毁处理目的。对不同的医疗废物，进行焚烧处理的焚烧炉种类较多。例如，按废物的物态可以分为气态、液态、固态以及混合态焚烧炉。按照焚烧室类型、炉排类型、灰渣特性以及物料运动分类如下。

按燃烧室分类：单室型，双室型，多室型。

按炉排特性分类：固定炉排型，移动炉排型，炉床型，流化床型，流动床型。

按物料运动特性分类：封闭型，转动型，循环型。

按灰渣特性分类：固体灰渣型，熔融灰渣型，集灰型，无灰型。

当根据不同的净化要求、不同种类的医疗废物配置焚烧系统时，整体焚烧处理系统之间就会有很大的差别。下面介绍几种较为典型的焚烧炉型。

（1）热解焚烧炉　医疗废物处理最可靠也最普遍采用的方法是热解焚烧，也称为控气焚烧或双室焚烧。热解焚烧炉的焚烧温度一般在 800～900℃，焚烧炉容量从 200kg/d 到 10t/d，一般均需要尾气净化装置。热解焚烧炉包括一个热解室和一个后续二燃室，在热解室中，废物在贫氧状态下进行热分解，经过中温（800～900℃）燃烧过程，产生固体灰和气体。热解过程产生的气体在后续二燃室的燃料燃烧器中高温（900～1200℃）燃烧，过量空气可减少烟尘和臭气的产生。

① 热解焚烧炉最主要的特征。

1）适合处理以下类型的废物。传染性废物（包括锐器）以及病理性废物，处理效率高，可消灭所有病原菌；药物与化学残渣，大部分残渣可被降解，但只有一小部分（如5%）废物可被焚烧。

2）不适合处理以下废物。类似于生活垃圾的无危害医疗废物，热解焚烧较浪费资源；基因毒性物质，不能有效处理；放射性废物，热解不影响其放射性，且可能引起辐射扩散。

3）不能焚烧的废物。压力容器，焚烧过程中可能会爆炸，破坏设备；卤化塑料，比如 PVC，尾气中可能含有氯化氢和二噁英；重金属含量较高的废物，焚烧会导致有毒的金属（比如铅、镉、汞）排放到空气中。

大型热解焚烧炉（容量为 1～8t/d）通常为连续操作。其加料、清灰和燃烧废物的内部运动可实现完全自动控制。

② 热解焚烧炉的设计与尺寸。如要实现废物的完全破坏且不产生大量有害的固体、液体和气体物质，最佳的燃烧条件非常重要。因此，焚烧温度、废物在炉膛内的停留时间、气体紊乱程度以及引入的空气量是关键的因素。焚烧炉要满足以下标准。

1）后续二燃室中温度要至少达到 900℃，气体停留时间至少 2s；保证较高的气体紊乱程度和空气流速以使氧气过量。

2）热解室应有足够的尺寸来保证废物在其中的停留时间达到 1h，且应有挡板来提高废物与空气的混合程度。

3）热解室与后续二燃室应采用钢结构，内部用耐火砖作衬里，来抵抗腐蚀性的废物或气体，抵抗热冲击。

4）加料口应能装载打包的废物。清灰口的尺寸应适中，可清除不燃性的废物。应设置灰在最终处置前的冷却场所。

5）从中心控制台操作、监控、管理整个焚烧装置，中心控制台应连续显示各种操作参数和条件（温度、气流、燃料流等）。

自动控制设备非常有用，但并不是最根本的，尤其是对于医疗废物，其热值在很宽的范围内变化，需要很好地维持其操作条件。

③ 热解焚烧炉的运行与维护。热解焚烧炉应由一个训练有素的技术员来操作与监控，他能维持所需的条件，如有必要，则人工控制整个系统。为了使处理效率最大化，对环境造成的损失最小，并且降低维护费用，增加设备的使用寿命，正确操作是很重要的。两个焚烧室之间需维持平衡，如果平衡被打破，则会出现以下后果。

1）如果废物燃烧过快，则气流的速度增加，停留时间降低，小于要求的最低停留时间 2s。如此会导致气体的部分不完全燃烧，增加烟灰与灰渣的产量，阻塞整个焚烧系统，导致更大的维护方面的问题。

2）如果废物的热解焚烧速度过慢，则后续二燃室中气流速度降低。如此虽然减少了空气污染，但焚烧处理能力降低，燃料消耗增加。

在热解焚烧炉中，每吨废物消耗 0.03～0.08kg 燃料油，或 0.04～0.1m³ 气体燃料。

周期性维护包括燃烧室清洗以及清除空气和燃料管道阻塞。负责加料和清灰的操作员应穿戴防护服——口罩、手套、安全眼镜、工作服、鞋套。

④ 投资与运行费用。处理医疗废物的热解焚烧炉的投资与运行费用变化范围较大。

（2）旋转窑式焚烧炉　旋转窑式焚烧炉包括一个旋转炉和一个后续二燃室，专门用来焚烧化学性废物，也可用于区域性医疗废物焚烧炉。旋转窑轴线略微倾斜（3％～5％坡度），以每分钟 2～5 次的转速旋转。废物从前端进入旋转窑，灰渣从后端排出。转窑中产生的气体加热到很高的温度，在后续二燃室中与气态的有机物质一起完全燃烧，通常停留时间为 2s。焚烧温度高达 1200～1600℃，在该温度下，非常稳定的化学物质，例如 PCBs（多氯联苯），也能分解；焚烧容量为 0.5～3t/h；因为焚烧化学性废物会产生有毒化学物质，因而需要尾气净化装置及灰处理设备。旋转窑焚烧炉可连续操作，能运用多种加料装置。用来处理有毒废物的焚烧炉应优先由专门的废物处理部门操作，且应位于工业区。

旋转窑的主要特征概括如下。

① 适合处理的废物：传染性废物（包括锐器）以及病理性废物；化学性及药理性废物，包括细胞毒性废物。

② 不适合处理的废物：无危害的医疗废物，浪费资源；放射性废物，热解不影响其放射性且可能引起辐射扩散。

③ 不能焚烧的废物：压力容器，焚烧过程中可能会爆炸，破坏设备；重金属含量较高的废物，焚烧会导致有毒的金属（如铅、镉、汞）排放到空气中。

（3）控制式焚烧炉　许多资料表明，控制式焚烧炉点燃室的操作温度范围一般为 400～980℃。点燃室必须维持在足以燃烧、杀死微生物的最低温度，只有这样焚烧后的剩余炉渣才可能是无毒的，同时这样的温度也处在低于一个能够破坏耐火材料和导致废物成溶解状态的温度水平。

到目前为止，关于对确定完全杀死焚烧炉内病原体的条件方面的研究很少。Barbeito 等对工业废物焚烧炉进行了研究，以获得最低操作温度，其目的是防止经焚烧后依然存活的微生物进入大气。他们的研究表明，焚烧炉内微生物的灭活取决于温度和焚烧时间。这些参数受许多因素的影响，包括进入焚烧炉的负荷，负荷过高会降低废物在炉内的停留时间。Barbeito 等推荐第一段炉排的最低温度为 760℃。

从运行效率方面来看，当然最好是第一炉排或点燃室中温度高至足以产生足够的挥发性燃烧气体和热量，来维持在没有利用助燃剂的情况下第二炉排的燃烧温度。因而第一炉排的较为理想温度或多或少地取决于废物的成分，而且还能高至足以固化焚烧炉中的碳。某一厂家的经验表明，对连续运行的焚烧炉来说，这个温度应在 760～870℃ 范围内。但对序批式进料和间歇运行的焚烧炉而言，这个温度可低至 540℃。对低温运行的序批式焚烧炉的第一燃烧室而言，它可以保证经焚烧后废物中的挥发性组分产量较低，以便于在第二燃烧室进行进一步处理。

当进料中含有大量塑料时，低分子量的烃类化合物会发生爆炸，并会影响第二燃烧室的燃烧气体的体积，低温运行第一燃烧室可以帮助烟道气体的产生量减至最少。一些焚烧炉厂家在第一燃烧室中使用水来维持气体温度低于 930～980℃，并减少发生爆炸的可能性。

同时，第一燃烧室的温度应维持在低于破坏耐火材料的温度，先进的焚烧炉通常使用耐火温度为 1540～1650℃ 的耐火材料。尽管耐火材料的温度等级标为 1540～1650℃，但是实际上与耐火材料相接触的温度不会高于 1200℃。另外，更重要的是，限制第一燃烧室的上部运行温度的因素是废渣，炉中的绝大部分灰渣在 1200～1370℃ 的温度范围之间变化。第一燃烧室内的热电偶能表明进入第二燃烧室的气体温度，但是炉膛内灰床的温度相当高。因此，尽管燃烧气体能表明不会形成熔渣，但灰床处的温度相当高，足以形成熔渣。许多经验表明，在大多数情况下将温度控制在 980℃ 左右，此时熔渣和固定碳的燃烧情况能取得令人满意的效果。但当第一燃烧室温度低至 760℃ 时，会发生熔渣问题并会使处理效果不佳。

第二燃烧室用于进行完全燃烧，但当温度太低时，就会不完全燃烧；同时温度太高，就会破坏耐火材料，减少剩余物的数量，并且会浪费不必要的助燃剂。为了防止有毒物质的不完全燃烧需要控制一个最低温度。Deyton 研究所的试验表明，温度是影响这些有毒物质排放的一个主要因素。热分解的试验数据表明，一种物质的破坏主要取决于温度，并且临界温度高于混合物快速燃烧所需的温度。

第二燃烧室的室内温度应高至足够可以杀死来自第一燃烧室气体中携带的微生物，但关于所需温度方面的资料相当少，并且对特定焚烧炉进行测试得到的资料表明，这样的情况只对那些特定焚烧炉和试验操作条件有效。Barbeito 建议第二燃烧室的最低温度为 980℃，但是耐火材料影响第二燃烧室上部温度运行范围的限制。第二燃烧室上部温度运行范围取决于所用的耐火材料，但对连续运行的焚烧炉而言，这个温度约为 1200℃。

总之，两个燃烧室的室内温度应维持在较高范围内以确保完全燃烧医疗废物，但又不能太高以防止破坏耐火材料或形成熔渣。第一燃烧室的室内最低温度应维持在 540～760℃，其目的是能确保杀死寄生虫使剩余炉渣无毒。同时，室内最低温度取决于废物的特性及焚烧停留时间，还取决于焚烧炉的设计。为防止渣块的形成，推荐第一燃烧室的温度为 980℃。同时为确保完全燃烧，节省助燃剂和防止破坏耐火材料，推荐第二燃烧室的运行温度范围为 980～1200℃。

① 序批式进料焚烧炉。由于设计之故，序批式进料的控制式焚烧炉在焚烧周期开始阶段只接受废物的单一负荷，通过控制最初负荷的大小和可获得的燃烧气体情况，对热量的释放进行控制。第一燃烧室作为燃料贮存区，厂家建议这种焚烧炉的第一燃烧室以满负荷方式运行，但不能太高，否则会堵塞进入第二燃烧室的火焰通道或燃烧器通道。如果进入炉内的废物中含有大量的高挥发性组分，则进入第二燃烧室的废物负荷会超过额定负荷。因此，此时就有必要降低进入焚烧炉的负荷率。但是通过测量废物的体积来确定进入焚烧炉的热值是一种不太令人满意的方法，在设计焚烧炉燃烧室的尺寸时，燃烧室体积的大小是与含特定 Btu（Btu 为计量单位，$1W=3.14Btu/h$）浓度的废物体积相对应的。如果废物的热值过高，即使负荷没有超标，进入焚烧炉的热值也会超标。

不管是何种类型，焚烧炉都不应高于厂家说明书中规定的负荷进行运行。对序批式焚烧炉而言，废物进料发生在周期的开始阶段，经常只焖烧最后部分的废物以至于在下一次燃烧时没有遗留下任何废弃物。这样就会导致产生过多的排放物，废物不能完全燃烧，焚烧炉遭到破坏，同时进料负荷过高还会堵塞空气通道和破坏燃烧器。过多燃料和不充足的空气会造成进入第二燃烧室的挥发性物质过高，使其不能进行正常运行，还会导致颗粒性物质的排放量过多。另外，废物中会含有大量的塑料物质，过高的温度会造成耐火材料的破坏和渣块的形成。

② 间歇进料-连续运行焚烧炉。这种控制式焚烧炉通常接纳半连续性进料的废物，这种类型设计的主要不同之处在于负荷控制系统是与手动或自动的机械装置建立在一起的。这种类型的进料机械装置可使操作员在系统运行的情况下能够安全地进行加料，同时负荷控制装置可设计成在进料期间，通过限制气体泄漏至焚烧炉来维持燃烧室的空气浓度。间歇和连续运行的主要区别并不在于负荷率或运行，而是在于连续运行的系统可连续地去除系统所产生的灰。因此，这种类型能够维持连续稳定的运行，而间歇类型仅在有限时段内能维持连续稳定的运行。一旦炉内的灰积累至无法接受的程度时，必须停止焚烧炉运行，同时排除炉内的灰。

为了使热值输入接近稳定状态，厂家建议在相等的时间间隔内采用多种负荷值，其值为额定负荷的 $10\%\sim25\%$，时间间隔为 $5\sim10min$。进料频率需根据湿度浓度、挥发性组分的浓度和总热值的变化进行调整。

序批式进料控制焚烧炉的运行规模较小，较大能达到500lb/h（1lb＝0.45359237kg），但大多数小于200lb/h。焚烧炉以 $12\sim14h$/周期的序批模式运行，这需要在循环一开始就进料，接着燃烧、冷却和排灰。下面将讨论从开始进料到排灰的运行周期。

③ 多炉膛焚烧炉。传统的多炉膛焚烧炉专用于焚烧致病废物，它包括一个固定炉膛。其他的多炉膛焚烧炉使用壁炉类型的炉膛，含有大量液体和感染性物质的医疗废物不应在含壁炉的焚烧炉中燃烧。这两种类型都需要大量的空气，并且在一般温度内运行，其运行参数见表 8-6。

表 8-6　多炉膛焚烧炉的运行参数和推荐的参数运行范围

参数	致病性废物	一般废物
点燃室温度/℃	870～980	540～760
第二燃烧室温度/℃	980～1200	980～1200
负荷率	单层	在 5～15min 间隔内在额定负荷的 10%～25%
点燃室燃烧空气	80%	150%
总燃烧空气	120%～150%	250%～300%
燃烧空气的氧气百分比	10%～14%	15%～16%

1）主要特征。

a. 第二燃烧室的温度。第一燃烧室的温度应维持在以确保杀死致病菌，大多数多炉膛焚烧炉都是以序批方式或间歇方式运行。延长火力减弱期可确保灰分完全燃烧和废物的无害化，第一燃烧室的最低温度在 $540\sim760℃$，该燃烧室的上部运行温度范围应定在不能破坏耐火材料。感染性物质的湿度较高，挥发性组分较低，并且固定碳浓度也很低，因而在焚烧这种废物时需要连续运行的辅助点燃器来维持第一燃烧室的温度。为了便于控制感染性废物的火力减弱期，建议此室的最低温度为 870℃。对多炉膛的焚烧炉而言，推荐第二燃烧室的最低温度为 980℃。

b. 负荷率。感染性废物会影响负荷率和进料步骤，这是因为这些废物中的挥发性组分浓度、湿度和 Btu 浓度是不同的。但焚烧炉的设计对应于一个特定的热量输入值，这些热量来自于废物，如有必要还有助燃剂。与控气焚烧炉不同的是，这种焚烧炉的燃烧率不能通过控制进入第一燃烧室的燃烧气体而得到控制。因此，控制燃烧率的因素主要是燃料情况。当废物均匀性增加，废物尺寸减少并且进料频率增加时，进入焚烧炉的热值输入会接近稳定状态。因此，使用少量的、多次的进料方法比大量的、一次性进料要好，通常推荐在固定的时间间隔内进料负荷为额定负荷的 10%～15%。需要说明的是，在不使用机械进料器的情况下，进料频率越高，则对操作员越危险。因此，进料的目标是能确保每次进入焚烧炉的废物负荷不要太多，进料频率不要快。进料频率和废物的尺寸主要取决于废物特征和焚烧炉的设计。感染性废物的 Btu 浓度和挥发性组分浓度均较低，因此在投加这种废物时不需担心所释放出的热量会快速地进入第一燃烧室，第一燃烧室中的燃烧器可提供一个稳定的热量进入焚烧炉。由于感染性废物的温度较高和挥发性碳浓度较低，其燃烧火焰必须接近废物以进行完全燃烧。因此，新鲜的感染性废物的焚烧不应立刻进行，直到炉中的废物完全燃烧后方可。

c. 第一、第二燃烧室的空气浓度。多炉膛焚烧炉的第一燃烧室的过剩空气含量一般约为 150% 或者更多，总的过剩空气浓度为 250%～300%，这约等于燃烧气体氧气含量的 15%～16%。当焚烧感染性废物时，由于主要热量来自于辅助燃烧器，空气浓度可控制在比典型多炉膛焚烧炉的含量低一些。

d. 燃烧室的压力。室内压力维持在一个负压，点燃室的典型压力值为 -0.05～$-0.1 inH_2O$ （$1 inH_2O \approx 249.1Pa$，下同）。

2）多炉膛焚烧炉的运行。这种焚烧炉用于焚烧传染性废物，然而，其他医疗废物有时也会在这种焚烧炉中焚烧。但在焚烧损伤性废物时，应特别谨慎，以防止焚烧炉的负荷过高。这种焚烧炉通常以序批式或间歇式运行，同时排灰系统是自动连续运行的。下面简要讨论其运行情况。

3）启动。这种焚烧炉的启动与序批式控气焚烧炉启动相类似，首先预热第二燃烧室至设定的温度，然后进料。

4）进料。这种焚烧炉可以序批式运行，也可以间歇式运行，而且进料可以用手动也可用机械装载装置。由于感染性废物与损伤性废物之间热值差别巨大，并且由于焚烧炉设计成焚烧特定热值的废物，所以投料步骤与其他有所不同。

感染性废物的热值较低、湿度较大以及挥发性组分百分比较低，因而废物必须时刻与火焰接触方可完全燃烧，以下是建议的进料步骤：废物在炉膛内不要堆积太厚，最好使其与火焰尽可能地充分接触；废物体积减少 75% 以上方可进行下一次进料。

5）运行。当燃烧感染性废物时，在燃烧期间，应运行第一燃烧器，并且热值的输出应保持相对恒定。应事先设定第一燃烧室的气体含量以维持固定的过剩气体含量，并且通过调节第一燃烧器来控制第一燃烧室的温度。因为感染性废物含有大量的可燃挥发分，所以第二燃烧室的燃烧条件也将相对保持恒定，通常不需调整节气闸装置和燃烧器装置，仅调节第一燃烧器装置就可控制温度。

调节第一燃烧器对温度的控制程度与调节供气量对温度的控制并不一样，如果焚烧炉内的损伤性废物负荷过高，调节第一燃烧器甚至关闭它并不能使温度降低，这是因为损伤性废物一旦被点燃，燃烧就难以控制，大量的剩余空气和未燃烧尽的物质进入第二燃烧室，此时第二燃烧室不能对高浓度的挥发分做出反应。因此，焚烧损伤性废物时应十分谨慎。一些多燃烧室焚烧炉有自动调节供气量的系统，当温度升高时增加空气量（起冷却作用），当温度降低时减少空气量。然而，第一燃烧室内的剩余空气仍会将大颗粒物质携带至第二燃烧室，因而这种焚烧炉最适合焚烧感染性废物。

④ 液体医疗废物焚烧炉。对液体医疗废物进行焚烧时采用的焚烧炉的结构应该与医疗废物的种类、物理化学性质以及处理要求结合起来考虑。

三、其他辅助系统

在医疗废物焚烧过程中，可以有大量热量被释放出来，在条件许可的情况下，可以进行热能的回收利用。根据《医疗废物集中焚烧处置工程建设技术规范》（HJ/T 177—2005），余热利用应避开 200～500℃ 温度区间。烟气降温系统是十分必要的，余热锅炉是烟气降温系统的主要构件，由水冷壁辐射烟道、蒸发受热面、过热器、水冷壁对流烟道、对流管束和省煤器组成。由焚烧炉燃烧室排出的高温烟气进入余热锅炉后被迅速降温，并释放大量热量。

医疗废物焚烧厂也需要相应的烟气净化处理系统、灰渣处理系统，并应按照相关技术规范严格其设计、建设、运行环节。

第五节　危险废物焚烧处置工程实例

一、德国 SAVA 公司危险废物焚烧工程

1. 概述

SAVA 公司是德国最大的环保资源回收集团 Remondis 的子公司，是一家专门从事危险废物处理的公司，位于德国北部，靠近北海，服务于德国西北部的 Schleswig Holstein 州。其危险废物焚烧处理装置于 1998 年建成投入运行，在欧洲属于最先进的装置之一，可处理固态、半固态、液态等各种危险废物。其不仅收集处理工业危险废物，而且收集处理家庭产生的危险废物，如木材防腐剂、涂料、过期的农药等。

该焚烧厂主要技术参数如下：危险废物处理能力 5000t/a，采用焚烧炉炉型为回转窑，焚烧炉燃烧温度 950～1200℃，二燃室燃烧温度＞1100℃，烟气停留时间＞2s，蒸汽产生量 28t/h，发电量最大 4.5MW。SAVA 公司厂景见图 8-18。

图 8-18　SAVA 公司危险废物焚烧厂

2. SAVA 公司危险废物焚烧工艺流程

SAVA 公司危险废物焚烧工艺流程见图 8-19。

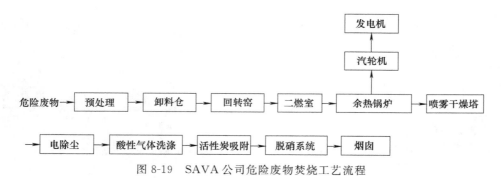

图 8-19　SAVA 公司危险废物焚烧工艺流程

（1）危险废物预处理　该过程主要是将固态危险废物进行破碎，经破碎后的废物送至 700m³ 的卸料仓内，在卸料仓内预混合。固态废物通过提升装置送至焚烧炉，液态和半液态废物泵送至焚烧炉。

（2）回转窑焚烧　废物在回转窑内连续旋转，物料在窑内不断翻动、加热、干燥、分解和气化。回转窑的燃烧温度为 950～1200℃，残渣自窑尾落入渣斗，由水封出渣机冷却后连续排出，其中的金属碎屑磁选选出后回收利用。

（3）二燃室　燃烧产生的烟气从回转窑窑尾进入二燃室后再次燃烧，所有的有机物在此再次去除。燃烧温度＞1100℃，烟气在二燃室中的停留时间＞2s，确保进入焚烧系统的危险废物能够彻底充分地燃烧。

（4）余热锅炉　危险废物焚烧产生的热量经余热锅炉吸收后产生 320℃、40bar（1bar＝10^5Pa）的过热蒸汽，以驱动汽轮机发电使用，蒸汽产生量约 28t/h。

（5）汽轮机　蒸汽驱动汽轮机工作发电，最大发电能力为 4.5MW，其中 2MW 企业内部电力自用，剩余的并入公共电网输出。

（6）喷雾干燥塔　经二燃室燃烧后的烟气进入烟气净化系统，首先为喷雾干燥塔，经急冷和 HCl 洗涤环节收集的废水气化后产生蒸汽，烟气与之混合冷却，其中的重金属通过"钙-活性炭的混合物"被吸附去除。

（7）电除尘　经冷却后的烟气缓慢地通过静电除尘器，粉尘颗粒通过电离被捕集去除。

（8）酸性气体洗涤　由两个环节组成，分别是 HCl 洗涤塔和 SO_2 洗涤塔。其中，在 HCl 洗涤塔内将残留在灰尘和重金属上的卤化氢类物质去除，产生的废水经中和后送入喷雾干燥塔内气化使用。在 SO_2 洗涤塔内通过石灰碱洗将 SO_2 去除。借助空气中的氧气氧化产生石膏悬浮液，之后石膏经干燥脱水变成脱水石膏被再次利用。

（9）活性炭吸附　该活性炭吸附过滤器可将烟气中的有机微量物质和剩余的重金属进一步去除。

（10）脱硝装置　采用选择性催化还原反应 SCR 脱硝装置去除烟气中的 NO_x，通过注射氨，使 NO_x 催化还原为 N_2。

经净化后的烟气先通过气气热交换进行热量回收，最终出口烟气温度约 140℃，烟囱高度 60m。出口烟气污染物浓度设有在线监控。

SAVA 公司危险废物焚烧主要工艺设备见图 8-20。

液态废物贮存罐

烟气净化系统

焚烧系统

图 8-20　SAVA 公司危险废物焚烧主要工艺设备

3. 污染物控制

（1）烟气污染控制措施　如前所述，焚烧烟气经七个步骤净化后排放，分别是喷雾干燥、电除尘、急冷、HCl 洗涤、SO_2 洗涤、吸附过滤、脱硝。SAVA 公司在德国《废物焚烧污染控制条例》规定的焚烧烟气排放限值基础上，制定了更严格的企业排放标准。具体烟气排放情况见表 8-7。

表 8-7 焚烧烟气排放情况　　　　　　　　　　单位：mg/m³

项目	德国标准限值	SAVA 企业标准	中国《危险废物焚烧污染控制标准》(GB 18484—2001)	排放浓度
一氧化碳(CO)	50	50	80	3.65
灰尘	10	5	65	0.33
总碳	10	5	—	0.49
氯化氢(HCl)	10	5	5	0.1
硫氧化物(SO_x)	50	25	200(SO_2)	2.85
氮氧化物(NO_x)	200	100	500	83.8
汞	0.03	0.03	0.1	0.0014
氟化氢(HF)	1.0	—	5.0	<0.3
总镉和铊	0.05		0.1(镉及其化合物)	0.0005
总锑、砷、铅、铬、钴、铜、锰、镍、钒和锌	0.5		4.0(铬、锡、锑、铜、锰及其化合物)	0.018
总砷、苯并芘、镉、钴和铬	0.05	—	—	<0.002
二噁英/(ng TEQ/m²)	0.1		0.5	<0.0001

由表 8-7 可以看出，SAVA 公司排放烟气中的污染物浓度远远低于德国标准，而德国标准相对于我国标准来说，也更为严格。

(2) 其他污染控制措施　为确保地下水的安全，厂区地面进行硬化，并设置了专门的水处理装置，废水全部在此处理。贮存处的臭气通过废气收集系统收集后送至焚烧炉内焚烧。全厂设置 24h 监控，确保各项指标均满足要求。

二、医疗废物焚烧工程实例

1. 工程基本情况

某市对辖区内各县（市）区医院、卫生院（所）、门诊部、防疫站、妇幼保健站、医疗科研机构等单位的医疗废物产生量进行调查统计，该市平均日产医疗废物约 4.6t，年产医疗废物 1679t。该市于 2007 年建成医疗废物处置中心，采用热解气化炉，处理能力 5t/d，对收集的医疗废物进行了比较有效彻底的安全处置，利用率为 92%。但由于热解气化炉每年停炉检修和维护阶段时间较长，容易造成未能及时处置的医疗垃圾贮存时间长、贮存量大、易扩散污染等问题，该处置中心于 2012 年配套建设处理能力为 5t/d 的医疗废物热解气化焚烧炉，与原热解气化炉互为备用。该医疗废物处置中心总占地面积 13785m²，总定员 28 人。

热解气化焚烧系统包括进料及供给系统、热解焚烧炉、辅助燃烧系统、余热回收系统、烟气净化系统、自控与监测、报警与应急系统（图 8-21）。

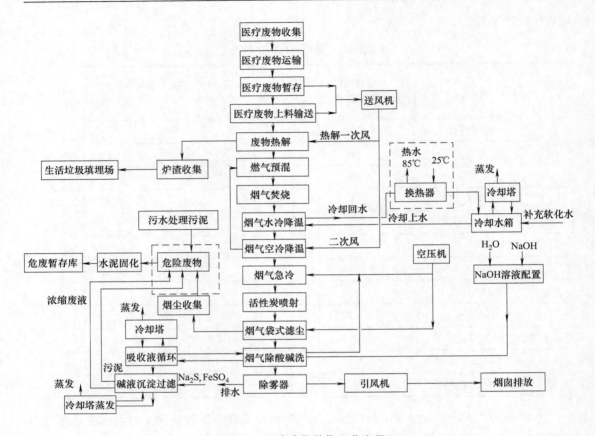

图 8-21　医疗废物焚烧工艺流程

2. 收运系统

收运系统的设计除应符合国家相关规范和标准要求外，还应符合该市医疗卫生机构点多面广的实际，合理设计收运时间和频次，配备收集容器和运输工具，拟定运输线路和应急措施，严格控制收运过程中的污染防治，减小风险概率。该处置中心收运系统包括专用密闭式收集容器、专用医疗废物转运车等。

（1）收集容器　采用专门定做的专用容器进行医疗废物收集，包括包装袋、利器盒、周转箱，全部为黄色，并标有醒目的"医疗废物"标志。

包装袋采用聚乙烯材质，筒状结构，袋口设有伸缩式捆扎绳。对盛装感染性废物的包装袋加注"感染性废物"字样。利器盒整体采用 3mm 厚硬质聚乙烯材料制成，带密封盖结构，采用胶带粘封的密封方式，保证非破坏情况下不能打开。利器盒整体为黄色，在盒体侧面注明"损伤性废物"。周转箱采用高密度聚乙烯材料，箱体、箱盖设密封槽，防液体渗漏。可多次重复使用。

根据该市有关管理规定，医疗废物产生单位负责废物的分类收集和包装，根据采用的处理方案和医疗废物组成，医疗废物可分成两大类：一类是手术器械等尖锐利器，收集在利器盒中；另一类是其他医疗废物全部采用塑料袋收集。

（2）专用运送车辆　该处理中心采用专用医疗废物转运车。车辆厢体与驾驶室分离并密闭；厢体内密闭性良好，厢体材料防水、耐腐蚀，底部防液体渗漏，符合《医疗废物转运车技术要求》（GB 19217）。各医疗废物转运车上均配备有《危险废物转移联单》、医疗废物运送登记卡、运送路线图、通讯设备、医疗机构及其管理人员名单及联系方式、事故应急预案及联络单位和人员名单与联系方式、收集医疗废物的工具、消毒器具与药品、备用的医疗废物专用袋和利器盒、备用的人员防护用品。

（3）收集程序　为统一规格，该处理中心统一配置医疗废物包装容器及利器盒，根据医疗废物产生情况，下发至各相关医疗单位。医院相关科室及时将产生的医疗废物严格分类装入专用包装袋或利器盒，装满后妥善密封处理并放入专用周转箱。

根据处理中心处理能力（5t/d）、医疗废物堆积密度（约 $200kg/m^3$）、周转箱容积（120L）估算并考虑周转箱互换、备用以及停炉检修等情况，该处置中心配置周转箱930个。

（4）收集方式和频次　采用专用运送车辆上门流动收集的方式。该市全境内具有住院病床的医疗卫生机构为每天上门收集1次，做到日产日清；没有住院病床的医疗卫生机构视运输车辆的容量和运输线路为1～2d上门收集1次，最长不超过2d。

（5）计量　该处理中心直接与各医院分别签订独立的委托处理合同，并按照规定，采取按床位收费的方式。为了统计医疗废物实际产生量，医院向处理厂移交废物时必须双方进行废物的计量、登记和确认，即废物计量工作在医院完成，该处置中心采用随车配备具备条形信息码输出功能电子秤的方案来实现废物计量任务。

3. 暂存与进料系统

（1）废物暂存　由各个医院收集的医疗废物周转箱运抵处理厂后，首先卸到废物暂存库中，然后逐箱加入焚烧系统进行处理；如不能立即进行焚烧处理（如焚烧炉停炉检修期间），则将废物卸至暂存库中贮存。暂存库面积约为 $135m^2$，可存放3d医疗废物，为砖混结构，内地面和墙面做防渗水处理，方便清洗和消毒，且微负压通风，门和窗附近有醒目的危险警告标志，避免无关人员误入。

废物暂存采用3个集装箱式结构，每个存放4车废物周转箱，库内每个集装箱均设有水平输送机构，方便集装箱卸入。采用电动提升装置移出和输送集装箱的废物周转箱，提升机设卡箱机构，卡住周转箱后，打开箱盖并提升至焚烧炉加料口，倾倒出箱内废物袋和利器盒，然后返回地面卸下周转箱，经清洗消毒后重复使用。

厂内设有砖混结构消毒清洗间1座，对使用后的医疗废物周转箱、转运车辆、非一次性防护用品、厂内运输工具等进行日常的消毒处理，全封闭微负压设计，内设气水混合器、消毒槽、加压泵、消毒柜和微波消毒箱等消毒设施。

消毒清洗间地面设有废水收集管道，清洗废水通过管道输送至废水处理站，按医院废水处理要求处理。消毒清洗间换气由风机抽入焚烧炉焚烧处理。

（2）废物进料　装有医疗废物的周转箱采用电动提升装置输送，提升机设卡箱机构，卡住周转箱后，打开箱盖并提升至焚烧炉加料口，通过两道相互连锁的加料阀门，将箱内废物袋和利器盒卸入料仓。然后返回地面卸下周转箱重复使用。相互连锁的加料阀门采用特殊设计，且炉体为负压，可充分保证气体不外排。提升机设在密闭负压通道内，以保证开箱后废物处于负压环境内，避免废气及病菌外泄和污染环境。

根据热解室尺寸，与热解室对接的加料口设计为双边喇叭口形，倾角为 60°，便于与前端周转箱提升系统密闭对接，防止废物散落到外面。

4. 焚烧系统

焚烧单元由加料、焚烧及排灰三部分组成。

（1）加料　焚烧炉的加料单元采用间歇式、密闭、负压加料方式，要求能够接收来自周转箱的未进行任何前处理的医疗废物袋。每间隔 10～12min 加一次废物，每批次约 42kg。加料装置由两道密闭闸板组成，两道闸板均由气缸驱动。为保证加料过程和焚烧炉运行的气密性，两道闸板相互连锁控制，即加料的过程始终有一道闸板处于关闭状态，同时可在中控室远距离操作。这样在提高了加料的可靠性的同时，可以防止有害气体溢出。

（2）焚烧　由废物热解炉、预热器和二燃室组成。

热解炉是废物焚烧主工艺系统的核心部分。本项目采用的新型热解焚烧炉通过炉体、炉排结构设计、温度和助燃空气的合理控制与分配，以及其他工艺参数的控制，可实现废物的充分热分解，并使受热产生的分解产物得到及时充分燃烧，基本消除了不完全燃烧产物。

热解炉为立式双层活动炉排，主要功能是废物干燥、热解、烧焦及排灰；该热解炉可处理废物的平均低位热值在 2000～7500kcal/kg 之间，主体材质为不锈钢，炉体可保证年运行时间大于 8000h，整个炉体的使用寿命超过 15 年，每炉运行时间为 12h，容积为 20m³，热解炉设有泄爆口，通过水封罐和烟囱相连。当热解炉发生意外燃爆时，压力会从泄爆口经水封罐排至烟囱。

预混器的功能是将热解炉产生的燃气预先与二次风充分混合，然后再喷入二燃室中高温预混焚烧。

二燃室为立式炉，为空气扩散燃烧，不会产生结焦现象。影响燃气完全燃烧的主要因素有：①足够高的温度；②足够的空气；③强烈的气流扰动；④足够的停留时间（炉膛容积）。针对这四个影响因素采取如下控制措施：a. 燃烧炉炉温控制在 900～1200℃范围；b. 燃烧炉后烟气中氧含量大致控制在 6%～10%范围；c. 合理设计助燃空气进气口的位置和进气口结构，以增强燃气和助燃空气的预混；d. 烟气停留时间≥2s。

采用上述设备结构及工艺参数，可真正实现废物热解焚烧。

（3）排灰　废物焚烧后产生的焚烧灰经热解炉的下炉排间歇动作后落到排灰阀上，定期打开排灰阀，将焚烧灰卸入密闭的容器（灰桶）中，整个操作过程在密闭负压下进行。

5. 辅助生产系统

辅助生产系统包括：压缩空气供应、冷却水循环系统、碱吸收液循环、焚烧炉助燃、烟气冷却、电气与自动测控系统、应急控制、清洗、废水处理系统等。

（1）压缩空气供应系统　由空压机、压空过滤器和压空贮气罐组成，主要用于喷水急冷、布袋除尘器反吹清灰及系统中气动元件驱动。空压机提供压空的流量为1.21m³/min，压力为 0.7MPa。

（2）冷却水循环系统 由冷却水泵、热水箱（用户选用）、贮水箱、凉水塔组成，主要用于冷却水的供应、冷却及循环。为防止结垢，冷却水需软化后使用。冷却系统回收的热量除满足工艺热水需要外，还可提供处理厂冬季采暖和生活热水需要。夏季多余的热量通过凉水塔释放到空气中。凉水塔循环水的流量为 $30 \sim 35m^3/h$，蒸发量与环境和气候条件有关，一般为 $0.3m^3/h$。

（3）碱液吸收循环系统 由配碱罐、供碱泵、碱液循环泵、排碱泵、碱液冷却塔等组成，用于吸收液的配制、循环、冷却、更新等。考虑到吸收液对系统腐蚀的问题，吸收液循环系统全部采用 ABS 管道材料。泵采用工程塑料离心泵，可耐酸、碱、盐的腐蚀。

（4）焚烧炉助燃系统 主要由油罐、油泵和燃烧器组成，助燃系统的作用是焚烧炉点火启动和辅助炉膛升温。油罐用作燃料油的储备，由油泵将燃料油输送到燃烧器，经燃烧器油泵加压后喷入一燃室和二燃室，同燃烧器风扇鼓入的一次风混合，完成点燃、燃烧、燃尽的全过程。

（5）烟气冷却 焚烧炉排出的烟气中含有各种污染物，需经过严格的烟气净化使污染物浓度达标后排放。由于烟气温度高达 1100℃ 左右，在进入烟气净化系统之前，需进行烟气冷却。且为了抑制二噁英的产生，也需要对烟气采取急冷措施。本系统烟气冷却由水冷器、空冷器、喷雾急冷塔组成。

水冷和空冷器主要用于高温段烟气冷却，重点在余热利用。一方面产生热水供淋浴使用；另一方面将助燃空气加热到 $200 \sim 300℃$ 送入焚烧炉，以提高焚烧效率、降低助燃油的消耗量。水冷器进口温度 1100℃，出口温度 800℃；空冷器进口温度 790℃，出口温度 610℃。

喷水急冷塔主要用于中温段（≤600℃）烟气冷却。由于二噁英除在低温不完全燃烧过程中产生外，在中温段烟气中由于飞灰发生异相催化反应还会二次生成。因此，应采取快速冷却方式，避开二噁英生成的温度环境。烟气冷却采用喷雾急冷的方法，即通过高效雾化喷嘴将少量冷却水雾化成极小的雾滴，与烟气直接进行热交换而快速变成水蒸气，在很短的时间内即可快速冷却到 200℃ 以下。急冷塔有效容积约 $0.89m^3$，雾化器为外混式气流喷雾器，雾化介质为氢氧化钠溶液（pH＝8～10），在急冷的同时可去除部分酸性气体。压缩空气消耗量 $25m^3/h$，水雾与烟气传质传热形式为逆流直接传热。

采用冷风稀释和喷水急冷相结合的烟气冷却方式，既能满足烟气冷却的要求，又能使烟气总量和露点维持在较合理的范围。

6. 烟气净化系统

烟气净化除尘过程可分为干、湿两种形式。本系统采用先干式除尘，后湿式酸性气体吸收的工艺路线，既能达到较高的烟气净化效果，又能最大限度地减少二次废物的产生量。具体工艺流程为：活性炭喷射吸附→高温布袋除尘器→碱液吸收塔（除酸塔）。

① 活性炭喷射器。主要用于二噁英吸附。

② 高温布袋除尘器。医疗废物焚烧系统的烟气由于有 SO_x 存在而使得露点高达 $130 \sim 145℃$，采用传统的低温布袋除尘器势必会造成结露现象。因此，本系统采用可在 $160 \sim$

200℃下工作的特殊滤材作为过滤介质。

③ 除酸塔。经过布袋除尘器滤除粉尘、重金属及二噁英后的烟气进入由除酸塔组成的酸性气体吸收单元，以进一步中和吸收酸性气体（HCl、SO_2、NO_x）。本系统采用 NaOH 溶液作为吸收液，吸收液循环使用，待吸收液接近中性（pH＝7～8）后排出，然后再补充配制的新碱液。废吸收液与飞灰、废活性炭等物质在厂内经水泥固化后暂存，待省危废中心建成后送至其中集中处置。

经过上述烟气净化单元去除了各种污染物后的达标烟气，通过引风机排入 25m 高的烟囱排空。

7. 灰渣处理系统

布袋除尘器捕集的飞灰属于危险废物，反吹出灰过程采用水喷淋设施喷入少量的水，不会产生灰尘飞扬。将飞灰进行水泥固化后，暂存至危险废物暂存库，委托具有资质的危险废物处置公司进行安全填埋。

焚烧炉出渣系统由出渣门、出渣机、出渣车等构成。热解气化炉内经热解气化、灰化冷却后产生的炉渣经出渣门，通过出渣机进入出灰车内，再吊至运输车上，送至生活垃圾填埋场。

8. 应急与在线监测系统

除了考虑正常运行工况下的系统安全问题，还应考虑一些特殊工况下的安全。废物焚烧系统最严重的异常事件是突然停电事故，因此，本系统设置了由应急电源（在线式 UPS 不间断电源）、应急引风机、应急控制系统组成的应急安全系统。其作用主要是：在系统运行发生突然停电的异常情况下，应急系统自动启动，保证焚烧炉处于负压状态，以防炉内气体爆炸或有害气体外泄漏到车间内，提高系统安全性。本系统设计了自动复位式安全泄爆口，在不可预料的特殊工况下，保障系统设备安全。配置有 CEMS 计算机监控系统，其中配置有烟气在线监测系统和碱液检测系统，可连续监测烟气 SO_2、NO_2、CO、烟尘浓度，以及碱吸收液 pH 值。

参 考 文 献

[1] 赵由才主编. 实用环境工程手册——固体废物污染控制与资源化. 北京：化学工业出版社，2002.

[2] 赵由才，蒲敏，黄仁华. 危险废物处理技术. 北京：化学工业出版社，2003.

[3] 张益，赵由才. 生活垃圾焚烧技术. 北京：化学工业出版社，2000.

[4] 聂永丰主编. 三废处理工程技术手册：固体废物卷. 北京：化学工业出版社，2000.

[5] 聂永丰，金宜英，刘富强等. 固体废物处理工程技术手册. 北京：化学工业出版社，2012.

[6] 白良成编著. 生活垃圾焚烧处理工程技术. 北京：中国建筑工业出版社，2009.

[7] 龚柏勋主编. 环保设备设计手册：固体废物处理设备. 北京：化学工业出版社，2004.

[8] 曹本善编著. 垃圾焚化厂兴建与操作实务. 北京：中国建筑工业出版社，2002.

[9] 芈振明，高忠爱，祈梦兰，吴天宝编. 固体废弃物的处理与处置. 北京：高等教育出版，1989.

[10] 李传统，Herbell J D. 现代固体废物综合处理技术. 南京：东南大学出版社，2008.

[11] HJ 616—2011.

[12] HJ 2042—2014.

[13] 王琪. 危险废物及其鉴别管理. 北京：中国环境科学出版社，2008.

[14] 李金惠，杨连威. 危险废物处理技术. 北京：中国环境科学出版社，2006.

[15] 李金惠. 危险废物管理. 第2版. 北京：清华大学出版社，2010.

[16] 崔明珍. 废弃物化学组分的毒理和处理技术. 北京：中国环境科学出版社，1993.

[17] 关小红等. 我国危险废物的污染控制现状和对策研究. 煤矿环境保护，2002，16（2）：12-14.

[18] 李传红等. 试议我国地方危险废物的管理和处理. 法制与管理，2000，（5）：10-11，17.

[19] 万劲波. 浅析各国危险废物的管理制度及原则. 污染防治技术，2000，13（1）：43-45.

[20] 徐兴峰等. 中美固体废物污染环境防治法律制度比较. 环境与开发，1996，11（3）：36-38，48.

[21] 刘贵庆. 美国危险废物污染控制的热点——超基金计划. 环境科学研究，1994，7（5）：53-56.

[22] 李启家. 德国危险废物管理若干法律制度简述. 环境导报，1995，1，9-11.

[23] 吴承坚. 上海有害废物管理的实践. 上海环境科学，1993，12（12）：2-4，8.

[24] 李金惠等. 危险废物管理区域决策支持系统的研究与开发. 城市环境与城市生态，2000，13（6）：15-17.

[25] 钟声浩等. 上海市医疗废物处置与管理探讨. 上海环境科学，2002，21（8）：485-487.

[26] 黄争鸣等. 深圳市危险废物管理模式的探索. 中国环境管理，2001，1，33-34.

[27] 胡秀荣. 中国危险废物处理处置技术现状和结构分析. 世界地质，2001，20（1）：62-65.

[28] 邵芳等. 国内医疗废物处置与管理探讨. 重庆环境科学，2001，23（5）：53-56.

[29] 张晓东等. 危险废物管理和治理技术现状与探讨. 上海环境科学，1999，18（12）：574-576.

[30] 普英. 美国危险废弃物的管理与处理. 甘肃环境研究与监测，1999，12（1）：54-56.

[31] Michael D LaGrega, Phillip L Buckingham, et al. Hazardous Waste Management. 2nd edition. USA：Thomas Casson，2001.

[32] 娄性义. 固体废物处理与利用. 北京：冶金工业出版社，1996.

[33] 中国环境监测总站译. 固体废弃物实验分析评价手册. 北京：中国环境科学出版社，1992.

[34] 马玉琴. 环境监测. 武汉：武汉工业大学出版社，1998.

[35] 关小红. 危险废物性质、配料及其在实际工程中的应用. 上海：同济大学，2001.

[36] 陈怀满. 不同来源重金属污染的土壤对水稻的影响. 农村生态环境，2001，17（2）：35-40.

[37] 陈学诚等. 二噁英——遍布全球的环境污染物. 河北工业科技，2002，19（4）：48-53.

[38] 陈茂棋. 有色金属工业固体废物综合利用概况. 矿冶, 1997, 6 (1): 82-88.

[39] 李敏等. 城市生活垃圾焚烧炉运行特性的试验分析. 热力发电, 2002, (5): 58-60.

[40] 任福民等. 北京市生活垃圾重金属元素调查及污染特性分析. 北方交通大学学报, 2001, 25 (4): 66-68.

[41] 吴博任等. 城市废物资源化. 生态科学, 1999, 18 (1): 59-61.

[42] 李尔红等. 城市医疗垃圾热解焚烧技术研究. 环境卫生工程, 2001, 9 (3): 109-111.

[43] 刘尔强. 电解槽大修渣的污染及其控制. 轻金属, 1998, (8): 31-33.

[44] 聂水丰等. 废电池的环境污染问题及管理对策分析. 电源技术, 2000, 24 (6): 363-365.

[45] 聂水丰等. 干电池中重金属的浸出特性及危害研究. 环境污染治理技术与设备, 2002, 13 (7): 32-34.

[46] 王东方. 略谈清洁生产战略在医院废物处理中的指导意义. 再生资源研究, 2002, (1): 28-29.

[47] 张晓东等. 山东省危险废物污染现状与控制对策. 环境科学动态, 1999, (4): 1-5.

[48] 陈予宏等. 石油化工固体废弃物有害特性试验的研究. 石油炼制与化工, 2000, 31 (9): 50-53.

[49] 张福生. 试论我国危险废物的无害化控制. 环境导报, 1999, (1): 22-24.

[50] 刘志全等. 中国危险废物污染防治技术发展趋势与政策分析. 中国环保产业, 2000 (6): 15-17.

[51] 赵由才等. 我国固体废物处理与资源化展望. 苏州科技学院学报, 2002, 15 (1): 1-9.

[52] 张艳等. 武汉市医院垃圾调查报告. 环境卫生工程, 2000, (4): 168-170.

[53] 闫玉虎等. 医疗垃圾管理与处置方法研究. 环境导报, 2000, (3): 19-21.

[54] 蒋建国等. 重金属废物稳定化处理技术现状及发展. 新疆环境保护, 2000, 22 (1): 6-10.

[55] 王华. 城市生活垃圾焚烧技术——二噁英零排放化. 北京: 冶金工业出版社, 2001.

[56] 李东红等. 城市医疗垃圾热解焚烧技术研究. 环境卫生工程, 2001, (3): 109-111.

[57] 关小红等. 低污染的危险废物焚烧技术研究. 环境污染治理技术与设备, 2001, (5): 67-70.

[58] 李金惠等. 危险废物管理区域决策支持系统的研究与开发. 城市环境与城市生态, 2000, (6): 15-17.

[59] 胡来明等. 化学工业固体废物毒性分析研究. 安徽化工, 2002, 120 (6): 31-33.

[60] 朱桂珍. 利用水泥回转窑焚烧处置危险废物的评价研究. 环境科学学报, 2000, (6): 810-812.

[61] 张晓东等. 危险废物管理和治理技术现状与探讨. 上海环境科学, 1999, 18 (12): 574-576.

[62] 王东方. 略谈清洁生产战略在医院废物处理中的指导意义. 再生资源研究, 2002, (1): 28-29.

[63] 张福生. 试论我国危险废物的无害化控制. 环境导报, 1999, (1): 22-24.

[64] 赵由才等. 我国固体废物处理与资源化展望. 苏州城建环保学院学报, 2002, 15 (1): 1-9.

[65] 秦日易. 危险废物焚烧处置与管理. 环境保护科学, 1998, 24 (3): 19-23.

[66] 邵春岩等. 危险废物管理中分类管理的必要性. 环境保护科学, 2000, 26 (1): 33, 34.

[67] 金漫彤等. 危险固体废弃物处理技术概念. 浙江化工, 2001, 32 (2): 28, 29.

[68] 魏宗华. 我国工业危险废物焚烧技术的应用与展望. 环境工程, 1995 (6): 53-57.

[69] 刘志全等. 中国危险废物污染防治技术发展趋势与政策分析. 中国环保产业, 2000, 15-17.

[70] 蒋昌潭等. 重庆市危险废物安全管理初探. 重庆环境科学, 2001, 23 (2): 12, 13.

[71] 彭昱等. 重庆市危险废物调查与污染防治建议. 重庆环境科学 2001, 23 (4): 54-56.

[72] 杨佳册. 垃圾焚烧炉烟气处理方法介绍和比较. 中国电力, 2001, 34 (8): 50-52.

[73] 祝建中等. 城市垃圾焚烧炉内残渣性质及结渣形成. 城市环境与城市生态, 2002, 15 (2): 46-48.

[74] 孙燕. 几种垃圾焚烧炉及炉排的介绍. 环境卫生工程, 2002, 10 (2): 77-80.

[75] 施建昌等. 垃圾焚烧余热发电的环境保护措施. 电力环境保护, 2003, 19 (4): 57-59.

[76] 陈德喜. 我国城市垃圾焚烧厂建设模式的探讨. 环境保护, 2004 (1): 48-50.

[77] 杜军等. 国内外垃圾焚烧炉技术概述. 工业锅炉, 2003 (5): 15-19.

[78] 黄家瑶. 城市垃圾焚烧与热能利用. 工业锅炉, 2003, (6): 27-30.

[79] 夏建平等. 中小型垃圾焚烧场的热能利用与尾气净化. 中国环保产业, 2004, (S1): 73.

[80] 苏静等. 如何引导民间资本参与基础设施项目建设. 技术经济, 2003, (8): 8-10.

[81] 龙佑义. BOT模式城市生活污染治理产业的思考. 云南环境科学, 2003, 22 (B03): 25, 26.

[82] 彭卫. 城市经营中的投融资方式创新. 中国城市经济, 2003, (4): 54-56.

[83] 李国鼎. 环境工程手册: 固体废物卷. 北京: 高等教育出版社, 2002.

[84] 张益, 陶华. 垃圾处理处置技术及工程实例. 北京: 化学工业出版社, 2002.

[85] 唐国勇等. 200t/d城市生活垃圾焚烧锅炉简介. 工业锅炉, 2000, 21 (4): 22, 23.

[86] 黄家瑶. 浅谈垃圾焚烧与热能利用. 福建能源开发与节约, 2002, (3): 30, 31.

[87] 姚珉芳. 城市生活垃圾焚烧处理技术及资源化利用. 能源技术, 2000, (2): 97-100.

[88] 赵绪新等. CAO垃圾焚烧系统热力模型研究. 工业加热, 2001, (1): 14-16.

[89] 王涓. 中、小型生活垃圾焚烧系统主体设备选型探讨. 工业炉, 2002, 24 (4): 33-35.

[90] 贺长茂. CAO垃圾焚烧炉的技术改进. 环境卫生工程, 2002, 10 (4): 169-173.

[91] 邓高峰等. 150t/d循环流化床生活垃圾焚烧炉的工艺结构与污染排放. 环境污染治理技术与设备, 2003, (1): 81-84.

[92] 杜军等. 国内外垃圾焚烧炉技术概述. 工业锅炉, 2003, (5): 15-19.

[93] 刘华等. 城市生活垃圾焚烧处理技术及其应用. 可再生能源, 2003, (3): 23, 24.

[94] 张晓杰等. 国内现有垃圾焚烧炉简介. 东北电力技术, 2000, (4): 49-52.

[95] 陶邦彦等. 国外城市垃圾焚烧炉的环保措施. 动力工程学报, 1999, 19 (6): 482-493.

[96] 黄益民等. 二噁英污染及其在垃圾焚烧中的控制. 上海环境科学, 2000, 19 (6): 282-284.

[97] 贾健鹏. 垃圾焚烧及烟气净化技术分析. 电力环境保护, 2002, 18 (3): 36, 37.

[98] 朱丽兰. 减少污染保护环境提高垃圾的综合利用水平. 解放日报, 1998, 12: 5.

[99] 孙燕. 几种垃圾焚烧炉及炉排的介绍. 环境卫生工程, 2002, 10 (2): 77-80.

[100] 陈力等. 垃圾处理与循环流化床垃圾焚烧炉. 东方电气评论, 2003, 17 (2): 82-86.

[101] 刘建华等. 垃圾焚烧炉实验台的设计. 集美大学学报: 自然科学版, 2003, 8 (2): 172-175.

[102] 黄爱军. 城市生活垃圾焚烧处理初探. 环境科学研究. 2000, 13 (3): 27-30.

[103] 魏小林. 煤与垃圾在流化床中的混烧利用技术分析. 环境工程, 2000, 18 (4): 37, 38.

[104] 钱斌. 城市垃圾焚烧炉中二噁英的污染及控制. 工业炉, 2000, 22 (1): 20-22.

[105] 付名利. 二噁英及类似有毒有害物的处理技术. 环境污染治理技术与设备, 2002, 3 (3): 37-42.

[106] 王淑勤. 文丘里除尘器烟气脱硫的试验研究. 华北电力大学学报, 1998, 25 (3): 103-106.

[107] 崔德斌等. 顺推阶梯炉排式焚烧炉的使用情况介绍. 发电设备, 2002, (5): 35-37.

[108] R Ishikawa, et al. Influence of combustion conditions on dioxin in an industrial scale fluidized bed incinerator: experimental study and statistical modelling. Chemosphere, 1997, 35 (3): 465-477.

[109] 朱新立等. 国外城市垃圾焚烧排放物标准比较. 资源节约和综合利用, 1999, (3): 35-38.

[110] 张衍国等. 城市污水污泥焚烧过程中的重金属迁移特性. 环境保护, 2000, (12): 35, 36.

[111] 胡德飞等. 垃圾焚烧发电中烟气净化系统的选择与分析. 中国电力, 2002, 35 (11): 79-82.

[112] 杨彩莲. 医疗废弃物的处理. 国外医学院管理分册. 1997, 14 (1): 11-13.

[113] 邵春岩等. 国外医疗废物管理初探. 环境保护科学, 1998, 24 (4): 29, 30.

[114] 王平梅. 城市垃圾焚烧炉用余热锅炉. 余热锅炉, 1996, (3): 23-26.

[115] 叶传泽. 上海第一座垃圾焚烧厂——浦东新区生活垃圾焚烧厂处理工艺. 上海建设科技，1999，(3)：29-31.

[116] 黄革等. 等离子体技术在危险废物处理中的运用. 环境科技，2010，23（S1）：40-42.

[117] 张泽玉等. 欧洲医疗废物的无害化处理技术. 上海节能，2015，35（1）：36.

[118] 李园. 高温高压蒸汽灭菌技术在医疗废物处置中的应用. 四川水泥，2015，9：109.

[119] 陈扬等. 医疗废物处理技术与源头分类对策. 中国感染控制杂志，2012，11（6）：401-404.

[120] 黄正文等. 医疗废物的处理技术探讨. 工程技术，2008，388（18）：74.

[121] 余波等. 几种医疗垃圾处理技术综述. 广州环境科学，2009，24（2）：2.

[122] 龙燕等. 医疗废物焚烧烟气污染物及其处理技术述评. 有色冶金设计与研究，2006，27（1）：29，30.

[123] 许大平. 医疗垃圾集中焚烧烟气污染物净化技术述评. 环境保护与循环经济，2012，(2)：46，47.